U0296434

普通高等教育"十一五"国家级规划教材

高等职业教育土建类专业课程改革规划教材

安装工程施工组织与管理

主　编　石俊云
副主编　鲁文斌
参　编　尚晓刚
主　审　熊君放

机械工业出版社

本书以安装工程施工活动为研究对象，阐述了为达到工程施工目标，而对工程施工活动进行合理组织和科学管理的基本理论、基本原理、基本技巧与方法。全书共分 6 个单元，主要内容包括安装工程施工组织与管理、施工平面布置与流水施工、安装工程施工计划与管理、安装工程施工质量管理、安装工程施工成本控制与合同管理、工程施工安全管理。本书可作为高职教育建筑设备安装工程专业的教学用书，也可作为有关工程技术与管理人员的参考用书。

图书在版编目（CIP）数据

安装工程施工组织与管理/石俊云主编 . —北京：机械工业出版社，2013.6

普通高等教育"十一五"国家级规划教材　高等职业教育土建类专业课程改革规划教材

ISBN 978-7-111-34472-8

Ⅰ. ①安…　Ⅱ. ①石…　Ⅲ. ①建筑安装—施工组织—高等职业教育—教材②建筑安装—施工管理—高等职业教育—教材　Ⅳ. ①TU758

中国版本图书馆 CIP 数据核字（2013）第 256526 号

机械工业出版社（北京市百万庄大街 22 号　邮政编码 100037）
策划编辑：李俊玲　覃密道　责任编辑：常金锋
版式设计：常天培　　　　　责任校对：申春香
封面设计：张　静　　　　　责任印制：李　洋
三河市宏达印刷有限公司印刷
2014 年 1 月第 1 版第 1 次印刷
184mm×260mm · 12.75 印张 · 310 千字
0001—3000 册
标准书号：ISBN 978 - 7 - 111 - 34472 - 8
定价：26.00 元

凡购本书，如有缺页、倒页、脱页，由本社发行部调换
电话服务　　　　　　　　　　网络服务
社服务中心：(010) 88361066　　教材网：http：//www.cmpedu.com
销售一部：(010) 68326294　　机工官网：http：//www.cmpbook.com
销售二部：(010) 88379649　　机工官博：http：//weibo.com/cmp1952
读者购书热线：(010) 88379203　　**封面无防伪标均为盗版**

前　言

本书根据建筑设备安装工程专业人才培养目标和教育标准，以及"安装工程施工组织与管理"课程的教学大纲，并结合建造师考试大纲和项目教学法进行编写。

"安装工程施工组织与管理"是建筑设备安装工程专业的主要专业课程，其教学目的是使学生具备从事设备安装工程施工组织与管理的基本知识和基本技能，具有解决现场施工组织与管理问题的能力，能编制安装工程技术标投标文件，正确进行投标和施工现场管理。

本书综合了目前施工组织与管理常用的基本原理、方法、步骤、技术以及现代科技成果，采用现行的《工程网络计划技术规程》及新规范、新标准，具有以下特点：

1. 突出培养目标的明确性　以通过课程教学和能力训练，使学生具备独立编制安装工程技术标和进行项目管理的基本能力为目的，组织教学内容。

2. 突出基本理论的实用性　全书的基本理论、基本原理、基本方法，按照必需、够用、实用、通俗易懂的原则，力求复杂问题简单化、理论问题实际化，体现出以能力为本位的职业教育特点。

3. 突出实训内容的系统性　全书每一个单元的能力训练，基本是以同一个工程作为实例进行分析、指导的，做到了单项能力培养的针对性与综合能力培养的系统性相结合。

本书由湖南城建职业技术学院石俊云担任主编。石俊云编写单元1、2、5；湖南城建职业技术学院鲁文斌编写单元3、6；新疆建筑职业技术学院尚晓刚编写单元4。全书由湖南省建筑工程集团总公司熊君放研究员主审，并对书稿提出了许多宝贵意见，在此表示衷心的感谢。

由于编者水平有限，难免有不足之处，敬请广大读者批评指正。

编　者

目　录

单元1

安装工程施工组织与管理

【内容概述】 本单元主要介绍施工组织与管理的定义、目标和任务及施工组织与管理的主要内容；项目的管理模式和项目的组织形式；施工组织设计的任务、作用、分类和基本内容及施工组织设计的编制。

【学习目标】 通过本单元的学习和训练，掌握施工组织设计的任务、编制依据和程序、施工组织设计的内容，能根据具体工程编写施工组织设计大纲、工程概况、拟定组织机构、管理模式、施工目标、能正确编制施工组织设计。

课题1 施工组织与管理概论

1.1.1 施工组织与管理定义、目标、任务

为了提高工程质量、缩短工期、降低工程成本、实现安全文明施工，就必须应用科学的方法进行施工组织与管理，统筹施工全过程。

1.1.1.1 施工组织与管理的定义

施工组织与管理是企业为实现经营目标，针对工程施工的复杂性对生产经营活动及人、财、物、信息等进行的计划、组织、指挥、激励、控制等一系列活动，是工程建设过程中的统筹安排与系统管理。

1.1.1.2 施工组织与管理的目标

施工组织与管理的目标是以先进的施工技术、科学的管理方法和合理的施工成本控制为手段，确保项目的工期、质量、职业健康与安全和环境保护目标的实现。

1.1.1.3 施工组织与管理的任务

施工组织与管理的任务有：执行建筑施工的法律法规；根据具体条件，以最优的方式解决施工组织的问题；对各项活动做出全面的、科学的规划和部署；使人力、物力、财力、技术资源得以充分利用；达到优质、低耗、高速地完成施工任务的目标。

1.1.2 施工组织与管理的主要内容

施工组织与管理工作在施工阶段进行，涉及施工前准备阶段、施工阶段、动用前准备阶段和保修期。其任务包括施工健康安全与环境、合同、信息、成本、进度、质量等管理与控制，及与施工有关的组织与协调。

1.1.2.1 施工前准备阶段的组织与管理

工程项目的可行性研究报告和方案设计得到批准以后，项目便进入了施工前准备阶段。这一

阶段的工作内容包括施工图设计、准备招标文件、组织招标投标、编制项目管理规划大纲等。

1. 施工图设计

在满足城市总体规划布局的前提下，在项目初步方案设计的基础上，根据项目类型和性质及业主要求，业主委托具有相关资质的设计单位结合场地地质勘察和地形测量、项目的功能、项目所需的基础设施、建筑、安装和设备等的开支以及工程建设的法律法规等，对项目进行深化设计，确保设计成果满足经济、美观、适用、安全的要求。

2. 准备招标文件

招标人（业主）应根据《中华人民共和国招标投标法》的有关规定，结合设计文件、项目特点和需要编制招标文件。招标文件包括投标须知、投标人应具备的条件、评标办法、价格条款、施工图纸、技术规范以及附件、合同主要条款、分包等实质性要求等内容。

3. 组织招标投标

（1）业主委托招标代理机构组织招标投标工作，在招标过程中，招标人应对投标人进行资格预审查，并提出资格审查报告，经参审人员签字后存档备查。只有资格预审合格的投标人才允许进入下一轮的竞标。

（2）投标人应当按照招标文件的要求编制投标文件。投标文件应当对招标文件提出的实质性要求和条件作出响应。投标人应认真研究、正确理解招标文件的全部内容，以先进的施工技术和装备，科学的管理方法和合理的投标报价编制投标文件，投标文件的内容应当包括拟派出的项目负责人与主要技术人员的简历、业绩、拟用于完成招标项目的机械设备等。

所谓"实质性要求和条件"是指招标文件中有关招标项目的价格、项目的计划、技术规范、合同的主要条款等，投标文件必须对这些条款作出响应。投标人必须严格按照招标文件填报，不得对招标文件进行修改，不得遗漏或者回避招标文件中的问题，更不能提出任何附带条件。

（3）投标文件由商务文件、技术文件和价格文件三部分组成。

1）商务文件是用以证明投标人履行了合法手续及招标人了解投标人商业资信、合法性的文件。一般包括投标保函、投标人的授权书及证明文件、联合体投标人提供的联合协议、投标人所代表的公司的资信证明等，如有分包商，还应出具资信文件供招标人审查。

2）技术文件包括项目管理规划大纲（其核心部分为项目的施工组织设计，将在课题3中专门论述），用以评价投标人的技术实力和经验。技术复杂的项目对技术文件的编写内容及格式均有详细要求，投标人应当认真按照规定填写。

3）价格文件是投标文件的核心，全部价格文件必须完全按照招标文件的规定格式编制，不允许有任何改动，如有漏填，则视为其已经包含在其他价格报价中。

4. 编制项目管理规划大纲

（1）项目管理规划大纲应由企业管理层依据下列资料编制：

1）招标文件及发包人对招标文件的解释。

2）企业管理层对招标文件的分析研究结果。

3）工程现场情况。

4）发包人提供的信息资料。

5）有关市场信息。

6）企业法定代表人的投标决策意见。

（2）项目管理规划大纲应包括下列内容：

1）项目概况。

2）项目实施条件分析。

3）项目投标活动及签订施工合同的策略。

4）项目管理目标。

5）项目组织结构。

6）项目质量目标和施工总进度计划。

7）项目质量目标和施工方案。

8）成本目标和控制方案。

9）项目风险预测和安全目标。

10）项目现场管理和施工平面图。

11）投标和签订施工合同。

12）文明施工及环境保护。

1. 1. 2. 2　施工阶段的组织与管理

施工阶段的组织与管理就是从现场施工准备开始，到竣工验收、回访保修全过程的组织与管理。它是根据施工计划和施工组织设计，对拟建工程项目在施工过程中的进度、质量、安全、成本和现场平面布置等方面进行指挥、协调和控制，以达到保证工程质量、工期和不断提高施工过程的经济效益的目的。

1. 施工准备

施工准备工作是为了保证工程项目顺利进行而必须事先做好的工作，它不但存在于开工之前，而且贯穿于整个施工过程中。

（1）施工准备工作的基本任务。施工准备工作的基本任务就是为工程顺利开工和连续地施工创造必要的技术、物质条件，组织施工力量，并进行现场准备。具体任务包括以下几点：

1）取得工程施工的法律依据。任何一项工程施工都涉及国家计划、城市规划、地方行政、交通、公安、消防、公用事业和环境保护等各个方面。因此，施工准备阶段要派出得力人员依据有关法律，办好各种手续，争取各有关方面的支持，保证工程顺利开工。

2）掌握工程的特点和关键。由于安装工程产品的特点，每一项工程都有自己的特征，从而给安装工程施工工艺和管理带来特殊性，必须采取相应措施。因此，在施工准备阶段，要熟悉图样、技术标准、技术规范和有关工程资料，了解设计意图以及基础、电气、给排水、通风与空调、设备安装和装修等方面的特殊要求；并研究分析工程设计中存在的问题和尚不清楚的设计意图，以便图样会审时向设计单位提出。

3）调查并创造施工条件。工程施工是在一定环境下进行的。构成施工现场的条件复杂，其中包括社会条件、投资条件、经济条件、技术条件、自然条件、现场条件、资源供应条件等。因此，在施工前必须进行广泛的调查研究，分析施工有利条件和不利条件；积极创造条件，例如计划、技术、资金、场地的准备，材料和设备采购，参加施工的人员组织等，以保证满足施工需要。

4）合理部署和使用施工力量。认真确定分包单位，合理调配劳动力，完善劳动组织，按施工要求培训人员是施工力量准备的主要内容，其任务就是保证供给施工全过程的人力资源。

5）预测施工中可能发生的变化，做好应变准备。由于施工周期长和施工的复杂性，必然会遇到各种风险，使施工现场情况发生变化。因此，在施工准备阶段进行预测，采取必要的措施和对策，防止或减少风险损失；加强计划性，做好应变筹划，提高施工中应变和动态控制能力。

（2）施工准备工作的具体内容

1）组织准备。建筑安装企业与建设单位签订工程承包合同后，应根据工程任务的目标要求、工程规模大小、工程特征、施工地点、技术要求和施工条件等，结合企业具体情况，由企业法人代表任命该工程项目的项目经理，由项目经理组成施工项目经理部（施工现场管理班子）与企业法人代表签订工程内部承包合同，明确管理目标和经济责任。

施工项目经理部是工程项目施工现场的一次性具有弹性的临时组织机构。工程项目施工结束，施工项目经理部的目标完成，即可解体。施工项目经理部的专业技术人员应根据工程项目需要，从企业的各职能部门聘用。当工程施工到某一阶段，某专业技术人员任务结束，即可回到原来单位或调往其他施工项目经理部。使施工现场组织机构保持良好的弹性。有了完善的组织机构和人员分工，才能保证繁重的施工准备任务顺利完成。

2）技术、规划准备。技术、规划准备也称施工现场管理的内业，包括以下主要内容：

① 熟悉、审查图样和有关资料。通过熟悉、审查图样和有关资料，要达到如下目的：

a. 检查设计图样和资料内容是否符合国家有关法规、政策；设计图样是否齐全，图样本身及专业相互之间有无错误和矛盾；图样与说明书是否一致。将所发现的问题提出来，参加图样会审时，请设计单位说明情况或修改。

b. 搞清设计意图和工程特点以及对施工的特殊要求；了解生产工艺流程和生产单位的要求。

c. 熟悉土建、安装等各专业配合的施工点。

d. 明确业主对建设期限（包括分批、分期建设）及投产或使用要求。

② 收集资料。进行施工准备时，不仅要从已有的图样、说明书等技术资料上了解施工现场的情况和工程要求，还必须进行实地调查，需调查的资料包括：

a. 自然条件等资料的收集，如现场的地形、地质、水文和气象等资料。

b. 技术经济条件方面的资料收集，如现场的环境、地区的资源供应情况，施工地区的交通运输条件，动力、燃料及水的供应情况，施工地区的通信条件，地方工业对工程项目施工的支援条件，地方劳务市场及生活保障等情况。

③ 编制施工组织设计。施工组织设计是指导工程项目进行施工准备和组织施工的重要技术文件，是准备工作的中心内容。

④ 编制施工预算。施工预算是编制施工作业计划的依据；是施工项目经理部向班组签发任务单和限额领料的依据；是实行按劳分配的依据；还是施工项目经理部开展施工成本控制，进行施工图预算与施工预算（两算）对比的依据。

3）施工现场准备。施工现场准备主要是为工程项目正常施工而进行的准备，也称施工现场管理的外业，具体工作内容：

① 清除障碍物。这一工作通常由建设单位或土建施工单位完成，但有时也要委托安装施工单位完成。清除时，一定要摸清情况，尤其是原有障碍物复杂、资料不全时，应采用相

应的措施，防止事故发生。

②搞好"三通一平"。"三通一平"（水通、电通、路通和场地平整）是施工临时设施建设，其用材、施工、维护上具有临时性。"三通一平"是建设单位和施工单位针对现场施工需要，根据施工组织设计而进行的施工部署。

③施工现场测量。按照建筑总平面和已有的永久性、经纬坐标控制网和水准控制基桩进行建设区域的施工测量，设置该建设区域的永久性经纬坐标桩、水准基桩和工程测量控制网。按建筑施工平面图进行建筑、管路、线路定位放线。

④搭设临时设施。按照施工总平面图的布置，建造临时设施作为生产、办公、生活和仓库等临时用房，并设置消防保安设施。

4）冬期、雨期施工准备。根据冬期、雨期施工特点，冬期、雨期施工前和施工中，要编制季节性施工组织技术措施，做好施工现场的供热、保温、排水、防汛、苫盖等临时设施的准备工作，供应冬期、雨期必需的材料和机具，配备必要的专职人员，组织有关人员进行冬期、雨期施工技术的培训学习。

5）落实消防和保安措施。按照施工组织设计要求和施工平面图的安排，建立消防和保安等组织机构和有关规章制度，落实好消防、保安设施。

6）施工队伍的准备。施工队伍准备即劳动力的准备，应根据工程任务实物量编制劳动力需用计划，落实施工队伍，保证供应符合施工需要的人力资源。

①确定分包单位。由于施工单位本身力量所限，有些单项工程或专业工程的施工需向外单位分包。分包时应签订分包合同，明确分包单位的责任和权益。

②组织劳动力进场。按照开工日期和劳动力需要量计划，组织劳动力分期、分批进场。同时，要进行安全、防火和文明施工等方面的教育，并按照劳动保护法安排好现场施工工人的生活。

③组织培训。对技术工种要求持证上岗，对施工中所需的特殊技术工种和新技术工种，要按计划组织培训，经考核合格后方可上岗。

④动员和交底工作。施工项目开工前，要向参与施工的全体人员进行动员，宣传该施工项目的地位和施工项目的管理目标，以及经济承包责任制中的奖罚条款，调动职工的积极性。对于单项工程（或单位工程）开工前，应由施工项目经理部的技术负责人组织技术交底，详细地向各专业施工队班组的员工讲解拟建工程的设计意图、施工计划和施工技术等要求，落实技术责任制，健全岗位责任制和保证措施。

7）施工物资准备。材料、构件、机具、设备等物资是保证施工顺利进行的物质基础。这些物资的准备工作必须在开工之前进行。根据各种物资的需要量计划，分别落实货源，组织运输和安排储备，使其满足连续施工的需要。对特殊材料更应提早准备。

材料、构件等除了按需用量计划分期分批组织进场外，还要根据施工平面布置图规定的位置堆放。要按计划组织施工机具进场及各机具的位置安排，并根据需要搭设操作棚，接通动力和照明线路，做好机械的试运转工作。

（3）做好施工准备工作的措施

1）编制施工准备工作计划。施工准备工作千头万绪，各项准备工作之间又有相互依存关系。因此，必须制定周密的工作计划（表1-1），明确地表示出工作内容、责任者及必须完成的日期。应提倡应用网络计划技术编制施工准备工作网络计划，便于找出关键的施工准备工作。

表 1-1　施工准备工作计划表

序　号	项　目	施工准备工作内容	负责单位	负责人	配合单位	起止时间	备　注

2）严格执行开工报告和审批制度。施工准备工作随施工项目的大小不同，复杂程度也不同。通常，施工项目的施工准备工作完成后，即可向企业领导部门提出开工报告（表1-2），经过审批后，才能开工。对于实行建设监理的施工项目，还须将开工报告送达项目的监理单位，该项目的总监理工程师下达开工命令（或开工通知书）后，在限定时间内必须开工，不得拖延。

表 1-2　开工报告

建 设 单 位		总 包 单 位	
工程名称		工程造价	
工程地点		申请开工时间	
工程内容			
施工准备情况			
监理（建设）单位：　（公章）		总包单位：　（公章）	安装单位：　（公章）
施工负责人		制表人	

3）建立施工准备工作的管理制度

① 施工准备工作责任制。根据施工准备工作计划，成立严密的指挥协调机构，明确各部门分工和个人责任。相互配合，保证按计划要求的内容及完成时间进行施工准备工作。

② 建立施工准备工作检查制度。在施工准备工作实施过程中，应定期进行检查，主要检查施工准备工作计划的执行情况。如果没有完成计划要求，应进行分析、找出原因、排除障碍、协调施工准备工作进度或调整施工准备工作计划。

2. 施工过程组织与管理

（1）工程项目管理的内容。为了实现工程项目各阶段目标和最终目标，必须加强项目管理工作。在投标、签订了工程承包合同以后，施工项目管理的主体便是以施工项目经理为首的项目经理部即项目管理层。管理的客体是具体的施工对象、施工活动及相关的生产要素。管理的内容包括：建立施工项目管理组织；进行施工项目管理规划；进行施工项目的目标控制；对施工项目生产要素进行优化配置和动态管理；进行施工项目的组织协调；进行施工项目的合同管理和信息管理等。

1）建立施工项目管理组织

① 由企业采用适当的方式选聘称职的施工项目经理。

② 根据施工项目组织原则，选用适当的组织形式，组建施工项目管理机构，明确责任、权限和义务。

③ 在遵守企业规章制度的前提下，根据施工项目管理的需要，制订施工项目管理制度。

2）编制施工项目管理规划。施工项目管理规划是对施工项目管理组织、内容、方法、步骤、重点进行预测和决策，做出具体安排的纲领性文件。项目管理规划必须由项目经理组织项目经理部的有关管理人员在工程开工之前编制完成。项目管理规划的编制依据为：项目管理规划大纲；项目管理目标责任书；施工合同。

项目管理规划的内容包括：工程概况；施工部署；施工方案；施工进度计划；资源供应计划；施工准备工作计划；施工平面图；技术组织措施计划；项目风险管理；信息管理；技术经济指标分析。

编制项目管理规划应遵循的程序：对施工合同和施工条件进行分析；对项目管理目标责任书进行分析；编写目录及框架；分工编写；汇总协调；统一审查；修改定稿；报批。

3）编制施工项目的控制目标。施工项目的目标有阶段性目标和最终目标，实现各项目标是施工项目管理的目的。所以，应当坚持以控制论原理和理论作为指导，进行全过程的科学控制。

施工项目的控制目标有：进度控制目标、质量控制目标、成本控制目标、安全控制目标。

由于在施工项目目标的控制过程中会不断受到各种客观因素的干扰，各种风险因素都有发生的可能性，故应通过组织协调和风险管理对施工项目目标进行动态控制。

4）生产要素管理和施工现场管理。施工项目的生产要素是施工项目目标得以实现的保证，它主要包括劳动力、材料、设备、资金和技术。施工现场的管理对于节约材料、节省投资、保证施工进度、创建文明工地等方面都至关重要。

① 分析各项生产要素的特点。

② 按照一定原则、方法对施工项目生产要素进行优化配置，并对配置状况进行评价。

③ 对施工项目的各项生产要素进行动态管理。

④ 进行施工现场平面图设计，做好现场的调度与管理。

5）施工项目的组织协调。组织协调为目标控制服务，其内容包括：人际关系的协调；组织关系的协调；配合关系的协调；供求关系的协调；约束关系的协调。

这些关系发生在施工项目管理组织内部、施工项目管理组织与其外部相关单位之间。

6）施工项目的合同管理。合同管理包括合同订立、履行、变更、解除、终止、索赔、解决争议等。合同管理的好坏直接涉及项目管理及工程施工的技术经济效果和目标。因此要从招标、投标开始，加强工程承包合同的签订、履行管理。合同管理是一项执法、守法活动，市场有国内市场和国际市场，因此合同管理势必涉及国内和国际上有关法规和合同文本、合同条件，在合同管理中应高度重视。

7）施工项目的信息管理。利用计算机对工程建设情况进行及时收集、整理、分析，为有效控制工程的各项目标提供依据。

（2）施工质量的组织与管理

1）工程施工是否遵守设计规定的工艺，是否严格按图施工。

2）施工是否遵守操作规程和施工组织设计规定的施工顺序。

3）材料的验收、储存、发放是否符合质量管理的规定。

4）隐蔽工程的施工是否符合质量检查与验收规定。

5）材料、成品和半成品的检验。

6）各种试验、检验、测量仪器仪表和量具的定期检查和检修、校正。

7）安装的各种设备检查、试运转。

8）施工过程的检查和复查。

（3）安全生产的组织与管理

1）施工现场安排是否符合安全要求。

2）进入现场的施工人员是否戴好安全帽。

3）高空作业是否遵守安全操作规程。

4）机电设备和吊装机械防护、绝缘是否良好。

5）施工现场的防火、防爆、防止自然灾害等措施是否有效等。

（4）施工平面的组织与管理

1）检查施工总平面图规划贯彻情况，督促按总图规定兴建各项临时设施，堆放大宗材料、成品、半成品及生产设备。

2）审批各单位需用场地的申请，根据时间和要求，合理调整场地。

3）确定大型临时设施的位置、坐标，并核实复查。

4）签署建（构）筑物、道路、管路、线路等工程开工申请的审批意见。

5）审批各单位在规定期限内，对清除障碍物、挖掘道路等的申请报告。

6）对大宗材料、设备和车辆等进入时间作妥善安排，避免拥挤，堵塞交通。

7）审批大型施工机械、设备进入运行路线。

8）雨期之前，检查排水系统是否畅通。

9）场地整齐、清洁，现场防火、安全有措施，要注意现场环境卫生、防止污染。

（5）施工计划的组织与管理

1）施工计划编制的依据：施工合同、施工组织设计的要求；公司下达的施工计划要求；现场施工的客观要求。

2）施工计划的内容及要求。

① 项目经理部计划人员应依据合同、施工组织设计和甲方的有关要求，以及施工的客观条件，编制工程项目的月份、季度、年度施工计划，内容要准确、完整，分清投资和建安数量，如有变更的项目要及时做好调整。

② 项目经理部计划人员应根据所施工的工程项目按章、节编制施工计划，章、节内容包括主要施工项目的数量、产值，最后以书面的形式对所施工的项目进行形象说明，特别应提出本期计划中按合同工期即将完工的项目。概况总结上期计划的执行情况，对未完成的项目要分析出原因，以便及时采取措施，并附质量、安全保证措施和技术措施。

3）项目经理部计划人员编制次年（季）度施工建议计划，内容应包括合同设计数量及产值（含变更项目）、本年（季）度预计完成的数量及产值、累计完成的数量及产值（计价后要及时调整）、剩余工作量和下一年（季）度施工数量及产值安排。

4）施工计划必须按时编制并及时上报，本年度 12 月 15 日以前报下一年度建议计划、本季度末月 15 日以前报下一季度建议计划，本月份 25 日以前报下一月份施工计划。

5）施工计划实施的过程控制。

① 项目经理部计划人员对施工计划的及时性、准确性、可操作性负责。

② 项目经理对施工计划的有效实施负责。

③ 公司将通过调度报表、责任成本检查等方式来掌握施工生产计划的执行情况，对于发现的问题，由公司分管生产的机构协调、处理和纠正，有关部门负责实施，确保计划落实。

6）计划执行工作总结。项目经理部计划人员应根据工程进度情况，对季度和月份施工计划进行检查，对计划执行情况进行分析，肯定成绩、找准问题、提出整改意见，每半年汇总一次并报公司工程部。

7）施工计划的管理。施工计划应作为受控文件进行管理，过期自行作废。计划人员要及时归纳整理与项目有关的各种资料、数据，为项目有效开展责任成本管理提供实际依据。

（6）施工成本的组织与管理

1）成本管理的基础工作。

① 定额管理。定额是企业在一定生产技术水平和组织条件下，人力、物力、财力等各种资源的消耗达到的数量界限，主要有材料定额和工时定额。成本管理主要是制定消耗定额，只有制定出消耗定额，才能在成本控制中起作用。定额管理是成本控制基础工作的核心，是成本控制工作的重中之重。

② 标准化管理。标准化工作是现代企业管理的基本要求，它是企业正常运行的基本保证，它促使企业的生产经营活动和各项管理工作达到合理化、规范化、高效化，是成本控制成功的基本前提。在成本控制过程中，下面四项标准化工作极为重要。

a. 计量标准化。计量是指用科学方法和手段，对生产经营活动中的量和质的数值进行测定，为生产经营，尤其是成本控制提供准确数据。如果没有统一计量标准，基础数据不准确，那就无法获取准确的成本信息，更无从谈控制。

b. 价格标准化。成本控制过程中要制定两个标准价格，一是内部价格，即内部结算价格，它是企业内部各核算单位之间、各核算单位与企业之间模拟市场进行"商品"交换的价值尺度；二是外部价格，即在企业购销活动中与外部企业产生供应与销售的结算价格。标准价格是成本控制运行的基本保证。

c. 质量标准化。质量是产品的灵魂，没有质量，再低的成本也是徒劳的。成本控制是质量控制下的成本控制，没有质量标准，成本控制就会失去方向，也谈不上成本控制。

d. 数据标准化。制定成本数据的采集过程，明晰成本数据报送人和入账人的责任，做到成本数据按时报送，及时入账，数据便于传输，实现信息共享；规范成本核算方式，明确成本的计算方法；对成本的书面文件实现国家公文格式，统一表头，形成统一的成本计算图表格式，做到成本核算结果准确无误。

2）成本管理的内容。项目成本管理，就是对在完成一个项目过程中可产生的成本费用支出，有组织、有系统地进行预测、计划、实施、核算、分析等一系列的科学管理工作。项目成本管理的主要内容包括成本预测、成本决策、成本计划、成本控制、成本核算、成本分析和成本检查等。施工项目经理部在项目施工过程中，对所发生的各种成本信息，通过有组织、有系统地进行预测、计划、控制、核算和分析等一系列工作，促使施工项目系统内各种要素，按照一定的目标运行，使施工项目的实际成本能够控制在预定的计划成本范围内。

（7）合同的组织与管理。施工合同的签订为项目管理提供了管理对象，并因此成为全过程施工管理的前提和基础。施工合同的签订依据是现行的法律、法规及规定。施工全过程管理不仅要有法律、标准、规范的保障，还应有相应的利益制约机制。施工合同作为全过程施工管理的前提和基础，施工合同一经签订，即是合同法等法律体系在一项工程中的具体体现，是发、承包双方必须遵守的准则。现行的建设工程施工合同示范文本遵循了《建筑法》、《招标投标法》、《合同法》，是形成施工合同的框架。在这个框架下签订的施工合同规定了发、承包方行为或不行为的后果，缺乏其行为或不行为的利益制约机制。

我国的建设工程施工合同示范文本延续了国际通用的 FIDIC 合同条件，也规定了平衡发、承包双方利益对等关系的约束条款。在国际工程施工合同管理中，首先要严肃认真地签订施工合同，合同一经签订，就要认真地去履行，同时还要有风险意识，要充分考虑国际惯例对施工合同的影响。

施工合同不仅需要健全的法制体系，也需要良好的信用机制。将整个施工过程进行系统化保障，组织全员、全过程的质量活动，对用户全面保证质量、成本和工期是施工合同管理的核心，在最终形成的"法制、标准规范、利益"三方制约的保障体系中，施工合同必将发挥其应有的作用。施工合同的具体内容将在专项课题中进一步探讨。

（8）信息的组织与管理。信息的组织与管理是指信息的收集、整理、处理、存储、传递与应用等一系列工作的总称。

1）信息交流的主要内容

① 质量与环境和职业健康安全管理方案。

② 重大环境因素和重大危险源及相关信息。

③ 合同变更、设计变更、顾客满意度及市场新动向相关信息。

④ 相关的法律法规要求。

⑤ 新材料、新工艺、新设备、新技术等相关信息。

⑥ 紧急情况及应急响应的信息。

⑦其他有关信息。

2）信息交流方式及渠道

① 文件、会议、报刊等纸质传达。

② 电话、传真及多媒体传达与沟通，并保存书面记录。

③ 市场调查与定期回访。

④ 检查与评比。

⑤ 组织学习、交流与观摩。

⑥ 利用互联网进行信息交流。

3）信息流程。信息流程反映了工程项目建设中各参加部门、各单位间的关系。为了保证监理工作顺利进行，必须使监理信息在工程项目管理的上下级之间、内部组织与外部环境之间流动。

① 由上而下的信息流。如从项目经理开始，流向项目经理部管理层、现场专业工程师，乃至项目管理班组人员的信息流。

② 自下而上的信息流。自下而上的信息流是指由下级向上级的信息流。信息源在下，接受信息者在上。

③ 横向间的信息流。各参建单位为保证良好的协调与配合，要互相交流信息，保证各项程序顺利进行。

三种信息流都应有明晰的流线，并保证畅通。

4）信息的收集。信息管理工作的质量好坏，很大程度上取决于原始资料的全面性和可靠性。因此，建立一套完善的信息收集制度是极其必要的。信息的收集工作必须把握信息来源，做到收集及时、准确。

5）信息处理。信息处理一般包括信息收集、加工、传输、存储、检索、输出六项内容。

① 收集。收集是指对原始信息的收集，它是一项很重要的基础工作。

② 加工。信息加工是信息处理的基本内容，其目的是通过加工为专业工程师提供有用的信息。

③ 传输。传输是指信息借助于一定的载体在项目的各参加部门、各单位之间传输。通过传输，形成各种信息流，畅通的信息流是项目管理工作顺利进行的重要保证。

④ 存储。存储是指对处理后的信息的存储。

⑤ 检索。项目管理工作中存储了大量的信息，为了查找方便，就需要拟定一套科学的、迅速查找的方法和手段，称之为信息的检索。

⑥ 输出。将本部门掌握的有价值的信息向有关部门主动告知。

1.1.2.3 动用前准备阶段和保修期阶段的组织与管理

1. 竣工验收

竣工验收是工程建设的一个重要阶段，它是工程建设的最后一个程序，是全面检验工程建设是否符合设计要求和施工质量的重要环节。通过竣工验收，检查承包合同的执行情况，促进建设项目及时投产和交付使用，发挥投资效益；同时总结建设经验，全面考核建设成果，为今后的建设工作积累经验。竣工验收是建设投资转入生产和使用的标志。

（1）竣工验收的依据。竣工验收的依据包括：批准的设计任务书、初步设计、技术设计文件、施工图及说明书；设备技术说明书；现行的施工验收规范及质量验收标准；施工承包合同；设计变更通知书等。

（2）竣工验收的条件

1）一般建设工程竣工验收应具备下列条件：

① 完成建设工程设计和合同规定的内容。

② 有完整的技术档案和施工管理资料。

③ 有工程使用的主要建筑材料、建筑构配件和设备的进场试验报告。

④ 有勘察、设计、施工、工程监理等单位分别签署的质量合格文件。

⑤ 有施工单位签署的工程保修书。

2）具体工程项目因性质不同，在进行竣工验收时，还有相应的具体要求。

工业项目在进行竣工验收时的具体要求有：

① 生产性建设项目及辅助生产设施，已按设计的内容要求建成，能满足生产需要。

② 主要工艺设计及配套设施已安装完成，生产线联动负荷试车合格，运转正常，形成生产能力，能够生产出设计文件规定的合格产品，并达到或基本达到设计生产能力。

③ 必要的生活设施，已按设计要求建成，生产准备工作和生活设施能适应投产的需要。

④ 环保、安全、卫生、消防设施等已按设计要求与主体工程同时建成交付使用。

⑤ 已按合同规定的内容建成，工程质量符合规范规定，满足合同要求。

非工业项目在进行竣工验收时，要求已按设计内容建设完成，工程质量和使用功能符合规范规定和设计要求，并按合同规定完成了协议内容。

3）遗留问题的处理。在工程项目建设过程中，由于各方面的原因，尚有一些零星项目不能按时完成的，应协商妥善处理。

① 建设项目基本达到竣工验收标准，有一些零星土建工程和少数非主要设备未能按设计内容规定全部完成，但不影响正常生产时，也应办理竣工验收手续，剩余部分按内容留足资金，限期完成。

② 有的建设项目和单位工程，已建成形成生产能力，但近期内不能按设计要求规模建成，从实际出发，对已完成部分进行验收，并办理固定资产移交手续。

③ 引进设备的项目，按合同建成，完成负荷试车，设备考核合格后，组织竣工验收。

④ 已建成具有生产能力的项目或工程，一般应在具备竣工验收条件三个月内组织验收。

（3）竣工验收的程序

1）验收准备。建设项目全部完成，经过各单位工程的验收，符合设计要求，经过工程质量核定达到合格标准。施工单位按照国家有关规定，整理各项交工文件及技术资料、工程盘点清单、工程决算书、工程总结等必要的文件资料，提出竣工报告。建设单位（监理单位）要督促和配合施工单位、设计单位做好工程盘点、工程质量评价、资料文件的整理，包括项目立项批准书、项目可行性研究报告、征（占）用地的批准文件、建设工程规划许可证、设计任务书、初步（或扩大初步）设计、概算及工程决算等。建设单位要与生产部门做好生产准备及试生产工作，整理好有关资料，对生产工艺水平及投资效果进行评价，最后形成文件。同时，组织人员整理竣工资料，绘制竣工图，编制竣工决算，起草竣工验收报告等各种文件，分类整理，装订成册，制订验收工作计划等。竣工验收的准备工作，要有专人负责组织，资料数据要准确真实，文件整理要系统规范。专业部门、城建档案有规定的，要按其要求整理。

2）初步验收（预验收）。建设项目在正式召开验收会议之前，由建设单位组织施工、设计、监理及使用单位进行预验收。可请有经验的专家参加，必要时也可请主管部门的领导参加。检查各项工作是否达到了验收的要求，对各项文件、资料认真审查，初步验收是验收工作的一个重要环节。经过初步验收，找出不足之处，进行整改。然后由建设项目主管部门或建设单位向负责验收的单位或部门提出竣工验收申请报告。

3）正式验收。主管部门或负责验收的单位接到正式竣工验收申报和竣工验收报告书后，经审查符合验收条件时，要及时安排组织验收。组成有关专家、部门代表参加的验收委员会，对竣工验收报告分专业进行认真审查，然后提出竣工验收鉴定书。

（4）竣工验收报告书。竣工验收报告书是竣工验收的重要文件，通常应包括以下内容。

1）建设项目总说明。

2）技术档案建立情况。

3）建设情况，包括建筑安装工程完成程度及工程质量情况；试生产期间（一般 3～6 个月）设备运行及各项生产技术指标达到的情况；工程决算情况；投资使用及节约或超支原因分析；环保、卫生、安全设施"三同时"建设情况；引进技术、设备的消化吸收、国产化代替情况及安排意见等。

4）效益情况。项目试生产期间经济效益，技术改造项目改造前后经济效益比较；生产设备、产品的各项技术经济指标与国内外同行的比较；环境效益、社会评估；本项目中合用技术、工业产权、专利等作用评估；还贷能力或回收投资能力评估等。

5）外商投资企业或中外合资企业的外资部分，有会计事务所提供的验资报告和查账报告；合资企业中方资产有当地资产部门提供的资产证明书。

6）存在和遗留问题。

7）有关附件。

① 竣工项目概况一览表，主要包括建设项目名称、建设地点、占地面积、设计（新增）生产能力、总投资、房屋建设面积、开竣工时间、设计任务书、初步设计、概算、设计单位、施工单位、监理单位等。

② 已完单位工程一览表，主要包括单位工程名称、结构形式、工程量、开竣工日期、工程质量等级、施工单位等。

③ 未完工程项目一览表，主要包括工程名称、工程内容、未完工程量、投资额、负责完成单位、完成时间等。

④ 已完设备一览表，主要包括设备名称、规格、台数、金额等，引进和国产设备应分别列出。

⑤ 应完未完设备一览表，主要包括设备名称、规格、台数、金额、负责完成的单位及完成时间等。

⑥ 竣工项目财务决算综合表。

⑦ 概算调整与执行情况一览表。

⑧ 交付使用（生产）单位财产总表及交付使用（生产）单位财产一览表。

⑨ 单位工程质量汇总项目（工程）总体质量评价表，主要内容包括每个单位工程的质量评定结果、主要工艺质量评定情况、项目（工程）的综合评价（包括室外工程在内）。

（5）竣工验收。由建设单位组织，监理、施工、设计、勘察等单位参加，会同计划、建设、物资、环保、统计、消防等有关部门组成验收组。通常还邀请有关专家组成专家组，负责各专业的审查工作。

验收组的主要工作：负责验收工作的组织领导，审查竣工验收报告书；实地对建筑安装工程现场检查，查验试车生产情况；对设计、施工、设备质量等做出全面评价；签署竣工验收鉴定书等。

（6）竣工验收鉴定书的主要内容

1）验收时间。

2）验收工作概况。

3）工程概况，主要包括工程名称、建设规模、工程地址、建设依据、设计单位、施工单位、建设工期、实物完成情况及土地利用等内容。

4）项目建设情况，包括建筑工程、安装工程、设备安装、环保、卫生、安全设施建设情况等。

5）生产工艺及水平，生产准备及试生产情况。

6）竣工决算情况。

7）工程质量的总体评价，包括对设计质量、施工质量、设备质量，以及室外工程质量、环保质量的评价。

8）经济效果评价，包括对经济效益、环境效益及社会效益的评价。

9）遗留问题及处理意见。

10）验收委员会对项目（工程）验收的结论。

对验收报告逐项进行检查评价，提出总体评价，决定是否同意验收。

2. 竣工验收中有关工程质量的评价工作 竣工验收是一项综合性很强的工作，涉及各方面，作为质量控制方面的工作主要有：

1）做好每个单位工程的质量评价，在施工企业自评质量等级的基础上，由当地工程质量监督站核定质量等级，做好单位工程质量一览表。

2）如果是一个工厂或住宅小区、办公区，除对每个单位工程进行质量评价外，还应对室外工程的道路、管线、绿化及设施等进行逐项检查，并给予评价，并对整个项目（工程）的工程质量进行评价。

3）工艺设施质量及安全的评价。

4）督促施工单位做好施工总结，并在此基础上，提出竣工验收报告中的质量部分的整改内容和具体要求。

5）协助建设单位审查工程项目竣工验收资料，其主要内容有：工程项目开工报告；工程项目竣工报告；图纸会审和设计交底记录；设计变更通知单；技术变更核定单；工程质量事故发生后调查和处理资料；水准点位置、定位测量记录、沉降及位移观测记录；材料、设备、构件的质量合格证明资料；试验、检验报告；隐蔽验收记录及施工日志；竣工图；质量检验评定资料；工程竣工验收资料。

3. 交工与竣工结算 编制工程竣工结算的目的，一是为发包人编制建设项目竣工决算提供基础资料，二是为承包人确定工程的最终收入、考核工程成本和进行核算提供依据。

（1）搜集、整理好竣工资料。竣工资料包括工程竣工图、设计变更通知、各种签证资料等。竣工图是工程交付使用时的实样图。对于工程变化不大的，可在施工图上变更处分别标明，不用重新绘制；对于工程变化较大的一定要重新绘制竣工图，对结构件和门窗重新编号。竣工图绘制后要请建设单位、监理单位负责人在图签栏内签字，并加盖竣工图章。竣工图是其他竣工资料的纲领性总图，一定要如实地反映工程情况。设计变更通知必须是由原设计单位下达的，必须要有设计人员的签名和设计单位的盖章。由建设单位、监理单位负责人发出的不影响结构安全和造型美观的室内外局部小变动也属于变更之列，但必须要有建设单位及监理单位负责人的签字，并征得设计人员的认可及签字方可生效。合同签证决定着工程的承包形式与承包资格、方式、工期及质量奖罚；现场签证即施工签证，包括设计变更联系单及实际施工确认签证；主体工程中隐蔽工程签证；暂不计入但说明按实际工程量结算的项目工程量签证以及一些预算外的用工、用料或因建设单位原因引起的返工费签证等。其中主体工程中的隐蔽工程签证尤为重要，这种工程事后无法核对其工程量，所以必须在施工的同时，画好隐蔽图，做好隐蔽验收检查记录，请设计单位、监理单位、建设单位等有关人员到现场验收签字，手续完整，工程量与竣工图一致方可列入结算。这些签证最好在施工的同时计算实际金额，交建设单位签证，这样就能有效避免事后纠纷。

（2）深入工地，全面掌握工程实况。准确的工程量是竣工结算的基础。由于从事预决算工程的预算员，对工程的实际情况不十分了解，尤其是一些形体较为复杂或装潢复杂的工程，竣工图不可能面面俱到，逐一标明，因此在工程量计算阶段必须要深入工地现场核对、丈量、记录，才能做到准确无误。有经验的预算人员在编制结算时，往往是先查阅所有资料，再粗略地计算工程量，发现问题，逐一到工地核实。一个优秀的预算员不仅要深入工程实地掌握实际情况，还要深入市场了解建筑材料的品种及价格，做到胸有成竹，避免造成较大计算误差。

（3）熟悉掌握专业知识，注重职业道德。预算员不仅要全面熟悉定额计算，掌握上级下达的各种费用文件，还要全面了解工程预算定额的组成，以便进行定额的换算和增补。预算员还要掌握一定的施工规范与建筑构造方面的知识。在编制竣工结算报告和结算资料时，应遵循下列原则：

1）以单位工程或合同约定的专业项目为基础，对原报价单的主要内容进行检查和核对。

2）发现有漏算、多算或计算失误的，应及时进行调整。

3）多个单位工程构成的施工项目，应将各单位工程竣工结算书汇总，编制单项工程竣工综合结算书。

4）多个单项工程构成的建设项目，应将各单项工程综合结算书汇总编制建设项目总结算书，并撰写编制说明。

4. 项目回访与保修

（1）工程项目的回访。工程项目在竣工验收交付使用后，按照合同和有关规定，在一定的期限，即回访保修期内应由项目经理部组织原项目人员主动对交付使用的竣工工程进行回访，听取用户对工程质量的意见，填写质量回访表，报公司技术与生产部门备案处理。回访一般采用三种形式：一是季节性回访，大多数是雨季回访屋面、墙面的防水情况，冬季回访采暖系统的情况，发现问题，采取有效措施及时加以解决；二是技术性回访，主要了解在工程施工过程中所采用的新材料、新技术、新工艺、新设备等的技术性能和使用后的效果，发现问题及时加以补救和解决，同时也便于总结经验，获取科学依据，为改进、完善和推广创造条件；三是保修期满前的回访，这种回访一般是在保修期即将结束之前进行回访。

在保修期内，属于施工单位施工过程中造成的质量问题，要负责维修，不留隐患。一般施工项目竣工后，各承包单位的工程款保留3%～5%左右，作为保修金，按照合同规定在保修期满退回承包单位。如属于设计原因造成的质量问题，在征得甲方和设计单位认可后，协助补修，其费用由设计单位承担。

施工单位在接到用户来访、来信的质量投诉后，应立即组织力量维修，发现影响安全的质量问题应紧急处理。项目经理对回访中发现的质量问题，应组织有关人员进行分析，制定措施，作为进一步改进和提高质量的依据。

对所有的回访和保修都必须予以记录，并提交书面报告，作为技术资料归档。项目经理部还应不定期听取用户对工程质量的意见。对于某些质量纠纷或问题应尽量协商解决，若无法达成统一意见，则由相关仲裁部门进行仲裁。

（2）工程项目的保修期。根据《建设工程质量管理条例》的规定，工程项目在正常使用条件下的最低保修期限为：

1）基础设施工程、房屋建筑的地基基础和主体结构工程，为设计文件规定的该工程的合理使用年限。

2）屋面防水工程、有防水要求的卫生间、房间和外墙面的防漏为5年。

3）供热与供冷系统为2个采暖期和供暖期。

4）电气管线、给水排水管道、设备安装和装修工程为 2 年。

其他项目的保修期，由发包方与承包商约定。

工程项目在保修范围内和保修期内发生的质量问题，施工单位应履行保修义务，并对造成的损失承担赔偿责任。

课题 2　项目管理模式与项目组织形式

1.2.1　项目的管理模式

施工组织与管理是以建设工程项目为对象的管理，可分为工程建设全过程管理和阶段性管理，其管理模式可归纳为：业主进行的项目管理；咨询公司代表业主进行的项目管理；设计单位进行的项目管理；咨询公司代表设计单位进行的项目管理；施工单位进行的项目管理；咨询公司代表施工单位进行的项目管理；工程指挥部代表有关政府部门进行的项目管理；政府的建设管理。

在工程项目建设的不同阶段，参与工程项目建设的各方的管理内容及重点各不同。设计阶段的项目管理分为建设单位的设计管理和设计单位的设计管理，施工阶段的项目管理则主要分为建设方的项目管理、承包企业的项目管理、监理方的项目管理。目前，工程建设全过程管理通常由建设单位自行管理，包括工程项目的准备、招投标和订立合同、设计、材料设备选购、组织施工、竣工验收、投入使用和保修等管理工作。阶段性管理是承包企业对工程不同阶段进行的管理，包括设计阶段的项目管理和施工阶段的项目管理。本书重点介绍承包企业在施工阶段的项目管理。

1. 施工阶段项目管理的特点　施工阶段的项目管理是项目管理的一个分支，它具有"管理"的共同职能，是施工企业对施工项目进行的计划、组织、监督、控制、协调等全过程的管理活动。

（1）施工阶段的项目管理实行项目经理个人负责制。自开工准备至竣工验收，项目经理代表业主对施工项目实施全过程、全方位管理。

（2）施工阶段的项目管理是一次性的管理，其项目的生命周期是始于项目开工，终于施工项目的完成，具有一定的风险性，要求对施工项目的每一个环节都要严密管理，不允许出现失误。

（3）施工阶段的项目管理是一项系统性、综合性很强的工作。项目管理的一切活动都要根据合同和经营管理目标要求实施科学管理，以最低消耗取得最大效益，实现成本、质量、进度和安全等控制目标。

2. 施工阶段项目管理目标与职责的划分

（1）管理目标。一项工程的管理目标包括质量目标、工期目标、安全目标、文明目标、环境保护目标、服务目标等。

1）质量目标。按照工程招标文件的技术要求、施工图样、国家及有关部委颁发的现行技术规范、规程及标准进行，建设合格工程。

2）工期目标。根据工程量的大小、工程招标书以及招标答疑要求，确定本工程的工期（工作日）。

3）安全目标。施工现场安全设施合格率达到 100％，确保施工现场不发生任何机械、消防及人员伤亡事故，确保本工程预定的安全目标。

4）文明目标。严格按照文明工地评审要求及企业 CIS 形象策划的各项要求对项目员工进行教育，认真组织施工，确保文明施工。

5）环境保护目标。严格遵守国家及当地政府环保法规要求，噪声、污水排放等各项环境监测指标均符合法律要求，节约水资源，无业主、社会等重大环境投诉，达到绿色工地要求。

6）服务目标。服务及时、圆满、准确和友好，确保业主满意。实行工程结构质量终身负责制，工程交工后，及时对工程质量进行回访。工程质量保修按照《房屋建筑工程质量保修办法》执行。

（2）项目管理职责的划分。为了实现项目管理目标，应按要求设置相应的管理部门，并建立岗位责任制。

工程实行项目法管理，设项目经理一人，并组建由项目经理、项目副经理、项目技术负责人组成的项目经理部领导层。项目经理部的各类业务管理人员除直接接受项目经理的领导，按岗位责任制实施项目管理外，还应按岗位工作标准的要求，接受主管职能部门的业务指导和监督。项目经理部下设设备材料部门、劳资预算部门、工程管理部门、安全文明部门、技术质量部门、试验部门、财务部门、办公室等。各部门各负其责，相互配合，在项目经理的统一指挥下确保工程各项施工目标的实现。

1）项目经理职责：受法定代表人委托，根据法定代表人授权的范围、期限和内容，履行管理职责，并对项目实施全过程进行全面管理，确保实现项目的各项目标，是项目管理的责任主体。

2）项目生产（后勤）副经理职责：分管生产，负责工期、安全、文明施工等项目管理目标的实现，负责现场施工组织管理及安全文明措施的制定，负责材料供应及后勤保障工作。

3）项目技术负责人职责：分管质量目标，负责现场技术、质量、测试等管理工作。负责审核施工方案和分部分项工程的作业指导书，进行各分部分项工程的技术、质量、安全、文明交底。

4）设备材料部门：负责设备管理、维修等日常工作，保证工程的材料、燃料、机械设备的供应及材料核算和材料成本的控制工作。

5）劳资预算部门：负责工程的劳动力计划和调整；组织相关人员进行业务培训教育；合理实施劳动力组合，编制工程直接费（人工费、材料费、施工机械使用费）、措施费和间接费预算，为有效控制工程成本提供决策依据。

6）工程管理部门：负责工程合同管理，编制施工进度计划和统计报表，编制施工方案、项目质量计划书，办理工程计量、工程验收、绘制竣工图、整理技术质量资料等工作。负责工程现场施工组织及施工进度计划的实现，确保工程按施工组织设计的要求按质、按量、按时完成。

7）安全文明部门：负责工程安全文明施工，确保工程实现安全文明施工目标。建立项目安全生产保证体系，督促、检查现场安全生产，按规定编制安全报表。

8）技术质量部门：负责工程技术质量标准和规范的执行，编制、审定有关技术方案，组织技术交底等。

9）试验部门：负责工程的各种材料、半成品、成品、设备的检查与试验，及时向监理工程师和项目技术质量部门提供试验数据，整理归档试验资料。

10）财务部门：负责工程的财务计划，控制工程成本，进行成本分析。

11）办公室：负责项目部日常管理及后勤供应工作，负责工程的保卫、党群关系等工作。

3. 施工阶段项目目标保障体系

（1）质量保障体系。建立以项目经理为组长，项目技术负责人、生产副经理任副组长，各专业负责人、质检员等为组员的项目质量检查小组。技术负责人负责项目质量计划的编制及审核，各专业负责人具体负责各分部分项工程的工序质量控制，质检员负责质量跟踪检查，各班组组成多个质量管理（QC）小组，开展全面质量管理工作，形成项目全员参与的质量保证体系。

（2）安全保障体系。成立以项目经理为组长，项目生产副经理、技术负责人为副组长，专职安全员为常务组员，相关职能部门负责人为组员的项目安全领导小组。加强安全管理，形成项目定期检查、考核机制。

（3）后勤保障体系。成立以项目经理为组长，项目副经理为副组长，设备材料、劳资预算、后勤部门负责人为常务组员，相关职能部门负责人为组员的后勤保障体系。加强后勤管理，项目生产副经理负责项目后勤保障体系的运作，设备材料部门负责材料、设备供应，劳资预算部门负责劳动力资源的准备与培训。

（4）技术保障体系。成立以项目经理为组长，项目技术负责人为副组长，相关职能部门负责人为组员的项目技术保障体系。加强技术指导，积极推广新技术的应用。项目技术负责人全面负责工程的技术保障工作，并对各项技术问题严格把关，负责审核项目各分部分项工程作业指导书。当遇到重大质量问题及重要技术问题时，请示公司技术管理部门。

1.2.2 项目的组织形式

1.2.2.1 企业组织要素

建筑安装企业组织机构受多种要素的制约，企业组织主要要素有以下三点。

1. 管理层次　管理层次是指企业最高决策到最低工作人员间纵向分级管理的级数。我国建筑安装企业，按内部管理机构可分为三级管理制和二级管理制。三级管理制是指：公司——分公司——项目经理部，二级管理制是指：公司——项目经理部。一般大型建筑安装企业设三级管理制，中小型建筑安装企业设二级管理制。

2. 管理部门　管理部门是指企业组织机构中按管理职能划分的部门。部门的划分以例行性的工作为依据，以实行专业化管理为目的，精细分工、统筹兼顾，发挥专业人员的特长，达到提高工作质量和效率的目的。

3. 管理跨度　管理跨度是指一名领导者直接而有效地管理下级人员的数量。管理跨度过大或过小，都会影响工作。一名领导者，其精力、文化知识、经验和能力都有限，能够领导的下级人数也有限。管理跨度过大，会造成领导顾此失彼；管理跨度太小，则不能有效发挥公司领导者的能力。正确确定管理跨度，是建立企业组织机构必须解决的重要问题。

1. 2. 2. 2　管理机构的组织形式

1. **直线制**　直线制组织结构是最早出现的一种企业管理机构的组织形式，其整个组织结构自上而下实行垂直领导，统一指挥，各级主管人员对所属单位的一切问题负责。施工现场管理组织机构由工程处下面的施工队组建，施工队长即为现场施工负责人，有时一个施工队长可以管理几个小型项目，这是一种传统的企业管理的组织模式。如图 1-1 所示直线制组织机构，这种形式一般适用于小型的、专业性较强、不需要涉及众多部门的施工项目。其优点是施工队组相对稳定，人事关系熟悉，任务下达后，很快即可运转，工作易于协调，而且责任明确，职能专一，易于实现单一领导；缺点是不适应大型项目管理的需要。

2. **职能制**　职能制是在各级领导者之下按专业分工设置管理部门，由职能管理部门在所管辖业务范围内指挥下级，下级要服从多个职能部门的领导。其优点是管理人员单一，易于专业管理；缺点是造成多头领导，下级执行者接受多方指令，无法统一行动，责任不清。

3. **直线职能制**　直线职能制是在直线制和职能制的基础上发展起来的一种组织形式。各级领导者之下，设置各专业职能部门，作为该级领导者的参谋，即领导对下级进行垂直领导的同时，职能部门对下级机构进行业务指导。如图 1-2 所示为直线职能制管理机构，这种形式的优点是既保证了集中统一领导，又发挥了职能部门的专业作用；缺点是各职能部门的横向联系较差。

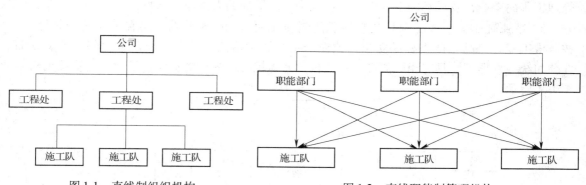

图 1-1　直线制组织机构　　　　　　图 1-2　直线职能制管理机构

4. **矩阵制**　矩阵制是横向按职能划分的部门和纵向按工程项目设立的管理机构有机结合起来的一种组织机构形式，纵横结合，如同一个"矩阵"，故称为矩阵制。如图 1-3 所示矩阵制管理机构，其特征如下。

1）项目经理部与职能部门的结合部同职能部门数相同。

2）把职能原则和对象原则结合起来，既能发挥职能部门的纵向优势，又能发挥项目经理部组织的横向优势。

3）专业职能部门是永久性的，项目经理部是临时性的。

4）矩阵制中的每个成员和部门，接受原部门负责人和项目经理的双重领导。

5）项目经理对调配到本项目部的成员有权控制和使用，部门负责人有权根据不同项目的需要和忙闲程度，在项目之间调配本部门人员。

6）项目经理的工作由多个职能部门支持，项目经理没有人员包袱，但要求在纵横两个方向有良好的信息沟通和协调配合，对整个企业组织和项目组织的管理水平和组织渠道畅通

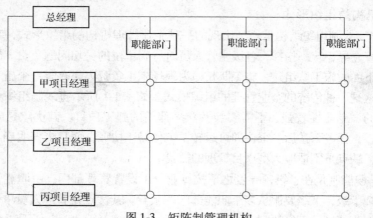

图 1-3　矩阵制管理机构

提出了较高的要求。

这种形式的优点是具有较大的灵活性，能根据项目工程任务的变化组建与之相适应的机构，使上下左右、集权与分权进行最优的结合，利于协调机构内各类人员的工作关系，调动积极性；缺点是机构不稳定，业务人员接受双重领导，使领导关系上容易出现矛盾。这种形式比较适合建筑安装企业的经营管理，一般适用于大型复杂的工程项目和同时承担多个项目管理工程的企业，及需要集中各方面专业人员共同参加的大型建设项目。

5. 事业部制　事业部制是从直线职能制转化而来的一种形式，是在公司统一领导下，按区域工程（产品）的类型成立相对独立的生产经营单位，即设立经营事业部。各事业部在公司统一领导下，具有相应的经营自主权，并承担相应的经济责任，事业部制管理机构如图 1-4 所示。

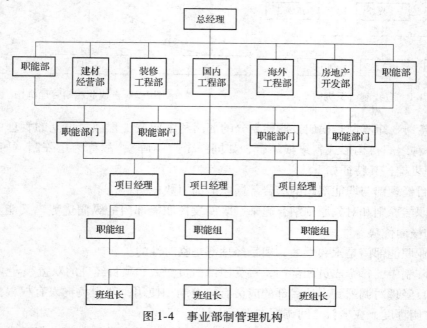

图 1-4　事业部制管理机构

这种组织形式的优点是：使企业领导摆脱日常事务性工作，集中精力研究战略性决策，有利于专业分工协作相结合；各事业部独立核算，互相竞争，有利于发挥其主动性和积极性，促进整体效率的提高。缺点是：部门设置重复，增加了管理费用；公司集权相对削弱，不易控制下级单位。这种形式一般适用于规模大、市场分散、产品类型多的跨地区的大型施工企业。

课题 3　施工组织设计概论

1.3.1　施工组织设计的任务、作用、分类

施工组织设计是施工单位为指导工程施工而编制的文件，是安排施工准备和组织工程施工的全面性技术、经济文件。

1.3.1.1　施工组织设计的任务

从施工的全局出发，根据拟建工程的各种具体条件，拟定单位工程施工方案，安排施工进度，布置施工现场；把设计和施工、技术和经济、企业的全局活动和工程的施工组织，把施工中各单位、各部门、各工种、各阶段以及各项目之间的关系等更好地协调起来；使施工建立在科学、合理的基础之上，从而做到人尽其力，物尽其用，优质、安全、低耗、高效地完成工程施工任务，取得最好的经济效益和社会效益。

1.3.1.2　施工组织设计的作用

施工组织设计是施工准备工作的重要组成部分，也是做好施工准备工作的主要依据和重要保证。施工组织设计是对拟建工程施工全过程实行科学管理的重要手段，是编制施工预算和施工计划的依据，是建安企业合理组织施工和加强项目管理的重要措施。施工组织设计是检查工程进度、质量、成本三大目标的依据，是建设单位与施工单位之间履行合同、处理关系的主要依据。

1.3.1.3　施工组织设计的分类

施工组织设计是一个总的概念，根据拟建工程的设计阶段、规模大小、结构特点和技术复杂程度及施工条件，应相应地编制不同范围和深度的施工组织设计。目前在实际工作中编制的施工组织设计有三种。

1. 项目施工组织总设计　项目施工组织总设计是以一个大型建设项目为对象，在初步设计或扩大初步设计阶段，对整个建设工程在总体战略部署、施工工期、技术物资、大型临时设施等方面进行规划和安排。它是指导整个建设工程施工的一个全面性的技术经济文件，是施工企业编制年度施工计划的依据。因涉及整个工程全局，内容比较粗略概括。

2. 单位工程施工组织设计　单位工程施工组织设计是以一个单位工程为对象，在单位工程开工以前对单位工程施工所作的全面安排，如确定具体的施工组织、施工方法、技术措施等。由直接施工的基层单位编制，内容比施工组织总设计细致、具体，是指导单位工程施工的技术经济文件，是施工单位编制作业计划和制定季度施工计划的重要依据。

3. 施工方案　施工方案也称施工设计，是以一个较小的单位工程或难度较大、技术复杂的分部（分项）工程为对象而编制的施工文件，内容比施工组织设计简明扼要，它主要围绕工程特点，对施工中的主要工作在施工方法、时间配合和空间布置等方面进行合理安排，以保证施工作业的正常进行。

施工组织总设计、单位工程施工组织设计和施工方案三者之间依次的关系是：前者涉及工程的整体和全局，后者是局部；前者是后者编制的依据，后者是前者的深化和具体化。

1.3.2　施工组织设计的基本内容

根据工程性质、规模、结构特点和施工条件的不同，施工组织设计的内容和深度及广度有所不同。

1. 施工组织总设计的内容
1）建设项目的工程概况。
2）施工部署及主要建筑物或构筑物和部分设备的施工方案。
3）全场性施工准备工作计划。
4）施工总进度计划。
5）各项资源需要量计划。
6）全场性施工总平面图设计。
7）各项技术经济指标。

2. 单位工程施工组织设计的内容
1）工程概况及其施工特点的分析。
2）施工方案的选择。
3）单位工程施工准备工作计划。
4）单位工程施工进度计划。
5）各项资源需要量计划。
6）单位工程施工平面图设计。
7）质量、安全及冬期、雨期施工和其他特定条件下施工的技术组织保证措施。
8）主要技术经济指标。

对于大型项目应进行施工组织总设计，其施工组织设计应从项目的全局出发，编制可粗一些，以单位工程为单位进行编写，做出总的安排和计划；对于小型的安装工程，其施工组织设计可以编得简单一些，称"施工方案"设计，其内容一般包括施工方案、施工进度计划和施工平面图，辅以简要的文字说明。

1.3.3　施工组织设计的编制与贯彻

当拟建工程中标后，施工单位必须进一步编制工程施工组织设计。建设工程实行总包和分包的，由总包单位负责编制施工组织总设计或者分阶段的施工组织设计。分包单位在总包单位的总体部署下，负责编制分包工程的施工组织设计。施工组织设计应根据合同工期及有关规定进行编制，并且要广泛征求各协作施工单位的意见。未编制施工组织设计的工程项目一律不许开工。

对结构复杂、施工难度大以及采用新工艺和新技术的工程项目，要进行专业性的研究，必要时组织专门会议，邀请有经验的专业工程技术人员参加，集中群众的智慧，为施工组织设计的编制和实施打下坚实的基础。

在施工组织设计的编制过程中，要充分发挥各职能部门的作用，吸收他们参加编制和审定；充分利用施工企业的技术素质和管理素质，统筹安排、扬长避短，发挥施工企业的优势，合理地进行工序交叉配合的程序设计。

当比较完整的施工组织设计方案提出后，要组织参加编制的人员以及单位进行讨论，逐项逐条地研究，修改后最终形成正式文件，送主管部门审批。

1.3.3.1　施工组织设计的编制依据

为了保证施工组织设计的编制工作顺利进行，使设计文件能够结合工程实际情况，更好地发挥施工组织设计的作用，在编制施工组织设计时，其编制依据包括：

1）计划文件及有关合同，包括国家批准的基本建设计划、可行性研究报告、工程项目一览表、分期分批施工项目和投资计划、主管部门的批件、施工单位上级主管部门下达的施工任务书、招投标文件及签订的工程承包合同、工程材料和设备合同等。

2）实际文件及有关资料，包括建设项目的初步设计与扩大初步设计的有关图纸、设计说明书、建筑平面图、安装工程施工图。

3）工程勘查和原始资料，包括建设地区的地形地貌、工程地质及水文地质、气象等自然条件；交通运输、能源、构件、水电供应及机械设备等技术经济条件；设备设施技术参数及说明书；建设地区的政治、经济、文化、卫生等社会生活条件。

4）现行规范、规程、标准和有关技术规定，包括国家现行的施工及验收规范、操作规程、定额、技术标准和技术经济指标。

5）类似工程的施工组织设计和有关参考资料。

1.3.3.2　施工组织设计的编制程序

在编制施工组织设计时，除了采用正确合理的编制原则、编制依据、编制方法外，还要采用科学的编制程序，注意有关信息的反馈。施工组织设计的编制过程应由粗到细、反复协调进行，最终达到优化施工组织设计的目的。

施工组织设计的编制程序如图1-5所示。

1.3.3.3　施工组织设计的贯彻

施工组织设计的编制只是为实施拟建工程项目的生产过程提供了一个可行的方案。这个方案的经济效果如何，还必须通过实践去验证。施工组织设计贯彻的实质就是把一个静态的平衡方案，放到不断变化的实际施工过程中去，考核其效果并检查其优劣，以达到预定的目标。

1. 传达施工组织设计　经过审批的施工组织设计，在开工前要召开各级生产、技术会议，逐级进行交底，详细地讲解其工作内容、技术要求和施工的关键工序与保证措施，组织广泛讨论，拟定完成任务的技术措施，同时制订出切实可行和严密的施工计划，拟定科学合理的具体的技术实施细则，以保证施工组织设计的贯彻执行。

2. 制定各项管理制度　实践经验证明，只有施工企业有了科学健全的管理制度，才能维持企业的正常生产秩序，才能保证工程质量，提高劳动生产率，防止可能出现的漏洞或事故。因此必须建立健全各项管理制度，保证施工组织设计的顺利实施。

3. 推行技术经济承包制　技术经济承包制是采用经济的手段和方法明确承发包双方的责任。它便于加强监督和相互促进，是保证承包目标实现的重要手段。为了更好地贯彻施工组织设计，应推行技术经济承包制，开展劳动竞赛，把施工过程中的技术责任和职工的物质利益结合起来。

4. 统筹安排及综合平衡　在拟建工程项目的施工过程中，搞好人力、物力、财力的统

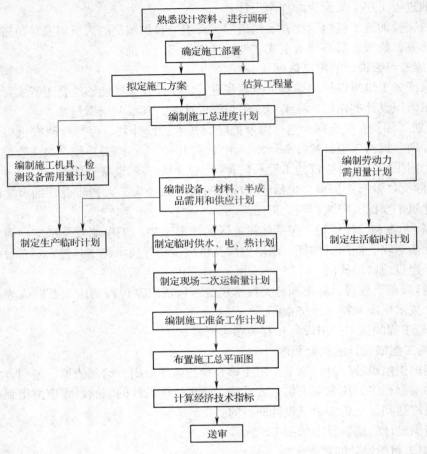

图 1-5　施工组织设计的编制程序

筹安排，保证合理的施工规模，既能满足拟建工程项目施工的需要，又能带来较好的经济效果。施工过程中的任何平衡都是暂时的、相对的，平衡中必然存在不平衡的因素，要及时分析和研究这些不平衡的因素，不断地进行施工条件的反复综合和各专业工种的综合平衡。进一步完善施工组织设计，保证施工的节奏性、均衡性和连续性。

5. **切实做好施工准备工作**　施工准备工作是保证均衡和连续施工的重要前提，也是顺利地贯彻施工组织设计的重要保证。拟建工程不仅要在开工前做好一切人力、物力和财力的准备，而且在施工过程中的不同阶段也要做好相应的施工准备工作，这是非常重要的。施工准备工作不仅仅是指开工前的准备，而是有计划、有组织、有步骤、分阶段地贯穿于整个工程的建设始终。

（1）技术经济资料的准备。施工条件资料；图样会审记录；工程洽商及设计变更联系单；施工图的交底；施工图预算与施工预算的编制等。

（2）施工现场准备工作。清除障碍物，搞好现场的"三通一平"（此内容一般应由业主在招标前完成，作为工程招标应具备的条件）；现场临时控制点；现场临时设施的搭建等。

（3）劳动力及物资的准备。施工人员（班组）准备；施工工具与机具准备；材料、成品、半成品、构配件的采购、运输、堆放、发放和使用等。

（4）冬期、雨期施工的准备。编制季节性施工组织技术措施，做好施工现场的供热、保温、排水、防汛等临时设施的准备工作；组织有关人员进行培训等。

 **单元小结**

1. 施工组织与管理是建筑安装企业生产管理的一项中心内容，它是企业为了完成建筑安装产品的施工任务而对施工全过程所进行的生产事务的组织管理。施工组织与管理是建筑安装企业对工程项目进度、质量、成本、安全进行的管理。每个项目重点做好下述四个方面的工作：

（1）做好参加施工项目全体员工的思想工作，明确义务和权利，奖罚分明。

（2）做好施工准备工作，既要注意施工前的准备工作，又要注意各个施工阶段的准备工作。

（3）按计划组织施工，做好施工过程进度、质量、成本、安全的全面控制，搞好施工现场管理。

（4）做好施工项目竣工验收工作。

2. 施工企业管理机构的组织形式有直线制、职能制、直线职能制、矩阵制、事业部制；企业组织的三要素是管理层次、管理部门、管理跨度。

3. 施工组织设计是施工单位为指导工程施工而编制的文件，是安排施工准备和组织工程施工的全面性技术、经济文件。在编制施工组织设计时要明确是总体设计还是单位工程设计，以及设计的基本内容；收集好设计的依据；在遵循设计的基本原则下，进行科学设计，确保设计的可行性。

 **能力训练**

1. 内容

（1）安装工程技术标的编制规划（技术标目录、编制依据、工程目标）。

（2）工程概况的描述、施工部署、施工方案。

2. 目的　熟悉本单元所学知识在技术标中的应用。通过工程实例技术标的编制，使学生掌握安装工程技术标组成的内容；正确选择项目的管理模式、确定管理机构的组织形式；掌握施工组织设计的任务和设计的内容，能正确编制施工方案。

3. 能力及标准要求　能够针对具体工程编制项目管理大纲、技术标编写大纲、施工方案。

4. 准备

（1）招标文件、设计文件与图纸。

（2）有关工程内容的技术标准和规范。

（3）编制任务书及指导书。

5. 步骤

（1）指导教师对相关工程内容、功能、设计意图做整体介绍，并对招标文件进行讲解提示，提出读图应注意的问题。

（2）指导教师详细讲解任务书及指导书，使学生明确其具体的任务。

（3）指导教师讲解技术方面的有关内容。按各分部（子分部）工程讲解施工知识、标准、招标文件要求；讲解施工项目的管理模式和施工组织机构的适应范围；结合实际编制施工方案和非正常情况下的施工措施（冬期雨期、高空、防雷等）。

（4）学生读图和有关技术文件，对工程进行分析，编制任务书要求的内容。

6. 注意事项

（1）编写格式力求格式规范、统一。

（2）学生可以在分组讨论达成共识的基础上独立完成，防止互相抄袭或者照搬参考标书的内容。

（3）按招标文件或其他相关文件要求，确定技术标的组成内容，防止缺项。

（4）编制时注意系统的整体联系，按顺序编制各分部（子分部）工程的主要设备、作用。

（5）特别注意建筑安装工程与结构施工的配合。

（6）编制工作完成后，可以分组讨论在编制过程中遇到的问题、应注意的事项以及解决的方法，达到共同进步。

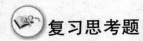
复习思考题

1. 施工组织与管理的含义是什么？

2. 施工组织与管理的目标是什么？

3. 施工组织与管理的任务和主要内容有哪些？

4. 建筑安装企业经常采用什么样的组织机构？

5. 施工准备工作的意义是什么？

6. 施工准备工作有哪些基本任务？

7. 施工准备工作的具体内容有哪些？

8. 施工准备工作包括施工前的准备和施工过程中各个阶段的准备工作，贯穿整个施工过程。对不对？为什么？

9. 竣工验收应具备什么条件？验收的依据和标准是什么？

10. 竣工验收按什么程序进行？应办理哪些交接手续？

11. 施工阶段项目的管理模式有哪些？

12. 施工项目管理的目标有哪些？

13. 施工组织设计的作用是什么？

14. 施工组织设计的任务是什么？

15. 施工组织设计可分为哪几种形式？

16. 施工组织设计编制的依据有哪些？

17. 如何贯彻施工组织设计？

18. 施工组织设计的编制程序是什么？

单元2

施工平面布置与流水施工

【内容概述】 本单元主要介绍施工平面规划、施工平面布置的依据和方法；流水施工的基本原理、流水施工基本参数及流水施工组织的基本形式。

【学习目标】 通过本单元的学习和训练，使学生掌握施工平面规划及流水施工的基本原理和基本方法，能合理规划施工平面布置，合理组织流水施工，按照技术标的要求编制技术标中的相关内容。

课题1 施工平面图规划

施工平面图规划是对拟建工程的施工现场，按照施工方案和施工进度计划的要求，将施工现场的交通道路、材料仓库、临时房屋、临时水电管线作出合理的布置，从而正确处理整个现场在施工期间所需各项临时设施和建筑以及拟建项目之间的空间关系。

2.1.1 施工现场平面规划的内容

施工现场平面规划可分为施工总平面图和单位工程施工平面图规划，其内容有所不同。

2.1.1.1 施工总平面图规划的内容

（1）建设项目施工总平面图上一切地上、地下建筑物、构筑物以及其他设施的位置和尺寸。

（2）为现场施工服务的所有临时设施的布置。

1）施工用地范围，施工用各种道路。

2）加工厂、搅拌站及有关机械的位置。

3）各种建筑材料、构件、半成品的仓库和堆场的位置，取土弃土位置。

4）行政管理用房、宿舍、文化生活和福利设施等。

5）水源、电源、变压器位置，临时给排水管线和供电、动力设施。

6）机械站、车库位置。

7）安全、消防设施等。

（3）永久性测量放线标志桩位置。许多规模巨大的建设项目，其建设工期往往很长，随着工程的进展，施工现场的面貌将不断改变。在这种情况下，应按不同阶段分别绘制若干张施工总平面图，或根据工地的实际变化情况，及时对施工总平面图进行调整和修正，以便适应不同时期的需要。

2.1.1.2 单位工程施工平面图规划的内容（安装工程）

1）建筑总平面图上已建和拟建的地上、地下的一切房屋、构筑物及其他设施的位置、尺寸和方位。

2）自行式起重机、卷扬机、地锚及其他施工机械的工作位置。

3）各种设备、材料、构件的仓库、堆场和现场的焊接或组装场地。

4）临时给水排水管线、供电线路、蒸汽及压缩空气管道等布置。

5）生产和生活福利设施的布置。

6）场内道路的布置及与场外交通的连接位置。

7）一切安全及防火设施的位置。

2.1.2 施工平面布置的依据和原则

2.1.2.1 设计依据

1）施工组织总设计及原始资料。

2）土建施工平面图，了解一切已建和拟建的房屋、构筑物、设备及管线基础的位置、尺寸和方位。

3）工程的施工方案、施工进度计划、各种物资需要量计划。

2.1.2.2 设计原则

1）在保证施工顺利进行的前提下，现场布置尽量紧凑、减少施工用地及施工用各种管线。

2）材料仓库或成品件的堆放场地，尽量靠近使用地点，以便减少场内运输费用。

3）力争减少临时设施的数量，降低临时设施的费用。

4）临时设施布置应尽量便于生产、生活和施工管理的需要。

5）符合环保、安全和防火需求。

2.1.2.3 设计步骤

安装工程施工主要围绕拟安装设备的二次搬运、现场组装或焊接、垂直吊装、检测和调试等项目进行。施工平面是一个变化的动态系统，施工平面布置图具有阶段性。施工内容不同，施工平面布置的实际情况也不同，一般应能反映施工场地复杂、技术要求高、施工最紧张时期的施工平面布置情况。设计施工平面图时，可按下列步骤进行。

1）确定施工现场实际尺寸的大小，用 1∶200～1∶500 的绘图比例绘图，图幅为 1 号图或 2 号图。

2）绘出施工现场一切已建和拟建的房屋、构筑物、设备及管线基础和其他设施的位置。

3）绘出主要施工机械的位置。施工现场常用的主要施工机械有自行式起重机、塔式起重机、桅杆式起重机、龙门吊车、卷扬机等。这些设备不仅对地面、附近平面及空间有特殊的要求，而且在施工中又起着主导的作用。它们的位置直接影响着设备的卸车、组装和焊接、保温及吊装等施工过程的开展，并影响着道路、水、电、气管网及临时设施的布置等，应首先考虑。对于自行式起重机，由于具有灵活性大的特点，在施工平面图上应确定其工作的先后位置、行驶道路，减少其往返转移时间。对于塔式起重机，其平面位置主要取决于安装设备（或装置）的平面形状和四周场地条件。一般应在场地较宽的一面布置，并明确其回转半径及服务范围，使其所有参数均满足吊装要求。对于施工中使用的卷扬机和各种钢丝绳等，占用空间位置较多，应根据这些机具安装的技术要求，布置在平面上，并使其与已建房屋、构筑物等不发生矛盾。为减少地锚的设置和改善绳索的受力条件，地锚和缆风绳尽量对称布置。为便于施工时的观察和指挥，卷扬机应相对集中布置。

4）绘出构配件、材料仓库、堆场和设备组装场地的位置。施工现场仓库、堆场和设备组装场地的位置主要考虑便于运输装卸，并使设备、材料等在工地上的转运符合施工安全要求等。

5）布置运输道路。施工现场使用的运输道路应尽量利用永久性道路和建好的路基，需要设置时，应考虑是否通过管沟、设备基础等。凡是大型设备运输线路上的建筑物、管沟、基础及管线等，如有碍运输的进行，应在大型设备安装后再施工。布置的道路应保证行驶畅通，使大型设备的运输有足够的转弯半径，路面宽度不小于 3.5m。为使运输不受堵塞，露天施工现场最好布置成环形运输道路。

6）布置行政、生活及福利用临时设施。

7）布置水电等管线位置。

① 给水管布置。一般由建设单位的干管或自行布置的干管接到用水点，布置时应力求管网总长度最短，管径的大小和龙头数目的设置视工程规模大小通过计算确定。工地内要设置消防栓，消防栓距离建筑物不小于 5m，也不应大于 25m，距离路边应不大于 2m。有时为了满足生产和消防用水的需要，可在建筑物附近设置简单的蓄水池。

② 排水管布置。为了便于排除地面水和地下水，要及时修通永久性下水道，并结合现场地形在建筑物周围设置排泄地面水和地下水的沟渠。

③ 供电布置。单位工程施工用电应在施工总平面图上一并考虑。在施工平面图上应绘出变压器和输电线路的位置。变压器应设在使用负荷的中心地带附近，不宜设在交通要道口。所有输电线路均应按电容量计算确定，并应满足敷设的有关规定。

以上内容不一定在平面图上全部反映出来。具体内容应根据工程性质、现场条件，按照满足工程需要的条件来确定。

课题 2　流水施工组织原理

2.2.1　流水施工基本原理

流水施工方法是组织施工的一种科学方法。设备安装工程的流水施工与工业企业中采用的流水线生产极为相似，不同的是，工业生产中各个工件在流水线上，从前一工序向后一工序流动，生产者是固定的；而在设备安装施工中各个施工对象都是固定不动的，专业施工队伍则由前一施工段向后一施工段流动，即生产者是移动的。

2.2.1.1　设备安装施工组织方式

任何一个设备安装工程都是由许多施工过程组成的，而每一个施工过程可以组织一个或多个施工班组来进行施工。如何组织各施工班组的先后顺序或平行搭接施工，是组织施工中的一个基本问题。通常，组织施工时有依次施工、平行施工和流水施工三种。

1. 依次施工　依次施工也称顺序施工，是将工程对象（设备的安装）任务分解成若干个施工过程，按照一定的施工过程先后顺序，由施工班组一个施工过程接一个施工过程连续进行，或一个施工段接一个施工段连续进行施工的一种方式。它是一种最基本的、最原始的施工组织方式。没有前一施工过程创造的条件，后面的施工过程就无法继续进行。依次施工通常有两种安排方式。

（1）按设备（或施工段）依次施工。这种方式是在一台设备各施工过程完成后，再依次完成其他各台设备各施工过程的组织方式。

例如，有 4 台型号、规格相同的设备 $M_1 \sim M_4$ 需要安装。每台设备可划分为二次搬运、现场组对、安装就位和调试运行 4 个施工过程。每个施工过程所需班组人数和工作持续时间为：二次搬运 10 人 4 天；现场组对 8 人 4 天；安装就位 10 人 4 天；调试运行 5 人 4 天。按设备（或施工段）依次施工的施工进度如图 2-1 所示。图中进度表下的曲线称为劳动力消耗动态曲线，其纵坐标为每天施工人数，横坐标为施工进度（天）。

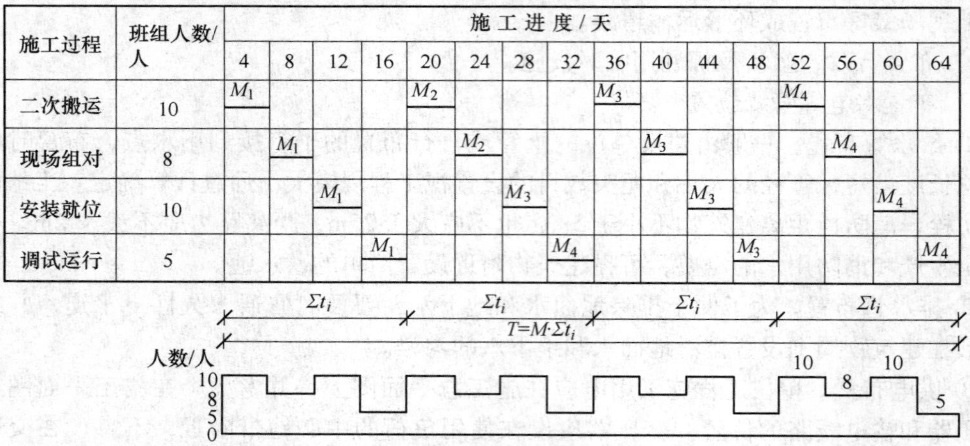

施工过程	班组人数/人	施工进度 / 天															
		4	8	12	16	20	24	28	32	36	40	44	48	52	56	60	64
二次搬运	10	M_1				M_2				M_3				M_4			
现场组对	8		M_1				M_2				M_3				M_4		
安装就位	10			M_1				M_3				M_3				M_4	
调试运行	5				M_1				M_4				M_3				M_4

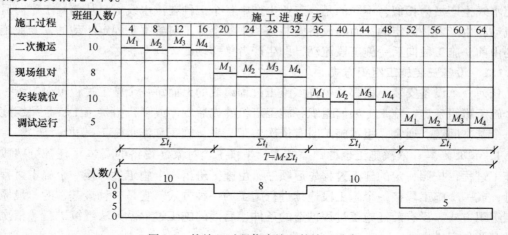

图 2-1 按设备（或施工段）依次施工的施工进度

若用 t_i 表示完成一台设备内某施工过程所需工作持续时间，则完成该台设备各施工过程所需时间为 $\sum t_i$ 完成 M 台设备所需时间为

$$T = M \times \sum t_i \tag{2-1}$$

（2）按施工过程依次施工。这种方式是在完成每台设备的第一个施工过程后，再开始第二个施工过程的施工，直至完成最后一个施工过程的组织方式。仍按前例，按施工过程依次施工的施工进度如图 2-2 所示。这种方式完成 M 台设备所需总时间与前一种相同，但每天所需的劳动力消耗不同。

施工过程	班组人数/人	施工进度 / 天															
		4	8	12	16	20	24	28	32	36	40	44	48	52	56	60	64
二次搬运	10	M_1	M_2	M_3	M_4												
现场组对	8					M_1	M_2	M_3	M_4								
安装就位	10									M_1	M_2	M_3	M_4				
调试运行	5													M_1	M_2	M_3	M_4

图 2-2 按施工过程依次施工的施工进度

从图 2-1 和图 2-2 中可以看出：依次施工的最大优点是每天投入的劳动力较少，机具、设备和材料供应单一，施工现场管理简单，便于组织和安排。当工程规模较小，施工工作面又有限时，依次施工是适用的，也是常见的。

依次施工的缺点也很明显，按设备依次施工虽然能较早地完成一台设备的安装任务，但各班组施工及材料供应无法保持连续和均衡，工人有窝工的情况。按施工过程依次施工时，各施工班组虽能连续施工，但不能充分利用工作面，完成每台设备的时间较长。由此可见，采用依次施工不能充分利用时间和空间，工期拖得较长，在组织安排上不尽合理，同时也不利于改进工人的操作方法和施工机具，不利于提高工程质量和劳动生产率。

2. 平行施工　平行施工是指 M 台设备同时开工，同时竣工。在施工中，同工种的 M 个施工班组同时在各个施工段上进行着相同施工过程的工作。按前例的条件，其施工进度安排和劳动力消耗动态曲线如图 2-3 所示。

从图 2-3 中可知，完成 4 台设备所需时间等于完成一台设备的时间，即

$$T = \sum t_i \qquad (2-2)$$

平行施工的优点是能充分利用工作面，施工工期最短。但由于施工班组成倍增长（即投入施工的人数增多），机具设备、材料供应集中，临时设施相应增加，施工现场的组织、管理比较复杂。各施工班组在短期完成任务后可能出现工人窝工现象。因此，平行施工一般适用于工期较紧、大规模设备群及分期分批组织施工的工程任务。这种方式只有在各方面的资源供应有充分保障的前提下，才是合理的。

3. 流水施工　流水施工是在依次施工和平行施工的基础上产生的。它是一种以分工为基础的协作，它首先将安装工程划分为工程量相等或大致相等的若干施工段；然后根据施工工艺的要求把各施工段上的工作划分为若干施工过程，并组建相应的专业班组，相邻两个专业班组按照施工顺序相继投入施工，在开工时间上最大限度地、合理地搭接起来。每个专业班组完成一个施工段上的施工任务后，依次地、连续地进入下一个施工段，完成相同的施工任务，保证施工在时间和空间上有节奏地、均衡地、连续地进行下去。图 2-4 所示为流水施工的施工进度。

从图 2-4 中可知：流水施工所需总时间比依次施工短，各施工过程投入的劳动力比平行施工少，各施工班组能连续地、均衡地施工，前后施工过程尽可能平行搭接施工，比较充分地利用了工作面。

施工过程	施工班组数	班组人数/人	施工进度/天							
			2	4	6	8	10	12	14	16
二次搬运	4	10								
现场组对	4	8								
安装就位	4	10								
调试运行	4	5								

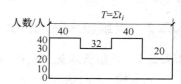

图 2-3　平行施工的施工进度

施工过程	班组人数/人	施工进度/天						
		4	8	12	16	20	24	28
二次搬运	10	M_1	M_2	M_3	M_4			
现场组对	8		M_1	M_2	M_3	M_4		
安装就位	10			M_1	M_2	M_3	M_4	
调试运行	5				M_1	M_2	M_3	M_4

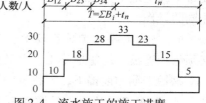

图 2-4　流水施工的施工进度

它吸收了依次施工和平行施工的优点，克服了两者的缺点。

2.2.1.2 流水施工的技术经济效果

从三种施工组织方式的对比中可以看出，流水施工是一种先进的、科学的施工组织方式，可以体现出优越的技术效果。

1. 有利于缩短施工工期，早日发挥基本建设投资效益 流水施工能合理地、充分地利用施工工作面，加快工程进度，缩短工期。使工程尽快交付使用或投产，发挥工程效益和社会效益。

2. 有利于提高技术水平，提高劳动生产效率 流水施工使施工班组实现了专业化生产。工人连续作业，任务单纯，操作熟练，有利于不断改进操作方法和机具，有利于技术革新，从而使工人的技术水平和生产效率不断提高。

3. 有利于提高工程质量，延长设备的使用寿命 由于实现了专业化生产，工人技术水平高。各专业班组之间搭接作业，互相监督，可提高工程质量，延长设备的使用寿命，减少设备使用过程中的维修费用。

4. 有利于充分发挥施工机械和劳动力的生产效率 各专业班组预定时间完成各个施工段上的任务。施工组织合理，没有频繁调动的窝工现象。在有节奏的、连续的流水施工中，施工机械和劳动力的生产效率都得以充分发挥。

5. 有利于降低工程成本，提高经济效益 流水施工资源消耗均衡，便于组织供应，储存合理、充分利用，可减少不必要的损耗，减少高峰期的施工人数，减少临时设施费和施工管理费，从而可降低工程成本，提高施工企业的经济效益。

2.2.2 组织流水施工的条件和步骤

2.2.2.1 组织流水施工的条件

流水施工的实质是分工协作与成批生产。在社会化大生产的条件下，分工已经形成。由于设备安装内容较多、工艺较复杂，且有时体型庞大，通过划分施工段可将单件产品变成假象的多件产品。组织流水施工的条件主要有以下几点。

1. 能划分成分部分项工程 首先，将拟安装工程根据工程特点及工艺要求，划分为若干个分部工程，每个分部工程又根据安装工艺的要求、工程量大小、施工班组的组成情况，划分为若干个施工过程（即分项工程）。

2. 能划分出施工段 根据组织流水施工的需要，将所安装工程的具体内容在平面上、空间上或时间上，划分为工程量大致相等的若干个施工段。

3. 能对每个施工过程组织独立的施工班组 在一个流水组中，每个施工过程尽可能按照施工工艺组织独立的施工班组，其形式可以是专业班组，也可以是混合班组，这样可以使每个施工班组按照施工顺序依次地、连续地、均衡地从一个施工段转到另一个施工段进行相同的操作。

4. 能使主要施工过程连续、均衡地施工 对工程量较大、施工时间较长的施工过程，必须组织连续、均衡地施工，对其他次要的施工过程，可考虑与相邻的施工过程合并或在有利于缩短工期的前提下，安排其间断施工。

5. 能使不同的施工过程尽可能组织平行搭接施工 按照施工先后顺序要求，在有工作面的条件下，除必要的技术和组织间歇时间外，尽可能组织平行搭接施工。

2.2.2.2　组织流水施工的步骤

1）选择流水施工的工程对象，划分施工段。
2）划分施工过程，组建专业班组。
3）确定安装工程的先后顺序。
4）计算流水施工参数。
5）绘制施工进度图表。

2.2.2.3　流水施工的表达形式

1. 横道图　如图 2-4 所示，流水施工常用横道图表示，其左边列出各施工过程的名称及班组人数，右边用水平线段在时间坐标下画出施工进度。

2. 斜线图　图 2-5 所示为流水施工斜线图，它是图 2-4 用斜线图表示的表达形式，它与横道图的内容是一致的。在斜线图中，左边列出各施工段，右边用斜线在时间坐标下画出施工进度，每条斜线表示一个施工过程。

3. 网络图　网络图的表达形式，详见本书单元 3。

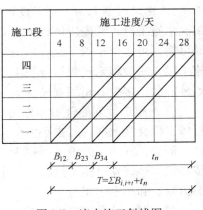

图 2-5　流水施工斜线图

2.2.3　流水施工基本参数

流水施工的基本参数，按其性质不同，一般可分为空间参数、工艺参数和时间参数三种。

2.2.3.1　空间参数

1. 工作面 A　工作面是指供给专业工人或施工机械进行作业的活动空间。根据施工过程不同，它可以用不同的计量单位表示。例如管线安装按延长米计量，机电设备安装按平方米或立方米等计量。施工对象工作面的大小，表明安置作业的人数或机械台数的多少。每个作业的人或每台机械所需工作面的大小取决于单位时间内，其完成工作量的多少和安全施工的要求。通常前一施工过程的结束，就为后一施工过程提供了工作面。工作面确定的合理与否，将直接影响专业班组的生产效率。因此，必须满足其合理工作面的规定。

2. 施工段数 m　组织流水施工时，把施工对象在平面上或空间上划分成若干个劳动量大致相等的区段，称为施工段。一般用 m 表示施工段的数目。

划分施工段的目的是为了组织流水施工，保证不同的班组能在不同的施工段上同时进行施工，并使各施工班组能按一定的时间间隔转移到另一个施工段上进行连续施工，既消除了等待、停歇现象，又互不干扰。一般情况，一个施工段上在同一时间内，只容纳一个专业班组施工。

施工段数量的多少直接影响流水施工的效果。为使施工段划分合理，施工段划分一般应遵循以下原则。

1）各施工段上的劳动量应大致相等，相差幅度不宜超过 10% ~ 15%，以保证各施工班组连续、均衡、有节奏地施工。

2）施工段的划分界限应与施工对象的结构界限或空间位置（单台设备、生产线、车间、管线单元体系等）相一致，以保证施工质量和不违反操作规程要求为前提。

3）各施工段应有足够的工作面，使每一施工段所能容纳的劳动人数或机械台数能满足合理劳动组织的要求，以利于达到较高的劳动生产率。

4）施工段的数目要满足合理流水施工组织的要求。施工段数目过多，会减慢施工速度，延长工期；施工段过少，不利于充分利用工作面。施工段数 m 与各施工段的施工过程数 n 应满足 $m \geq n$。

2.2.3.2 工艺参数

1. 施工过程数 n　施工过程是对建筑安装施工从开工到竣工整个建造过程的统称。组织流水施工时，首先应该将施工对象划分为若干个施工过程。施工过程所包含的施工内容可繁可简，可以是单项工程、单位工程，也可以是分部工程、分项工程。在指导单位工程流水施工时，一般施工过程指分项工程，其名称和工作内容与现行的有关定额相一致。施工过程划分的数目多少、粗细程度一般与下列因素有关。

（1）施工计划的性质和作用。对工程施工控制性计划、长期计划，其施工过程划分可粗些、综合性大些。对中小型单位工程进度计划、短期计划，其施工过程划分可细些、具体些。例如，安装一台设备可作为一个施工过程，也可以划分为二次搬运、现场组装、安装就位和调试运行 4 个施工过程，其中二次搬运还可以分成搬运机械准备、仓库检验、吊装、平面运输、卸车等施工过程。

（2）施工方案及工程结构。施工方案不同，施工过程的划分也不同。如安装大型设备，可采用空中组对焊接或地面组焊整体吊装的施工方法，因施工方法不同，施工过程的先后顺序、数目和内容也不同。

（3）劳动组织及劳动量的大小。施工过程的划分与施工班组及施工习惯有关。如除锈、刷漆施工，可合也可分，因有些班组是混合班组，有些班组是单一工种班组。凡是同一时期由同一施工队进行施工的施工过程可以合并在一起，否则就应分列。

（4）工作内容和范围。施工过程的划分与其工作内容和范围有关。如直接在施工现场的工程对象上进行的工作过程，可以划入流水施工过程，而场外工作内容（如预制加工、运输等）可以不划入流水施工过程。

一般小型安装工程，施工过程数 n 可划分为 5 个左右，没有必要把施工过程分得太细、太多，给计算增添麻烦，且不便组织施工班组。

施工过程数 n 与施工段数 m 是互相联系、相互制约的，决定时应统筹考虑。

2. 流水强度 V　流水强度又称流水能力或生产能力，它表示某一施工过程在单位时间内所完成的工程量。它与选择的机械或参加作业的人数有关。

（1）机械施工过程流水强度按下式计算

$$V_i = \sum_{i=1}^{n} R_i \times S_i \tag{2-3}$$

式中　R_i——投入施工过程 i 的某种施工机械台数；

　　　S_i——投入施工过程 i 的某种施工机械产量定额；

　　　n——用于施工过程 i 的施工机械种数。

（2）人工操作施工过程流水强度按下式计算

$$V_i = R_i \times S_i \tag{2-4}$$

式中　R_i——投入施工过程 i 的施工班组人数；

$\quad\quad S_i$——投入施工过程 i 的施工班组的平均产量定额。

已知施工过程的工程量和流水强度就可以计算施工过程的持续时间；或者已知施工过程的工程量和计划完成的时间，就可以计算出流水强度，为参加流水施工的施工班组装备施工机械和配备工人人数提供依据。

【例 2-1】　某安装工程，运输工程量为 272000t·km。施工组织时，按 4 个施工段组织流水施工，每个施工段的运输工程量大致相等。使用解放牌、黄河牌汽车和平板拖车 10 天内完成每一施工段上的二次搬运任务。已知解放牌汽车、黄河牌汽车及平板拖车的台班生产率分别为 $S_1 = 400\text{t}\cdot\text{km}$，$S_2 = 640\text{t}\cdot\text{km}$，$S_3 = 2400\text{t}\cdot\text{km}$，并已知该施工单位有黄河牌汽车 5 台、平板拖车 1 台可用于施工，试计算尚需要解放牌汽车多少台？

【解】　因为此工程划分为 4 个施工段组织流水施工，每一段上的运输工程量为

$$Q = 272000/4 = 68000\text{t}\cdot\text{km}$$

$$V = 68000/10 = 6800\text{t}\cdot\text{km/d}$$

设需用解放牌汽车 R_1 台，则

$$V = R_1 \times S_1 + R_2 \times S_2 + R_3 \times S_3$$

$$6800 = R_1 \times 400 + 5 \times 640 + 1 \times 2400$$

$$R_1 = 3$$

根据以上施工组织，该施工单位尚需配备 3 台解放牌汽车。

2.2.3.3　时间参数

1. 流水节拍 K　流水节拍是指从事某一施工过程的施工班组在一个施工段上完成施工任务所需的时间，用符号 K_i 表示（$i = 1, 2, \cdots n$）。流水节拍的大小直接关系着投入劳动力、机械和材料的多少，决定着施工速度和节奏。因此，合理确定流水节拍，对组织流水施工具有十分重要的意义。一般流水节拍可按下式确定

$$K_i = P_i/(R_i \times b) = Q_i/(S_i \times R_i \times b) \tag{2-5}$$

$$或\ K_i = P_i/(R_i \times b) = (Q_i \times H_i)/(R_i \times b) \tag{2-6}$$

式中　K_i——某施工过程的流水节拍；

$\quad\quad P_i$——在某施工段上完成某施工过程的劳动量（工作日）或机械台班量（台班数）；

$\quad\quad R_i$——某施工过程的施工班组人数或机械台数；

$\quad\quad b$——每天工作班数；

$\quad\quad Q_i$——某施工过程在某施工段的工程量；

$\quad\quad S_i$——某施工过程的每日（或每台班）产量定额；

$\quad\quad H_i$——某施工过程的时间定额。

式（2-5）、式（2-6）是根据工地现有施工班组人数或机械台数以及能够达到的定额水平来确定流水节拍的，在工期一定的情况下，也可以根据工期要求先确定流水节拍，然后应用上式求出所需的施工班组人数或机械台数。显然，在一个施工段上工程量不变的情况下，流水节拍越小，则所需施工班组人数和机械台数就越多。

在确定施工班组人数或机械台数时，必须检查劳动力、机械和材料供应的可能性，必须核实工作面是否足够等。如果工期紧，大型施工机械或工作面受限时，就应考虑增加工作班

次，即由一班工作改为两班或三班工作，以解决机械和工作面的有效利用问题。

2. 流水步距 B 流水步距表示相邻两个施工过程的施工班组，相继进入同一施工段的最小时间间隔（不包括工艺与组织间歇时间）。流水步距的大小对工期有着较大的影响。在施工段不变的条件下，流水步距越大，工期越长；流水步距越小，工期越短。流水步距与前后两个相邻施工过程的流水节拍的大小、施工工艺技术要求、是否有工艺和组织间歇时间、施工段数、流水施工组织方式等有关。

流水步距的数目等于 $(n-1)$ 个参加流水施工的施工过程（班组）数。

（1）确定流水步距的基本要求

1）主要施工班组连续施工的需要。流水步距的最小长度，必须使主要施工专业班组进场以后，不发生停工、窝工现象。

2）施工工艺的要求。保证每个施工段的正常作业程序，不发生前一个施工过程尚未全部完成，而后一施工过程提前介入的现象。

3）最大限度搭接的要求。流水步距要保证相邻两个专业班组在开工时间上最大限度地、合理地搭接。

4）满足保证工程质量、安全生产、成品保护的需要。

（2）确定流水步距的方法。确定流水步距的方法很多，简捷、实用的方法主要有图上分析法、分析计算法和累加数列法（潘特考夫斯基法）。累加数列法适用于各种形式的流水施工，且较为简捷、准确。累加数列法没有计算公式，它的文字表达式为："累加数列错位相减取大差"，其计算步骤如下。

1）将每个施工过程的流水节拍逐段累加，求出累加数列。

2）根据施工顺序，对所求相邻的两累加数列错位相减。

3）根据错位相减的结果，确定相邻施工班组之间的流水步距，即相减结果中数值最大者。

【例 2-2】 某项目由 A、B、C、D 四个施工过程组成，分别由四个专业工作班组完成，在平面上划分成四个施工段，每个施工过程在各个施工段上的流水节拍见表 2-1。试确定相邻专业工作班组之间的流水步距。

表 2-1 某工程流水节拍
（单位：天）

施工段 / 施工过程	I	II	III	IV
A	4	2	3	2
B	3	4	3	4
C	3	2	2	3
D	2	2	1	2

【解】 1）求流水节拍的累加数列

A：4，6，9，11

B：3，7，10，14

C：3，5，7，10

D：2，4，5，7

2）错位相减

A 与 B

$$
\begin{array}{r}
4,\ 6,\ \ 9,\ \ \ 11 \\
-)\underline{\quad 3,\ \ 7,\ \ 10,\ \ 14} \\
4,\ \ 3,\ \ 2,\ \ 1,\ -14
\end{array}
$$

B 与 C

$$
\begin{array}{r}
3,\ 7,\ \ 10,\ \ \ 14 \\
-)\underline{\quad 3,\ \ 5,\ \ 7,\ \ 10} \\
3,\ \ 4,\ \ 5,\ \ 7,\ -10
\end{array}
$$

C 与 D

$$
\begin{array}{r}
3,\ 5,\ \ 7,\ \ \ 10 \\
-)\underline{\quad 2,\ \ 4,\ \ 5,\ \ 7} \\
3,\ \ 3,\ \ 3,\ \ 5,\ -7
\end{array}
$$

3）确定流水步距。因流水步距等于错位相减所得结果中数值最大者，故有

$$K_{A,B} = \max\{4,3,2,1,-14\} = 4\ \text{天}$$
$$K_{B,C} = \max\{3,4,5,7,-10\} = 7\ \text{天}$$
$$K_{C,D} = \max\{3,3,3,5,-7\} = 5\ \text{天}$$

3. **工艺间歇时间 G**　工艺间歇时间是指流水施工中某些施工过程完成后必须要有的合理的工艺间歇（等待）时间。工艺间歇时间与材料的性质和施工方法有关。如设备基础在浇筑混凝土后，必须经过一定的养护时间，使基础达到一定强度后才能进行设备安装；又如设备涂刷底漆后，必须经过一定的干燥时间，才能涂刷面漆。

4. **组织间歇时间 Z**　组织间歇时间是指流水施工中某些施工过程完成后要有必要的检查验收或施工过程准备时间。如一些隐蔽工程的检查、焊缝检验等。

工艺间歇时间和组织间歇时间，在流水施工设计时，可以分别考虑，也可以一并考虑，或考虑在流水节拍及流水步距之中，但它们是不同的概念，其内容和作用也不一样。灵活运用工艺和组织间歇时间，对简化流水施工组织有特殊的作用。

5. **工期 T**　工期是指完成一项工程任务或一个流水组施工所需的时间，一般用下式计算

$$T = \sum B_{i,i+1} + t_n + \sum G + \sum Z - \sum C \quad (i = 1, 2, \cdots, n-1) \tag{2-7}$$

式中　T——流水施工工期；

$\sum B_{i,i+1}$——流水施工中各流水步距的总和；

t_n——最后一个施工过程的流水节拍的总和；

$\sum G$——工艺间歇时间总和；

$\sum Z$——组织间歇时间总和；

$\sum C$——施工过程之间的平行搭接时间的总和。

2.2.4 流水施工的组织方式及计算

根据流水节拍的特征不同，流水施工的组织方式有三种，即固定节拍流水施工、成倍节拍流水施工和分别流水节拍（异步节拍）流水施工。

2.2.4.1 固定节拍流水施工

固定节拍流水施工是指各个施工过程在施工段上的流水节拍全部相等的一种流水施工，也称全等节拍流水施工。它用于各种建安工程的施工组织，特别是安装多台相同设备或管、线施工时，用这种方式组织施工效果较好。

1. 流水特征

（1）流水节拍相等。如果有 $i = 1, 2, 3, \cdots, n$ 个施工过程，在 $j = 1, 2, 3, \cdots, m$ 个施工段上开展流水施工，则

$$K_{11} = K_{12} = \cdots = K_{ij} = K_{nm} = K \tag{2-8}$$

式中　K_{11}——第 1 个施工过程在第 1 施工段上的流水节拍；

　　　K_{12}——第 1 个施工过程在第 2 施工段上的流水节拍；

　　　K_{ij}——第 i 个施工过程在第 j 施工段上的流水节拍；

　　　K_{nm}——第 n 个施工过程在第 m 施工段上的流水节拍；

　　　K——常数。

（2）流水步距相等。由于各施工过程流水节拍相等，相邻两施工过程的流水步距就等于一个流水节拍，即

$$B_{1,2} = B_{2,3} = \cdots = B_{i,i+1} = \cdots = B_{n-1,n} = K \tag{2-9}$$

（3）专业班组数等于施工过程数，即每一个施工过程成立一个专业班组，完成所有施工段的施工任务。

（4）各施工过程的施工速度相等。

（5）施工班组连续作业，施工段没有闲置。

2. 组织固定节拍流水施工示例

（1）无组织和工艺间歇时间的固定节拍流水施工组织

例如某工业管道工程 $m = 5$、$n = 4$、$K = 5$ 天，其班组人数为挖沟槽 10 人、砌管沟 12 人、安装管道 10 人、盖板填土 8 人。管道工程流水施工进度如图 2-6 所示。

这种固定节拍流水施工的工期为

$$T = \sum B_{i,i+1} + t_n \tag{2-10}$$

因为　$\sum B_{i,i+1} = (n-1)K$，$t_n = mK$，

所以　$T = (n-1)K + mK = (m+n-1)K$

$$T = (5+4-1) \times 5 = 40 \tag{2-11}$$

组织固定节拍流水施工时，可以根据施工段数 m、施工过程数 n 和流水节拍 K，利用式（2-11）计

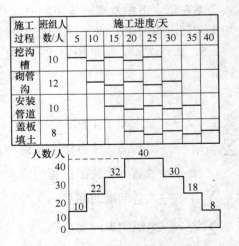

图 2-6　某管道工程流水施工进度

算流水施工工期。如果工期满足要求，可直接绘制施工进度计划。否则应将这些参数调整，直到满足工期要求为止。

若已知工期 T、施工过程数 n、施工段数 m，则固定节拍流水施工的流水节拍可用下式计算

$$K = T/(m + n - 1) \tag{2-12}$$

（2）有组织和工艺间歇的固定节拍流水施工组织

例如某安装工程可划分为 6 个流水段组织流水施工，该安装工程的施工过程在各流水段上的持续时间见表 2-2。

表 2-2　某安装工程的施工过程在各流水段上的持续时间表

施工过程	班组人数/人	持续时间/天	备　注
二次搬运	12	4	
焊接组装	10	4	焊接检验 2 天
吊装作业	12	4	工艺间歇 2 天
管线施工	10	4	
调整试车	8	4	

由表 2-2 可知，该施工对象可组织固定节拍流水施工。流水施工参数为：$m = 6$、$n = 5$、$K = 4$、$\sum G = 2$、$\sum Z = 2$，流水施工工期按式（2-7）计算为

$$
\begin{aligned}
T &= \sum B_{i,i+1} + t_n + \sum G + \sum Z \\
&= (m + n - 1)K + \sum G + \sum Z \\
&= (6 + 5 - 1) \times 4 + 2 + 2 = 44（天）
\end{aligned}
$$

如果工期满足要求，可绘制出该工程的流水施工进度图，如图 2-7 所示为固定节拍流水施工进度安排。

2.2.4.2　成倍节拍流水施工

组织流水施工时，将其组织成固定节拍流水施工方式，通常很难做到。由于施工对象的客观原因，往往会遇到各施工过程在各施工段上的工程量不等或工作面差别较大，而出现持续时间不能相等的情况。此时为了使各施工班组在各施工段上能连续、均衡地开展施工，在可能的条件下，应尽量使各施工过程的流水节拍互成倍数，而组成成倍节拍流水施工。

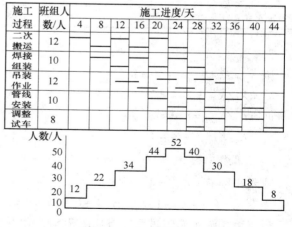

图 2-7　固定节拍流水施工进度安排

1. 流水特征

1）流水节拍不等，但互成倍数。

2）流水步距相等，并等于流水节拍的最大公约数。

3）施工专业班组数大于施工过程数 n。

4）各施工过程的流水速度相等。

5）专业班组能连续工作，施工段没有闲置。

2. 组织成倍节拍流水施工示例

成倍节拍流水施工的组织方式是：首先根据工程对象和施工要求，划分若干个施工过程；其次根据各施工过程的内容、要求及工程量，计算每个施工过程在每个施工段上的劳动量；然后根据施工班组人数及组成，确定劳动量最少的施工过程的流水节拍；最后确定其劳动量较大的施工过程的流水节拍，用调整班组人数或其他技术组织措施的方法，使它们节拍值分别等于最小节拍值的整倍数。为充分利用工作面，加快施工进度，流水节拍的施工过程应相应增加班组数。每个施工过程所需班组数可由下式确定

$$n_i = K_i / K_{\min} \tag{2-13}$$

式中　n_i——某施工过程所需施工班组数；

　　　K_i——某施工过程的流水节拍；

　　　$K_{\min}$——所有施工过程中的最小流水节拍。

对于成倍节拍流水施工，任何两个相邻班组间的流水步距，均应等于所有流水节拍中的最小流水节拍，即

$$B_{i,i+1} = K_{\min} \tag{2-14}$$

成倍节拍流水施工的工期，可按下式计算

$$T = (m + n' - 1) K_{\min} \tag{2-15}$$

式中　n'——施工班组总数，$n' = \sum n_i$。

【例 2-3】　某工业管道安装工程，各施工过程的持续时间（流水节拍）如表 2-3 所示，试组织成倍节拍流水施工。

表 2-3　各施工过程的持续时间

施工过程	挖管沟槽	砌管沟壁	安装管道	盖板填土
流水节拍/天	$K_1 = 4$	$K_2 = 8$	$K_3 = 8$	$K_4 = 4$

【解】　因 $K_{\min} = 4$，

则 $n_1 = K_1 / K_{\min} = 4/4 = 1$

$n_2 = K_2 / K_{\min} = 8/4 = 2$

$n_3 = K_3 / K_{\min} = 8/4 = 2$

$n_4 = K_4 / K_{\min} = 4/4 = 1$

施工班组总数 $n' = \sum n_i = 1 + 2 + 2 + 1 = 6$

流水步距 $B = K_{\min} = 4$

工期 $T = (m + n' - 1) K_{\min} = (4 + 6 - 1) \times 4 = 36$ 天

成倍节拍流水施工进度安排如图 2-8 所示。

3. 成倍节拍流水施工的其他组织方式

（1）一般流水组织方式。在流水施工中，如果同一施工过程在各施工段上的流水节拍相等，则各相邻施工过程之间的流水步距可按下式计算

$$B_{i,i+1} = \begin{cases} K_i \ (\text{当 } K_i \leqslant K_{i+1} \text{时}) \\ mK_i - (m-1)K_{i+1} \ (\text{当 } K_i > K_{i+1} \text{时}) \end{cases}$$

$$(2\text{-}16)$$

【例 2-4】　某工程由四个施工过程组成，其节拍各自相等，分别为 $K_1 = 1$、$K_2 = 3$、$K_3 = 2$、$K_4 = 1$，分为 6 个施工段进行流水施工，试计算其流水步距及工期，并绘制施工进度计划。

【解】　由式（2-16）可得

$$B_{1,2} = K_1 = 1$$

$$B_{2,3} = mK_2 - (m-1)K_3 = 6 \times 3 - 5 \times 2 = 8$$

$$B_{3,4} = mK_3 - (m-1)K_4 = 6 \times 2 - 5 \times 1 = 7$$

$$T = \sum B_{i,i+1} + t_n = 1 + 8 + 7 + 1 \times 6 = 22 \text{ 天}$$

一般流水施工进度如图 2-9 所示。

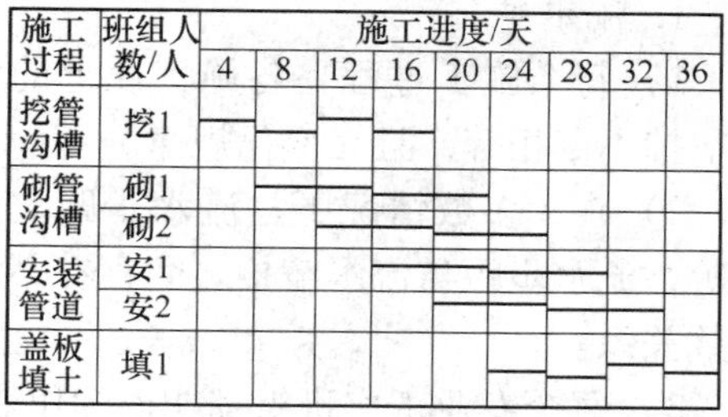

施工过程	班组人数/人	施工进度/天								
		4	8	12	16	20	24	28	32	36
挖管沟槽	挖1									
砌管沟槽	砌1									
	砌2									
安装管道	安1									
	安2									
盖板填土	填1									

图 2-8　成倍节拍流水施工进度安排

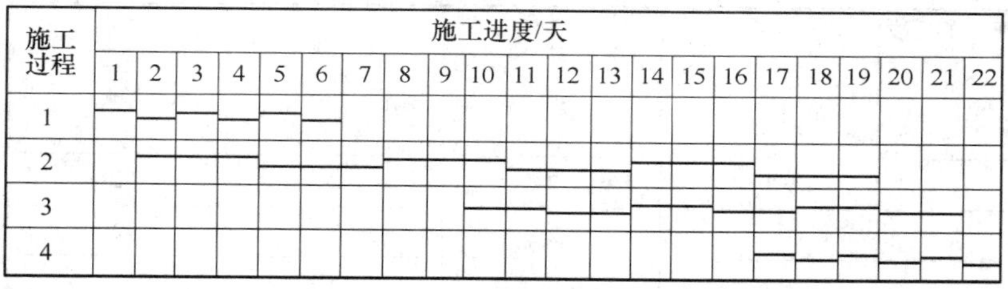

施工过程	施工进度/天																					
	1	2	3	4	5	6	7	8	9	10	11	12	13	14	15	16	17	18	19	20	21	22
1																						
2																						
3																						
4																						

图 2-9　一般流水施工进度

（2）增加专业班组加班流水组织方式。按上例，如果工期要求很紧，可采用增加工作班次，将第 2 施工过程用 3 个专业班组进行三班作业，将第 3 施工过程用两个专业班组进行两班作业。增加专业班组加班流水施工进度如图 2-10 所示，其总工期为 9 天。

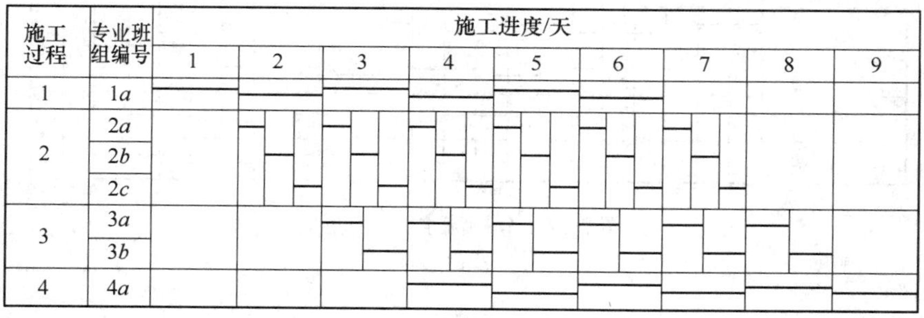

施工过程	专业班组编号	施工进度/天								
		1	2	3	4	5	6	7	8	9
1	1a									
2	2a									
	2b									
	2c									
3	3a									
	3b									
4	4a									

图 2-10　增加专业班组加班流水施工进度

若采用成倍节拍流水施工，成倍节拍流水施工进度如图 2-11 所示，总工期为 12 天。

2.2.4.3　分别流水施工

分别流水施工是指流水节拍无节奏的流水施工组织方式。它是一种常见的、应用较普遍的一种流水施工组织方式。

1. 流水特征

1) 每个施工过程在各施工段上的流水节拍不尽相等，且无变化规律。

2) 在大多数情况下，流水步距彼此不等，流水步距与流水节拍之间存在某种函数关系。

3) 每个专业工作班组都能连续作业，但施工段上可能有空闲。

4) 专业施工班组数等于施工过程数。

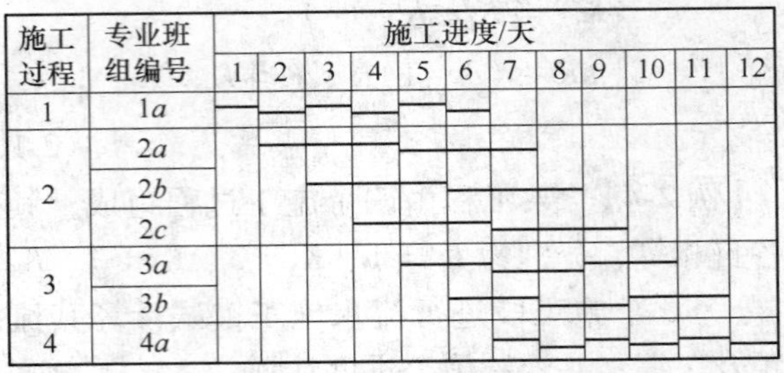

2. 组织分别流水施工示例

某工程项目分 5 个施工段，由 4 个班组分别完成每个施工段上的 4 个施工过程的任务，各施工过程在各施工段上的流水节拍如表 2-4 所示。

施工过程	专业班组编号	施工进度/天
1	1a	
2	2a	
	2b	
	2c	
3	3a	
	3b	
4	4a	

图 2-11 成倍节拍流水施工进度

表 2-4 流水节拍

施工过程 \ 施工段	一	二	三	四	五
1	3	3	2	2	3
2	4	2	3	2	3
3	2	2	3	3	2
4	2	3	4	2	2

分别流水施工进度如图 2-12 所示。

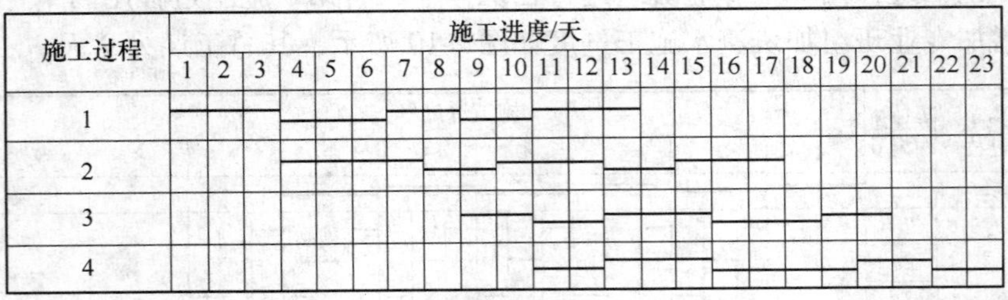

施工过程	施工进度/天
1	
2	
3	
4	

图 2-12 分别流水施工进度

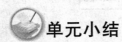

单元小结

1. 施工现场平面规划可分为施工总平面图和单位工程施工平面图规划，其规划的内容不同。施工平面布置应根据其设计原则和依据，按步骤进行。

2. 设备安装工程的施工组织方式有依次施工、平行施工和流水施工三种。

（1）依次施工是将工程对象任务分解成若干个施工过程，按照一定的施工过程先后顺序，由施工班组一个施工过程接一个施工过程连续进行，或一个施工段接一个施工段连续进行施工的一种方式。它是一种最基本的、最原始的施工组织方式。没有前一施工过程创造的条件，后面的施工过程就无法继续进行。

（2）平行施工是指各施工段同时开工，同时竣工。在施工中，同工种的各个施工班组同时在各施工段上进行着相同施工过程的工作。

平行施工能充分利用工作面，施工工期最短。但由于施工班组成倍增长，机具设备、材料供应集中，临时设施相应增加，施工现场的组织、管理比较复杂。各施工班组在短期完成任务后可能出现工人窝工现象。平行施工一般适用于工期较紧、大规模设备群及分期分批组织施工的工程任务。

（3）流水施工是指所有施工过程按一定的时间间隔依次投入施工，各施工过程陆续开工、陆续竣工，使同一施工过程的施工班组依次、连续、均衡地施工，不同施工过程尽可能平行搭接施工的组织方式。它是一种先进的、科学的施工组织方式，它能有效地缩短工期、降低成本、提高劳动生产率、提高工程质量。

流水施工的基本参数分为空间参数、工艺参数、时间参数三种。流水施工的组织方式有三种，即固定节拍流水施工，成倍节拍流水施工和分别流水节拍流水施工。

能力训练

1. 内容
（1）施工平面的布置。
（2）流水施工进度计划的编制。

2. 目的　熟悉本单元所学知识在技术标中的应用。通过工程实例技术标的编制，使学生能针对实际工程正确布置施工平面，正确选择和合理组织流水施工并编制施工进度计划。

3. 能力及标准要求　能独立完成施工平面和流水施工的方案设计，设计合理、可行。

4. 准备
（1）招标文件、设计文件与图纸。
（2）场地平面现状图和工期的要求。
（3）主要分项工程（或工序）的工程量清单或工作时间（工作日）。
（4）编制任务书及指导书。

5. 步骤
（1）指导教师对相关工程内容施工的技术要求、施工的关键控制点、施工过程的搭接进行介绍。
（2）指导教师详细讲解任务书及指导书，使学生明确其具体的任务。
（3）学生阅读有关技术文件，对工程进行分析，并编制任务书要求的内容。

6. 注意事项
（1）编写格式力求格式规范、统一。
（2）学生可以分组讨论，在达成共识的基础上独立完成，防止互相抄袭或者照搬参考标书的内容。
（3）按招标文件或其他文件要求，确定技术标的组成内容，防止缺项和漏项。

（4）特别注意安装工程施工过程中与结构工程施工部门及其他部门的配合。

（5）编制工作完成后，分组讨论编制过程中遇到的问题、应注意的事项以及解决的方法，达到共同进步。

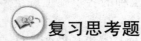

复习思考题

1. 施工现场平面规划可分为哪些？

2. 施工平面布置设计的原则和依据有哪些？

3. 安装工程施工平面图规划的内容有哪些？

4. 设备安装工程施工组织方式有哪几种？各有什么特点？

5. 什么是流水施工？流水施工的特点是什么？

6. 流水施工的主要参数有哪些？计算方法如何？

7. 如何划分流水施工段？

8. 流水施工按节拍特征不同可分为哪几种方式？各有什么特点？

9. 有5台同样的设备需要安装，每台设备可以划分为A、B、C、D四个施工过程，设$K_A=2$、$K_B=3$、$K_C=2$、$K_D=4$，试分别计算依次施工、平行施工及流水施工的工期，并绘制出各自的施工进度计划。（各班组均为10人）

10. 某安装工程划分为5个施工过程，分5个施工段组织流水施工，流水节拍均为4天。在第2个施工过程结束后有1天的工艺间歇时间。试计算其工期并绘制施工进度计划。（各班组均为10人）

11. 某工业管道安装工程，划分为4个施工过程，分5个施工段组织流水施工。每个施工过程在各施工段上的人数及持续时间为：挖土及垫层15人5天，砌基础12人10天，安装管道10人10天，盖板及回填土15人1天。试分别按成倍节拍流水施工组织方式、一般流水施工组织方式和增加专业班组加班流水组织方式计算流水施工工期，并绘制施工进度计划。

单元3

安装工程施工计划与管理

【内容概述】 本单元主要介绍计划管理的目的和意义，计划管理的任务及安装企业计划的编制；网络计划和双代号网络计划的概念，时间参数的计算，时标网络计划及网络计划的优化。

【学习目标】 通过本单元的学习和训练，了解计划管理的目的和意义、安装企业计划编制的原则及要求、网络计划的优化；熟悉双代号网络计划的绘图规则，掌握双代号网络计划时间参数的计算和时标网络计划的绘制方法。

课题1 概 述

3.1.1 计划管理的目的和意义

计划管理就是用计划把企业的施工生产和各项经营管理活动全面组织起来，并对其进行平衡、协调、控制和监督。

（1）计划管理用计划指导企业的生产经营活动，企业的职工按照计划的规定进行施工生产或工作。没有计划就失去了对行动的引导，就谈不上管理。

（2）安装企业的生产涉及面广，影响因素多，为了提供最终的安装产品，必须在生产过程中进行综合性平衡和协调，统筹安排，使生产在计划指导下进行。

（3）若无计划管理，就不能使劳动力、材料、机械和工期、质量、成本等各方面得到科学的、合理的联系和安排。

因此，计划是全面指导企业生产经营活动的依据，是企业从事科学管理的重要环节，是企业管理中的一项综合的、全面的管理工作。

3.1.2 计划管理的任务

（1）综合平衡是计划工作的基本方法。它的主要目标在于：在充分发挥人力、物力和财力作用的基础上，协调各项施工活动的比例关系。例如，保持施工任务同生产能力之间的平衡；施工任务同劳动力、原材料、机械设备之间的平衡；施工任务同施工准备工作之间的平衡等。做好综合平衡工作，使企业内部各个环节、各项工作之间保持一定的平衡。

（2）通过编制计划时的优化，选择最优的计划方案，保证最有效地利用人力、物力，取得较好的经济效果。

（3）在计划的实施过程中，通过控制和调节手段，消除薄弱环节及不协调因素，保证生产有节奏有秩序地进行。

（4）做好执行情况的检查、统计和分析，总结经验教训，及时反馈，及时调整和改进，不断提高计划管理水平。

3.1.3 安装企业计划的编制

3.1.3.1 计划编制的原则及要求

1. 计划编制的原则

（1）体现社会主义市场的经营思想原则。诚信守法，严格履行合同，以完成最佳产品为企业生产的目标。

（2）严格执行标准和规范的原则。严格施工程序，注意施工的连续性和均衡性。

（3）坚持实事求是的原则。依据客观条件进行综合平衡，落实施工条件。计划指标既要有科学性，又要有实际可行性，并且要留有余地。

2. 计划编制的要求　企业生产计划的编制要在确保企业在社会取得质量保证、信誉保证的前提下进行。

（1）多渠道收集市场信息，力求计划内容真实可信。

（2）综合考虑施工速度、质量、效益，确保计划进度可行。

（3）各项工程准备工作列入施工计划，从计划上得到保证和监督。

（4）施工程序要符合施工工艺顺序和技术规律的要求。

（5）要做好任务与生产条件平衡，做好各项计划指标之间的平衡。

（6）要做到积极性和可能性相结合，预见性和现实性相结合。

3.1.3.2 安装企业中、长期计划的编制

安装企业中、长期计划常用滚动式计划方法进行编制。滚动式计划方法如图 3-1 所示，其编制特点和要求如下：

（1）每次制定计划时，将原计划时期顺序向前推进一段时间，近细远粗，逐年递推，连续滚动。

（2）每滚动递推一次，都要进行调整修正，以适应实际情况的变化。

（3）滚动计划可以使中、长期计划与年度计划衔接紧密，用中、长期计划指导年度计划。

（4）该方法也可用于年度计划的编制，此时一个时期即为一个季度。

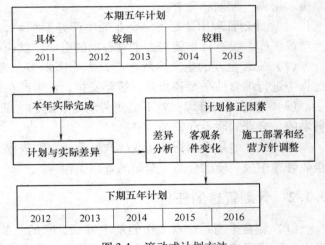

图 3-1　滚动式计划方法

3.1.3.3 安装企业计划的编制

1. 安装企业年、季度计划的编制

（1）安装企业年度计划的编制依据

1）安装企业长期计划。

2）安装企业承包工程合同。

3）安装企业工程技术计划。

4）主要材料、设备供应合同。

5）上年度计划完成情况。

6）定额资料。

（2）安装企业季度计划的编制依据

1）企业年度计划。

2）工程项目施工图。

3）施工组织设计。

4）施工准备、施工条件落实情况。

5）上季度计划完成情况。

6）定额资料。

（3）实现综合平衡

1）任务与生产能力的平衡。

2）任务与材料的平衡。

3）任务与机具、预制加工能力的平衡。

4）任务与劳动力（工种能力）的平衡。

5）任务与财力的平衡。

6）一年四季、一季三月及一月三旬间的平衡。

7）处理好施工、开工、竣工之间的关系。

8）做好企业内施工区域平衡和技术特长平衡。

2. 安装企业月度计划的编制　月度计划是施工单位计划管理的中心环节，现场的一切施工活动都是围绕保证月度计划的完成进行的。

（1）月度计划的编制内容

1）各项技术经济指标汇总。

2）施工项目的开工、竣工日期，工程形象进度，主要实物工程量，建筑安装工作量等。

3）劳动力、机具、材料、零配件等需要的数量。

4）技术组织措施，包括提高劳动生产率，降低成本的措施等内容。

5）安全技术组织措施。

月度计划表格的多少、内容繁简程度应视不同情况以满足工程需要为原则，表3-1 ~表3-6为几种范例，供参考。

表3-1　月度计划指标汇总表　　　　　　年　　　　　月

指　标　单　位	工　作　量								全员劳动生产率/（元/人）	质量优良率（%）	工作天数/天	出勤率（%）
	开　工		施　工		竣　工		万　元					
	项目	面积/m²	项目	面积/m²	项目	面积/m²	总计	自行完成				

表 3-2　施工项目计划表　　　　　　　　_____年_____月

建设单位	工程名称	结构形式	层数	开工日期	竣工日期	面积/m²		上月末进度	本月形象进度	工作量/万元	
						施工	竣工			总计	自行完成

表 3-3　实物工程量汇总表　　　　　　　　_____年_____月

项目 单位 名称						

表 3-4　材料需用量计划表　　　　　　　　_____年_____月

建设单位	工程名称	材料名称	型号规格	数量	单位	计划需用日期	平衡供应日期	备注

表 3-5　劳动需用量计划表　　　　　　　　_____年_____月

工　种	计划工期	计划工作天数	出勤率	计划人数	现有人数	余差人数	备　注

表 3-6　提高劳动生产率降低成本计划表　　　　　　　　_____年_____月

措施项目名称	措施涉及的工程项目名称及工作量	措施执行单位及负责人	措施的经济效果							降低其他直接费	降低管理费	降低成本合计
			降低材料费					降低基本工资				
			钢材	木材	水泥	其他材料	小计	减少工日	定额			

(2) 月度计划的编制方法和程序。月度计划编制的目的是要组织连续均衡生产，以取得较好的经济效果。编制月度作业计划，必须从实际出发，应充分考虑施工特点和各种影响因素，编制方法简要介绍如下。

1) 在摸底排队的基础上，根据季度计划的分月指标，结合上月实际进度，制定下月施工项目计划初步目标。

2) 根据单位工程施工组织设计进度计划、安装工程预算及月计划初步指标，计算施工项目相应部分的实物工程量、建安工作量和劳动力、材料、设备等计划数量。

3) "六查"，即查图纸、查劳动力、查材料、查预制构配件、查施工准备和技术文件、查机械设备。在"六查"的基础上，对初步指标进行反复平衡，确定月进度计划的正式指标。

4) 根据确定的月计划指标及施工组织设计的单位工程施工进度计划中的相应部分，编制月度总施工进度计划，把月内全部施工项目作为一个系统工程，注意工种间的配合，特别是土建与安装的配合，组织大流水施工。

5）根据月度总施工进度计划，在土建进度计划的基础上，安排安装工程施工进度。

6）编制技术组织措施、安全组织措施，向班组签发任务书。

3. 计划的执行

（1）分级管理，统一领导。

（2）专业分工，统一归口。

（3）全体人员，执行计划。

（4）发现问题，及时报告。

（5）采取措施，切实可靠。

（6）修改计划，请示领导。

（7）完成计划，全面周到。

课题 2　网络计划技术

3.2.1　基本概念

网络计划技术是一种科学的计划管理方法，它的使用价值得到了各国的承认。19 世纪中叶，美国的 Frankford 兵工厂顾问 Henry L. Gantt 提出了反映工作任务与时间关系的甘特（Gantt）进度图表，即我们现在仍广泛应用的"横道图"。这是最早对施工进度计划进行安排的科学表达方式。这种表达方式简单、明了、容易掌握，便于检查和计算资源需求状况，因而很快被应用于工程进度计划中，并沿用至今。但它在表现内容上有很多缺点，如不能全面而准确地反映出各项工作之间相互制约、相互依赖、相互影响的关系，不能反映出整个计划（或工程）中的主次部分，即其中的关键工作，难以对计划做出准确的评价，更重要的是不能应用现代化的计算工具——计算机。这些缺点从根本上限制了"横道图"的适应范围。因此，20 世纪 50 年代末，为了适应生产发展和科学研究工作的需要，国外陆续出现了一些计划管理的新方法。这些方法尽管名目繁多，但内容大同小异，都是采用网络图表达计划内容，并且符合统筹兼顾、适当安排的精神，我国著名教授华罗庚把它们概括地称为统筹法，即通盘考虑、统一规划的意思。

统筹法的基本原理是：首先应用网络图形来表达一项计划中各项工作的开展顺序及其相互之间的关系；通过对网络图进行时间参数计算，找出计划中的关键工作和关键线路；继而通过不断改进网络计划，寻求最优方案；在计划执行过程中对计划进行有效的控制与监督，保证合理地使用人力、物力和财力，以最小的消耗取得最大的经济效果。

这种方法的表达形式是用箭线表示一项工作，工作的名称写在箭线的上面，完成该项工作的持续时间写在箭线的下面，箭头和箭尾处分别画上圆圈，填入编号，箭头和箭尾的两个编号代表着一项工作，如图 3-2a 所示，i-j 代表一项工作；或者用一个圆圈代表一项工作，节点编号写在圆圈上部，工作名称写在圆圈中部，完成该工作所需要的持续时间写在圆圈下部，箭线只表示该工作与其他工作的相互关系，如图 3-2b 所示。把一项计划（或工程）的所有工作，根据其开展的先后顺序并考虑其相互制约关系，全部用箭线或圆圈表示，从左向右排列起来，形成一个网状的图形，称为网络图，如图 3-3 所示。因为这种方法是建立在网络模型的基础上，且主要用来进行计划与控制，因此国外称其为网络计划技术。

图 3-2 工作示意图　　　　　　　　　　　　图 3-3 双代号网络图

与横道图相比，网络图具有如下优点：网络图把施工过程中的各有关工作组成了一个有机的整体，能全面而明确地表达出各项工作开展的先后顺序和各项工作之间的相互制约和相互依赖的关系；能进行各种时间参数的计算；在名目繁多、错综复杂的计划中找出决定工程进度的关键工作，便于抓主要矛盾，确保工期，避免盲目施工；能够从许多可行方案中，选出最优方案；在计划的执行过程中，某一工作由于某种原因推迟或者提前完成时，可以预见到它对整个计划的影响程度，而且能够根据变化了的情况，迅速进行调整，保证自始至终对计划进行有效的控制与监督；利用网络计划中反映出的各项工作的时间储备，可以更好地调配人力、物力，以达到降低成本的目的；更重要的是，它的出现与发展使现代化的计算工具——计算机在项目施工计划管理中得以应用。

网络计划技术可以为施工项目管理提供许多信息，有利于加强施工项目管理，既是一种编制计划的方法，又是一种科学的管理方法。它有助于管理人员全面了解、重点掌握、灵活安排、合理组织、好快省地完成计划任务，不断提高管理水平。

网络计划技术的缺点是在计算劳动力、资源消耗量时，与横道图相比较为困难。在建筑安装企业，网络计划技术主要用来编制施工项目的施工进度计划。我国从 20 世纪 60 年代初，对网络计划技术进行了研究和应用，并收到了一定的效果。我国于 1991 年颁布了《工程网络计划技术规程》（JGJ/T 1001—91），在这之后，又于 1999 年重新修订和颁布了《工程网络计划技术规程》（JGJ/T 121—99），新规程自 2000 年 2 月 1 日起施行。

3.2.2　双代号网络计划

3.2.2.1　双代号网络图的组成

双代号网络图由箭线、节点、线路三个基本要素组成。

1. 箭线　一条箭线代表一项工作，箭线的箭尾节点表示工作的开始，箭头节点表示工作的结束。将工作名称标注在箭线的上面，工作持续时间标注在箭线的下面。

工作是计划任务按需要粗细程度划分而成的一个消耗时间或也消耗资源的子项目或子任务，用一根箭线和两个圆圈来表示。圆圈中的两个号码代表这项工作的名称，由于是两个号表示一项工作，故称为双代号表示法，如图 3-4 所示。由双代号表示法构成的网络图称为双代号网络计划图，如图 3-5 所示。

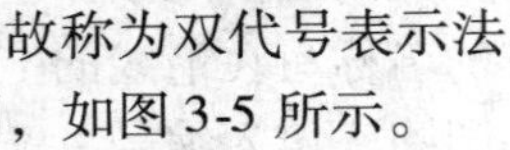

图 3-4　双代号表示法 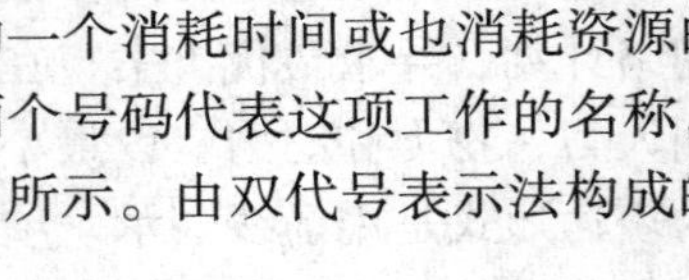　　　　　　　　　图 3-5　双代号网络计划图

工作通常可以分为三种：需要消耗时间和资源的工作（如预埋管线）；只消耗时间而不消耗资源的工作（如调试）；既不消耗时间，也不消耗资源的工作。前两种是实际存在的工作，称为实工作。后一种是人为的虚设工作，只表示相邻前后工作之间的逻辑关系，称为虚工作，以虚箭线表示，其表示形式可垂直方向向上或向下，也可水平方向向右。工作表示方法如图 3-6 所示。

工作的内容是由一项计划（或工程）的规模及其划分的粗细程度、大小、范围所决定的。如果对于一个规模较大的建设项目来讲，一项工作可能代表一个单位工程或一个构筑物、一台设备；如果对于一个单位工程，一项工作可能只代表一个分部或分项工程。

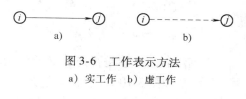

图 3-6　工作表示方法
a）实工作　b）虚工作

工作箭线的长度和方向，在无时标网络图中，原则上讲可以任意画，但必须满足网络逻辑关系；在时标网络图中，其箭线长度必须根据完成该项工作所需持续时间的大小按比例绘图。

2. 节点　在网络图中箭线的出发和交汇处画上圆圈，用以标志该圆圈前面一项或若干项工作的结束和允许后面一项或若干项工作的开始的时间点，称为节点。

在网络图中，节点不同于工作，它只标志着工作的结束和开始的瞬间，具有承上启下的衔接作用，而不需要消耗时间或资源，如图 3-5 中的节点 5，它只表示 d、e 两项工作的结束时刻，也表示 f 工作的开始时刻。节点的另一个作用如前所述，在网络图中，一项工作用其前后两个节点的编号表示，如图 3-5 中，e 工作用节点编号表示为"4-5"。箭线出发的节点称为开始节点，箭线进入的节点称为完成节点，如图 3-7 所示。在一个网络图中，除整个网络计划的起点节点和终点节点外，其余任何一个节点都有双重的含义，既是前面工作的完成节点，又是后面工作的开始节点。表示整个计划开始的节点称为起点节点，整个计划最终完成的节点称为终点节点，其余称为中间节点。

在一个网络图中，可以有许多工作通向一个节点，也可以有许多工作由同一个节点出发。把通向某节点的工作称为该节点的紧前工作（或前面工作），从某节点出发的工作称为该节点的紧后工作（或后面工作），如图 3-8 所示。

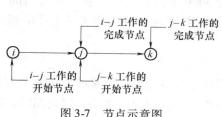

图 3-7　节点示意图

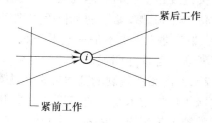

图 3-8　紧前工作和紧后工作

在一个网络图中，每一个节点都有自己的编号，以便计算网络图时间参数和检查网络图是否正确。对于一个网络图，只要不重复，各个节点可任意编号，但人们习惯上从起点节点到终点节点顺序编号，编号由小到大，并且对于每项工作，箭尾的编号一定要小于箭头的编号。节点编号的方法可从以下两方面考虑。

根据节点编号的方向不同可分为两种：一种是沿着水平方向进行编号，如图3-9所示；另一种是沿着垂直方向进行编号，如图3-10所示。

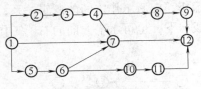 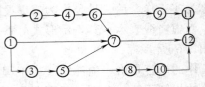

图3-9　水平编号法　　　　　　　　　　图3-10　垂直编号法

根据编号的数字是否连续又分为两种：一种是连续编号法，即按自然数的顺序进行编号，图3-9和图3-10均为连续编号；另一种是间断编号法，一般按单数（或偶数）的顺序来进行编号，如图3-11为单数编号法，图3-12为双数编号法。采用非连续编号，主要是为了适应计划调整，考虑增添工作的需要，编号留有余地。

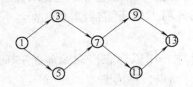 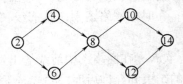

图3-11　单数编号法　　　　　　　　　图3-12　双数编号法

3. 线路　网络图中从起点节点开始，沿箭线方向连续通过一系列箭线与节点，最后到达终点节点的通路称为线路。每一条线路都有自己确定的完成时间，它等于该线路上各项工作持续时间的总和，也是完成这条线路上所有工作的总时间。工期最长的线路，称为关键线路，其余线路称为非关键线路。位于关键线路上的工作称为关键工作。关键工作完成的快慢直接影响整个计划工期的实现，关键线路宜用粗箭线、双箭线或彩色箭线标注，以突出其在网络计划中的重要位置。

关键线路在网络图中，可能同时存在几条，即这几条线路上的持续时间相同。关键线路并不是一成不变的，在一定条件下，关键线路和非关键线路可以互相转化。当采用了一定的技术组织措施，缩短了关键线路上各工作的持续时间，就有可能使关键线路发生转移，使原来的关键线路变成非关键线路，而原来的非关键线路却变成关键线路。

位于非关键线路上的工作除关键工作外，其余称为非关键工作，它有机动时间（即时差）。非关键工作也不是一成不变的，它可以转化为关键工作。利用非关键工作的机动时间可以科学、合理地调配资源和对网络计划进行优化。

3.2.2.2　网络图绘制的基本原则和注意事项

网络计划技术在安装工程中主要用来编制项目施工进度计划，网络图要正确地表达整个工程的施工工艺流程和各工作开展的先后顺序的约束关系。因此，在绘制网络图时必须遵循一定的基本规则和要求。

1. 绘制网络图的基本原则

（1）必须正确地表达各项工作之间相互制约和相互依赖的关系。在网络图中，根据施工顺序和施工组织的要求，正确地反映各项工作之间的相互制约和相互依赖关系，这些关系是多种多样的，表3-7列出了常见的几种表示方法。

表 3-7 网络图中各工作之间的逻辑关系表示方法

序　号	工作之间的逻辑关系	网络图中表示方法	说　明
1	A、B 两项工作按照依次施工方式进行		B 工作依赖 A 工作，A 工作约束着 B 工作的开始
2	A、B、C 三项工作同时开始		A、B、C 三项工作称为平行工作
3	A、B、C 三项工作同时结束		A、B、C 三项工作称为平行工作
4	A、B、C 三项工作只有在 A 完成后，B、C 才能开始		A 工作制约着 B、C 工作的开始，B、C 为平行工作
5	A、B、C 三项工作，C 工作只有在 A、B 完成后才能开始		C 工作依赖 A、B 工作，A、B 为平行工作
6	A、B、C、D 四项工作，只有当 A、B 完成后，C、D 才能开始		通过中间事件 j 正确表达了 A、B、C、D 之间的关系
7	A、B、C、D 四项工作，A 完成后 C 才能开始，A、B 完成后 D 才能开始		D 与 A 之间引入了逻辑连接（虚工作），只有这样才能正确表达它们之间的约束关系
8	A、B、C、D、E 五项工作，A、B 完成后 C 才能开始，B、D 完成后 E 才能开始		引入两道虚箭线，使 B 成为 C、E 共同的紧前工作
9	A、B、C、D、E 五项工作，A、B、C 完成后 D 才能开始，B、C 完成后 E 才能开始		1 和 5 情况通过虚工作连接起来，虚工作表示 D 工作受到 B、C 工作制约
10	A、B 两项工作分三个施工段平行施工		每个工种建立专业工作队，在每个施工段上进行流水作业，不同工种之间用逻辑搭接关系表示

（2）在网络图中，除了整个网络计划的起点节点外，不允许出现没有紧前工作的尾部节点，即没有箭线进入的尾部节点。图 3-13a 所示的网络图中出现了两个没有紧前工作的节点 1 和 3，这两个节点同时存在造成了逻辑关系的混乱。3-5 工作什么时候开始？它受到谁的约束？这在网络图中是不允许的。如果遇到这种情况，应根据实际的施工工艺流程增加一个虚箭线，如图 3-13b 所示。

（3）在单目标网络图中，除了整个网络图的终点节点外，不允许出现没有紧后工作的尽头节点，即没有箭线引出的节点。如图 3-14a 所示的网络图中出现了两个没有箭线向外引出的节点 5 和 7，它们造成了网络逻辑关系的混乱。3-5 工作何时结束？3-5 工作对后续工作有什么样的制约关系？这在网络图中是不允许的。如果遇到这种情况，应加入虚箭线调整，如图 3-14b 所示。

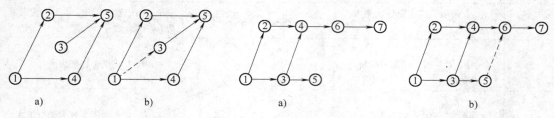

图 3-13　起点节点示意图　　　　　　　　图 3-14　终点节点示意图
a) 错误的表达形式　b) 正确的表达形式　　a) 错误的表达形式　b) 正确的表达形式

（4）在网络图中严禁出现循环回路。在网络图中，从一个节点出发沿着某一条线路移动，又可回到原出发节点，即在图中出现了闭合的循环路线，称为循环回路，如图 3-15a 中的 1-2-3-1，就是循环回路，它表明网络图在逻辑关系上是错误的，在工艺关系上是矛盾的，故严禁出现。

（5）在网络图中不允许出现重复编号的箭线。一个箭线和其相关的节点只能代表一项工作，不允许代表多项工作。如图 3-16a 中的 A、B 两项工作，其编号均是 1-2，1-2 究竟指 A 还是指 B，不清楚。遇到这种情况，应增加一个节点和一个虚箭线，如图 3-16b、3-16c 都是正确的。

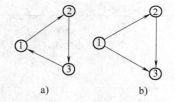

图 3-15　循环回路示意
a) 错误的表达形式　b) 正确的表达形式

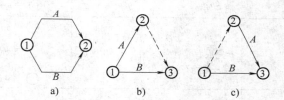

图 3-16　重复编号工作示意图
a) 错误的表达形式　b)、c) 正确的表达形式

（6）在网络图中不允许出现没有箭尾节点的工作。如图 3-17a，它表示当 A 工作进行到一定程度时，B 工作才开始，但图中反映不出 B 工作准确的开始时刻，在网络图中不允许这样表示。正确的画法是将 A 工作划分为两个施工段，引入一个节点分开，如图 3-17b 所示。

（7）在网络图中不允许出现没有箭头节点的工作。

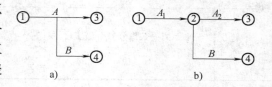

图 3-17　无开始节点工作示意图
a) 错误的表达形式　b) 正确的表达形式

（8）在网络图中不允许出现带有双向箭头或无箭头的工作。

（9）当双代号网络图的某些节点有多条外向箭线或多条内向箭线时，在保证一项工作有唯一的一条箭线和对应的一对节点编号前提下，允许使用母线法绘图。

以上是绘制网络图应遵循的基本规则。这些规则是保证网络图能够正确地反映各项工作之间相互制约关系的前提，应熟练掌握。

2. 绘制网络图注意事项

（1）网络图的布局要条理清楚，重点突出。虽然网络图主要用以反映各项工作之间的逻辑关系，但是为了便于使用，还应安排整齐，条理清楚，突出重点，尽量把关键工作和关键线路布置在中心位置，尽可能把密切相连的工作安排在一起，尽量减少斜箭线，而采用水平箭线，尽可能避免交叉箭线出现。

对比图 3-18a 和图 3-18b，图 3-18a 的布置条理不清楚，重点不突出；而图 3-18b 则相反。

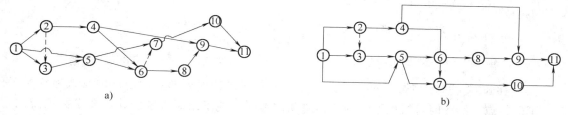

图 3-18   网络图布置示意图

（2）交叉箭线的画法。当网络图中不可避免地出现交叉时，不能直接相交画出。目前常采用两种方法来解决，一种称为过桥法，另一种称为指向法，如图 3-19 所示。

（3）网络图中的"断路法"。绘制网络图时必须符合三个条件：① 符合施工顺序的关系；② 符合流水施工的要求；③ 符合网络逻辑连接关系。一般来说，对施工顺序和施工组织上必须衔接的工作，绘图时不易产生错误，但是对于不发生逻辑关系的工作就容易产生错误。遇到这种情况时，采用虚箭线加以处理。用虚箭线在线路上隔断无逻辑关系的各项工作，这种方法称为断路法。如现浇钢筋混凝土分部工程的网络图，该工程有支模、扎筋、浇筑三项工作，分三段施工，如绘制成图 3-20 的形式就错了。

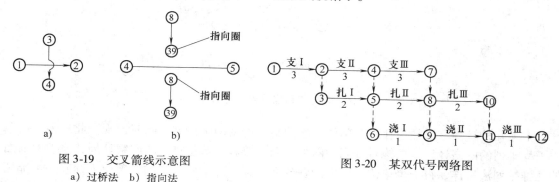

图 3-19   交叉箭线示意图
a）过桥法 b）指向法

图 3-20   某双代号网络图

分析图 3-20 网络图，在施工顺序上，支模——扎筋——浇混凝土，符合施工工艺的要求；在流水关系上，同工种的工作队由第一施工段转入第二施工段再转入第三施工段，也符合要求。在网络逻辑关系上有不符之处：第一施工段的浇筑混凝土（浇 I ）与第二施工段的支模板（支 II ）没有逻辑上的关系；同样，第二施工段的浇筑混凝土（浇 II ）与第三施工段的支模板（支 III ）也不发生逻辑上的关系。但在图中都相连起来了，这是网络图中原则性的错误，它将导致一系列计算上的错误。应用断路法加以分隔，正确的网络图如图 3-21 所示。

断路法有两种：在横向用虚箭线切断无逻辑关系的各项工作，称为横向断路法，如图3-21 所示，它主要用于无时标网络图中；在纵向用虚箭线切断无逻辑关系的各项工作称为纵向断路法，如图3-22 所示，它主要用于时标网络图中。

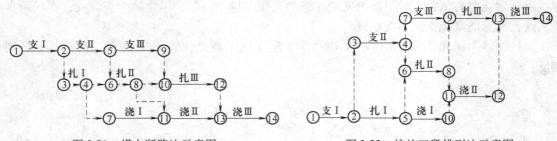

图 3-21　横向断路法示意图　　　　　　图 3-22　按施工段排列法示意图

（4）建筑施工进度网络图的排列方法，为了使网络计划更形象而清楚地反映出建筑工程施工的特点，绘图时可根据不同的工程情况，不同的施工组织方法和使用要求灵活排列，以简化层次，使各工作间在工艺上及组织上的逻辑关系准确而清楚，以便于技术人员掌握，便于对计划进行计算和调整。如果为了突出表示工作面的连续或者工作班组的连续，可以把在同一施工段上的不同工种工作排列在同一水平线上，这种排列方法称为按施工段排列法，如图3-22 所示。如果为了突出表示工种的连续作业，可以把同一工种工程排列在同一水平线上，这种排列方法称为按工种排列法，如图3-21 所示。

如果在流水施工中，若干个不同工种工作，沿着建筑物的楼层展开时，可以把同一楼层的各项工作排在同一水平线上，如图3-23 所示。

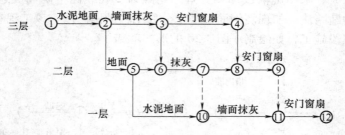

图 3-23　按楼层排列示意图

上述几种排列方法往往在一个单位工程的施工进度网络计划中同时出现。此外还有按单位工程排列的网络计划、按栋号排列的网络计划、按施工部位排列的网络计划，原理同前面的几种排列法一样，将一个单位工程中的各分部工程、一个栋号内的各单位工程或一个部位的各项工作排列在同一水平线上，在此不再一一赘述。工作中可以按使用要求灵活地选用以上几种网络计划的排列方法。

（5）绘制网络图时，力求减少不必要的箭线和节点。如图3-24a，此图在施工顺序、流水关系及逻辑关系上都是合理的，但网络图过于繁琐。图3-24b 将这些不必要的箭线和节点去掉，使网络图更简单明了，同时并不改变图3-24a 反映的逻辑关系。

（6）网络图的分解。当网络图中的工作数目很多时，可以把它分成几个小块来绘制。分界点一般选择在箭线和节点较少的位置，或按照施工部位分块。如某民用住宅的基础工程和砌筑工程，可以分为相应的两块，如图3-25 所示。

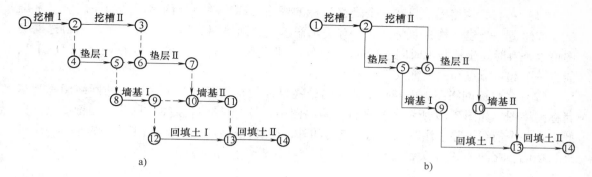

图 3-24 网络图简化示意图

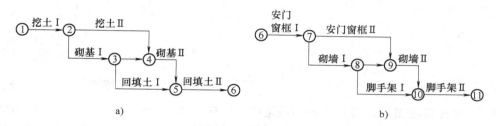

图 3-25 网络图的分解

分界点要用重复的编号，即前一块的最后一个节点编号与后一块的开始节点编号相同。对于较复杂的工程，把整个施工过程分为几个分部工程，把整个网络计划划分为若干个小块来编制，便于使用。

3.2.2.3 网络图的类型

网络图根据不同的指标，划分为各种不同的类型。不同类型的网络图在绘制、计算和优化等方面也不相同，各有特点，下面分别介绍。

1. 双代号与单代号网络图　网络图根据绘图符号的不同，分为双代号与单代号两种形式的网络图。双代号网络图：指组成网络图的各项工作由箭线表示，工作名称写在箭线上，工作的持续时间（小时、天、周等）写在箭线下，箭尾表示工作的开始，箭头表示工作的结束，采用这种符号组成的网络图，叫做双代号网络图，如图 3-26 所示。单代号网络图：指组成网络图的各项工作由节点表示，以箭线表示各项工作的相互制约关系，用这种符号从左向右绘制而成的图形为单代号网络图，如图 3-27 所示。

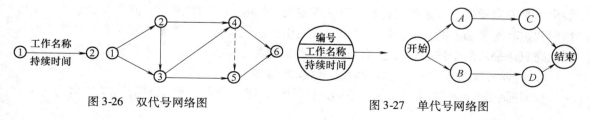

图 3-26 双代号网络图　　　　图 3-27 单代号网络图

2. 单目标与多目标网络图　根据网络图最终目标的多少，分为单目标与多目标两种形式的网络图。

（1）单目标网络图。只有一个最终目标的网络图称为单目标网络图。如完成一个基础工程或建造一个建（构）筑物的相互有关工作组成的网络图，如图3-28所示。单目标网络图可以是有时间坐标与无时间坐标的，也可以是肯定型与非肯定型的。但在一个网络图上只能有一个起点节点和一个终点节点。

（2）多目标网络图。由若干个独立的最终目标与其相互有关工作组成的网络图称为多目标网络图，如图3-29所示。在多目标网络图中，每个最终目标都有自己的关键线路。因此，在每个箭线上除了注明工作的持续时间外，还要在括号里注明该项工作是属于哪一个最终目标的。在图3-29中关键工作1-4、4-5、5-7是最终目标8和9共有的。

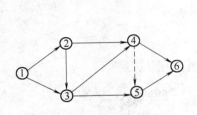

图3-28　单目标网络图

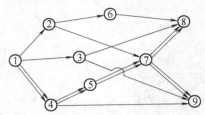

图3-29　多目标网络图

3. 无时标网络图与时标网络图　网络图根据有无时间坐标刻度，分为无时标网络图和时标网络图两种。前面出现的网络图都是无时标网络图，图中箭线的长度是任意的。时标网络图是在网络图上附有时间刻度（工作天数、日历天数及公休日）的网络图，如图3-30所示。

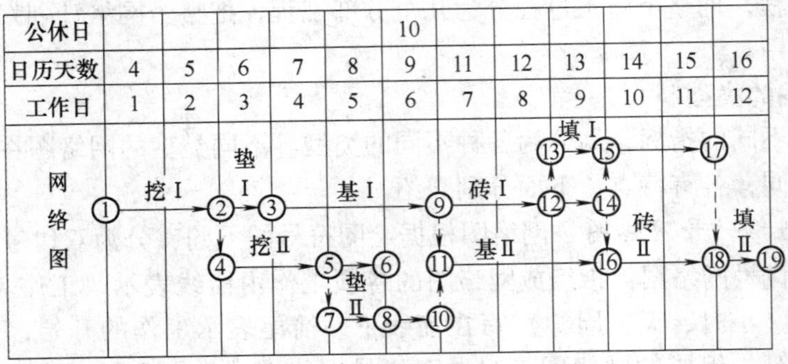

公休日						10						
日历天数	4	5	6	7	8	9	11	12	13	14	15	16
工作日	1	2	3	4	5	6	7	8	9	10	11	12
网络图												

图3-30　时标网络图

时标网络图的特点是每条箭线长度与完成该项工作的持续时间成比例进行绘制。工作箭线沿水平方向画出，每条箭线的长度就是规定的持续时间。当箭线位置倾斜时，它的工作持续时间按其水平轴上的投影长度确定。时标网络图的优点是时间明确直观，容易发现工作是提前完成还是落后于进度；时标网络图的缺点是随着时间的改变，需重新绘制网络图。

4. 局部网络图、单位工程网络图、综合网络图

根据网络图的应用对象（范围）不同，分局部网络图、单位工程网络图及综合网络图三种。

3.2.3　网络计划时间参数的计算

网络图增加持续时间便成为网络计划。网络计划时间参数计算的目的在于确定网络计划

上各项工作和各节点的时间参数，为网络计划的优化、调整和执行提供明确的时间概念。网络计划时间参数计算的内容主要包括：各个节点的最早时间和最迟时间；各项工作的最早开始时间、最早完成时间、最迟开始时间、最迟完成时间；各项工作的有关时差以及关键线路的持续时间。

网络计划时间参数的计算有多种方法，一般常用的有分析计算法、图上计算法、表上计算法、矩阵计算法和计算机计算法等。

3.2.3.1　工作持续时间的计算

1. 单一时间计算法　当组成网络图的各项工作可变因素少，具有一定的时间消耗统计资料，能够确定出一个肯定的时间消耗值时，工作持续时间可采用单一时间计算法计算。单一时间计算法主要根据劳动定额、预算定额、施工方法、投入劳动力、机具和资源量等资料进行确定工作持续时间，计算公式如下：

$$D_{i-j} = \frac{Q}{SRn} \tag{3-1}$$

式中　D_{i-j}——完成 i—j 项工作的持续时间；

　　　　Q——该项工作的工程量；

　　　　S——产量定额（机械为台班产量）；

　　　　R——投入 i—j 项工作的人数或机械台数；

　　　　n——工作的班次。

2. 三时估计法　当组成网络计划的各项工作可变因素多，不具备一定的时间消耗统计资料，不能确定出一个肯定的单一时间值时，根据概率计算方法，首先估计出三个时间值，即最短、最长和最可能持续时间，再加权平均算出一个期望值作为工作的持续时间。这种计算方法称为三时估计法。

在编制网络计划时必须将非肯定型转变为肯定型，把三种时间的估计变为单一时间的估计，其计算公式如下

$$m = \frac{a + 4c + b}{6} \tag{3-2}$$

式中　m——工作的平均持续时间；

　　　　a——最短估计时间，也称乐观估计时间，是指按最顺利条件估计的完成某项工作所需的持续时间；

　　　　b——最长估计时间，也称悲观估计时间，是指按最不利条件估计的完成某项工作所需的持续时间；

　　　　c——最可能估计时间，是指按正常条件估计的完成某项工作所需的持续时间。

a、b、c 三个时间值都是基于可能性的一种估计，具有随机性。根据三种时间的估计，完成某项工作所需时间的概率分布如图 3-31 所示。

3.2.3.2　工作计算法

为了便于理解，举例说明。某一网络图由 h、i、j、k 4 个节点和 $h-i$、$i-j$ 及 $j-k$ 3 项工作组成，如图 3-32 所示。从图 3-32 中可以看出，$i-j$ 代表一项工作，$h-i$ 是

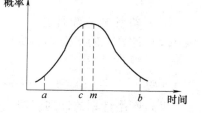

图 3-31　工作时间的概率分布

它的紧前工作。如果 $i-j$ 之前有许多工作，$h-i$ 可理解为由起点节点到 i 节点为止沿箭头方向的所有工作的总和。$j-k$ 代表它的紧后工作。如果 j 是终节点，则 $j-k$ 等于零。如果 $i-j$ 后面有许多工作，$j-k$ 可理解为由 j 节点至终点节点为止的所有工作的总和。

图 3-32　工作示意图

1. 计算时采用下列符号

ET_i——i 节点的最早时间；

ET_j——j 节点的最早时间；

LT_i——i 节点的最迟时间；

LT_j——j 节点的最迟时间；

D_{i-j}——$i-j$ 工作的持续时间；

ES_{i-j}——$i-j$ 工作的最早开始时间；

LS_{i-j}——$i-j$ 工作的最迟开始时间；

EF_{i-j}——$i-j$ 工作的最早完成时间；

LF_{i-j}——$i-j$ 工作的最迟完成时间；

TF_{i-j}——$i-j$ 工作的总时差；

FF_{i-j}——$i-j$ 工作的自由时差。

2. **工作最早开始时间的计算**　工作最早开始时间是指各紧前工作全部完成后，本工作可能开始的最早时刻。工作 $i-j$ 的最早开始时间 ES_{i-j} 的计算应符合下列规定：

（1）工作 $i-j$ 的最早开始时间 ES_{i-j} 应从网络计划的起点节点开始，顺箭线方向依次逐项计算。

（2）以起点节点为箭尾节点的工作 $i-j$，当未规定其最早开始时间 ES_{i-j} 时，其值应等于零，即

$$ES_{i-j} = 0 (i=1) \tag{3-3}$$

（3）当工作只有一项紧前工作时，其最早开始时间应为

$$ES_{i-j} = ES_{h-i} + D_{h-i} \tag{3-4}$$

式中　ES_{h-i}——工作 $i-j$ 的紧前工作的最早开始时间；

　　　D_{h-i}——工作 $i-j$ 的紧前工作的持续时间。

（4）当工作有多个紧前工作时，其最早开始时间应为

$$ES_{i-j} = \max\{ES_{h-i} + D_{h-i}\} \tag{3-5}$$

3. **工作最早完成时间的计算**　工作最早完成时间是指各紧前工作完成后，本工作有可能完成的最早时刻。工作 $i-j$ 的最早完成时间 EF_{i-j} 应按公式（3-6）计算

$$EF_{i-j} = ES_{i-j} + D_{i-j} \tag{3-6}$$

4. **网络计划工期计算**

（1）计算工期 T_c 是指根据时间计算得到的工期，按式（3-7）计算

$$T_c = \max\{EF_{i-n}\} \tag{3-7}$$

式中　EF_{i-n}——以终节点（$j=n$）为箭头节点的工作 $i-n$ 的最早完成时间。

（2）网络计划的计划工期 T_p 是指按要求工期 T_r 和计算工期 T_c 确定的作为实施目标的工期，其计划工期应符合下列规定：

1）规定了要求工期 T_r 时

$$T_p \leqslant T_r \tag{3-8}$$

2）未规定要求工期 T_r 时

$$T_p \leqslant T_c \tag{3-9}$$

5. 工作最迟时间的计算

（1）工作最迟完成时间的计算：工作最迟完成时间是指在不影响整个任务按期完成的前提下，工作必须完成的最迟时刻。

1）工作 $i-j$ 的最迟完成时间 LF_{i-j} 应从网络计划的终节点开始，逆着箭头方向依次逐项计算。

2）以终节点（$j = n$）为箭头节点的工作最迟完成时间 LF_{i-n}，应按网络计划的计划工期 T_p 确定，即

$$LF_{i-n} = T_p \tag{3-10}$$

3）其他工作 $i-j$ 的最迟完成时间 LF_{i-j}，应按式（3-11）计算

$$LF_{i-j} = \min\{LF_{j-k} - D_{j-k}\} \tag{3-11}$$

式中　LF_{j-k}——工作 $i-j$ 的各项紧后工作 $j-k$ 的最迟完成时间；

　　　D_{j-k}——工作 $i-j$ 的各项紧后工作的持续时间。

（2）工作最迟开始时间的计算：工作的最迟开始时间是指在不影响整个任务按期完成的前提下，工作必须开始的最迟时刻。

工作 $i-j$ 的最迟开始时间应按式（3-12）计算

$$LS_{i-j} = LF_{i-j} - D_{i-j} \tag{3-12}$$

6. 工作总时差的计算　工作总时差是指在不影响总工期的前提下，本工作可以利用的机动时间，该时间应按式（3-13）或式（3-14）计算

$$TF_{i-j} = LS_{i-j} - ES_{i-j} \tag{3-13}$$

$$TF_{i-j} = LF_{i-j} - EF_{i-j} \tag{3-14}$$

7. 工作自由时差的计算　工作自由时差是指在不影响其紧后工作最早开始时间的前提下，本工作可以利用的机动时间。工作 $i-j$ 的自由时差 FF_{i-j} 的计算应符合下列规定：

（1）当工作 $i-j$ 有紧后工作 $j-k$ 时，其自由时差应按式（3-15）或式（3-16）计算

$$FF_{i-j} = ES_{j-k} - ES_{i-j} - D_{i-j} \tag{3-15}$$

$$FF_{i-j} = ES_{j-k} - EF_{i-j} \tag{3-16}$$

式中　ES_{j-k}——工作 $i-j$ 的紧后工作 $j-k$ 的最早开始时间。

（2）以终点节点为箭头节点的工作，其自由时差 FF_{i-j} 应按网络计划的计划工期 T_p 确定，即

$$FF_{i-n} = T_p - ES_{i-n} - D_{i-n} \tag{3-17}$$

$$FF_{i-n} = T_p - EF_{i-n} \tag{3-18}$$

8. 关键工作和关键线路的判定

（1）总时差最小的工作为关键工作；当无要求工期时，$T_c = T_p$，最小总时差为零。当 $T_c > T_p$ 时，最小总时差为负数；当 $T_c < T_p$ 时，最小总时差为正数。

（2）自始至终全部由关键工作组成的线路为关键线路，应当用粗线、双线或彩色线标注。

9. 实例 为了进一步理解和应用以上计算公式，现以图 3-33 为例说明计算的各个步骤。图中箭线下的数字是工作的持续时间（d）。

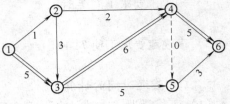

图 3-33 网络计划图

（1）各项工作最早开始时间和最早完成时间的计算

$ES_{1-2} = 0$

$EF_{1-2} = ES_{1-2} + D_{1-2} = 0 + 1 = 1$

$ES_{1-3} = 0$

$EF_{1-3} = ES_{1-3} + D_{1-3} = 0 + 5 = 5$

$ES_{2-3} = EF_{1-2} = 1$

$EF_{2-3} = ES_{2-3} + D_{2-3} = 1 + 3 = 4$

$ES_{2-4} = EF_{1-2} = 1$

$EF_{2-4} = ES_{2-4} + D_{2-4} = 1 + 2 = 3$

$ES_{3-4} = \max\{EF_{1-3}, EF_{2-3}\} = \max\{5, 4\} = 5$

$EF_{3-4} = ES_{3-4} + D_{3-4} = 5 + 6 = 11$

$ES_{3-5} = ES_{3-4} = 5$

$EF_{3-5} = ES_{3-5} + D_{3-5} = 5 + 5 = 10$

$ES_{4-5} = \max\{EF_{2-4}, EF_{3-4}\} = \max\{3, 11\} = 11$

$EF_{4-5} = ES_{4-5} + D_{4-5} = 11 + 0 = 11$

$ES_{4-6} = ES_{4-5} = 11$

$EF_{4-6} = ES_{4-6} + D_{4-6} = 11 + 5 = 16$

$ES_{5-6} = \max\{EF_{3-5}, EF_{4-5}\} = \max\{10, 11\} = 11$

$EF_{5-6} = ES_{5-6} + D_{5-6} = 11 + 3 = 14$

（2）各项工作最迟开始时间和最迟完成时间的计算

$LF_{5-6} = EF_{4-6} = 16$

$LS_{5-6} = LF_{5-6} - D_{5-6} = 16 - 3 = 13$

$LF_{4-6} = EF_{4-6} = 16$

$LS_{4-6} = LF_{4-6} - D_{4-6} = 16 - 5 = 11$

$LF_{4-5} = LS_{5-6} = 13$

$LS_{4-5} = LF_{4-5} - D_{4-5} = 13 - 0 = 13$

$LF_{3-5} = LS_{5-6} = 13$

$LS_{3-5} = LF_{3-5} - D_{3-5} = 13 - 5 = 8$

$LF_{3-4} = \min\{LS_{4-6}, LS_{4-5}\} = \min\{11, 13\} = 11$

$LS_{3-4} = LF_{3-4} - D_{3-4} = 11 - 6 = 5$

$LF_{2-4} = \min\{LS_{4-6}, LS_{4-5}\} = \min\{11, 13\} = 11$

$LS_{2-4} = LF_{2-4} - D_{2-4} = 11 - 2 = 9$

$LF_{2-3} = \min\{LS_{3-5}, LS_{3-4}\} = \min\{8, 5\} = 5$

$LS_{2-3} = LF_{2-3} - D_{2-3} = 5 - 3 = 2$

$LF_{1-3} = \min\{LS_{3-5}, LS_{3-4}\} = \min\{8, 5\} = 5$

$$LS_{1-3} = LF_{1-3} - D_{1-3} = 5 - 5 = 0$$

$$LF_{1-2} = \min\{LS_{2-3},\ LS_{2-4}\} = \min\{2, 9\} = 2$$

$$LS_{1-2} = LF_{1-2} - D_{1-2} = 2 - 1 = 1$$

（3）各项工作总时差的计算

$$TF_{1-2} = LF_{1-2} - EF_{1-2} = 2 - 1 = 1$$

$$TF_{1-3} = LF_{1-3} - EF_{1-3} = 5 - 5 = 0$$

$$TF_{2-3} = LF_{2-3} - EF_{2-3} = 5 - 4 = 1$$

$$TF_{2-4} = LF_{2-4} - EF_{2-4} = 11 - 3 = 8$$

$$TF_{3-4} = LF_{3-4} - EF_{3-4} = 11 - 11 = 0$$

$$TF_{3-5} = LF_{3-5} - EF_{3-5} = 13 - 10 = 3$$

$$TF_{4-5} = LF_{4-5} - EF_{4-5} = 13 - 11 = 2$$

$$TF_{4-6} = LF_{4-6} - EF_{4-6} = 16 - 16 = 0$$

$$TF_{5-6} = LF_{5-6} - EF_{5-6} = 16 - 14 = 2$$

（4）各项工作自由时差的计算

$$FF_{1-2} = ES_{2-3} - EF_{1-2} = 1 - 1 = 0$$

$$FF_{1-3} = ES_{3-4} - EF_{1-3} = 5 - 5 = 0$$

$$FF_{2-3} = ES_{3-4} - EF_{2-3} = 5 - 4 = 1$$

$$FF_{2-4} = ES_{4-5} - EF_{2-4} = 11 - 3 = 8$$

$$FF_{3-4} = ES_{4-5} - EF_{3-4} = 11 - 11 = 0$$

$$FF_{3-5} = ES_{5-6} - EF_{3-5} = 11 - 10 = 1$$

$$FF_{4-5} = ES_{5-6} - EF_{4-5} = 11 - 11 = 0$$

$$FF_{4-6} = T_{\mathrm{p}} - EF_{4-6} = 16 - 16 = 0$$

$$FF_{5-6} = T_{\mathrm{p}} - EF_{5-6} = 16 - 14 = 2$$

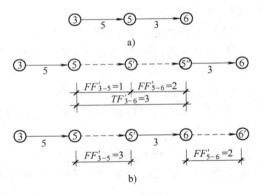

图 3-34　总时差与自由时差关系图
a）网络图的一部分　b）工作 3—5 的总时差

为了进一步说明总时差和自由时差之间的关系，取出图 3-33 网络计划图中的一部分，如图 3-34 所示。可见，工作 3-5 总时差就等于本工作 3-5 及紧后工作 5-6 的自由时差之和。

同时，从图中可见，本工作不仅可以利用自己的自由时差，而且可以利用紧后工作的自由时差（但不得超过本工作总时差）。

3.2.3.3 节点计算法

1. 节点最早时间的计算　节点最早时间是指双代号网络计划中，以该节点为开始节点的各项工作的最早开始时间。

节点 i 的最早时间 ET_i 应从网络计划的起点节点开始，顺着箭线方向依次逐项计算，并应符合下列规定：

（1）起点节点 i 未规定最早时间 ET 时，其值应等于零，即

$$ET_i = 0 \qquad (i = 1) \tag{3-19}$$

（2）当节点 j 只有一条内向箭线时，其最早时间为

$$ET_j = ET_i + D_{i-j} \tag{3-20}$$

（3）当节点 j 有多条内向箭线时，其最早时间 ET_j 应为

$$ET_j = \max\{ET_i + D_{i-j}\} \tag{3-21}$$

2. 网络计划工期的计算

（1）网络计划的计算工期

网络计划的计算工期按式（3-22）计算

$$T_c = ET_n \tag{3-22}$$

式中 ET_n——终点节点 n 的最早时间。

（2）网络计划的计划工期的确定。网络计划的计划工期 T_p 的确定与工作计算法相同。

3. 节点最迟时间的计算 节点最迟时间是指双代号网络计划中，以该节点为完成节点的各项工作的最迟完成时间，其计算应符合下列规定。

（1）节点 i 的最迟时间 LT_i 应从网络计划的终点节点开始，逆着箭线方向依次逐项计算，当部分工作分期完成时，有关节点的最迟时间必须从分期完成节点开始逆向逐项计算。

（2）终点节点 n 的最迟时间 LT_n 应按网络计划的计划工期 T_p 确定，即

$$LT_n = T_p \tag{3-23}$$

分期完成节点的最迟时间应等于该节点规定的分期完成时间。

（3）其他节点 i 的最迟时间 LT_i 应为

$$LT_i = \min\{LT_j - D_{i-j}\} \tag{3-24}$$

式中 LT_j——工作 $i-j$ 的箭头节点 j 的最迟时间。

4. 工作时间参数计算

（1）工作最早开始时间的计算

工作 $i-j$ 的最早开始时间 ES_{i-j} 按式（3-25）计算

$$ES_{i-j} = ET_i \tag{3-25}$$

（2）工作最早完成时间的计算

工作 $i-j$ 的最早完成时间 EF_{i-j} 按式（3-26）计算

$$EF_{i-j} = ET_i + D_{i-j} \tag{3-26}$$

（3）工作最迟完成时间的计算

工作 $i-j$ 的最迟完成时间 LF_{i-j} 按式（3-27）计算：

$$LF_{i-j} = LT_j \tag{3-27}$$

（4）工作最迟开始时间的计算

工作 $i-j$ 的最迟开始时间 LS_{i-j} 按式（3-28）计算

$$LS_{i-j} = LT_j - D_{i-j} \tag{3-28}$$

（5）工作总时差的计算

工作 $i-j$ 的总时差 TF_{i-j} 按式（3-29）计算

$$TF_{i-j} = LT_j - ET_j - D_{i-j} \tag{3-29}$$

（6）工作自由时差的计算

工作 $i-j$ 的自由时差 FF_{i-j} 按式（3-30）计算

$$FF_{i-j} = ET_j - ET_i - D_{i-j} \tag{3-30}$$

5. 实例 为了进一步理解和应用以上计算公式，仍以图 3-33 为例说明计算的各个步骤。

（1）计算各个节点最早时间

$ET_1 = 0$

$ET_2 = ET_1 + D_{1-2} = 0 + 1 = 1$

$ET_3 = \max\{ET_1 + D_{1-3}, ET_2 + D_{2-3}\} = \max\{0 + 5, 1 + 3\} = 5$

$ET_4 = \max\{ET_2 + D_{2-4}, ET_3 + D_{3-4}\} = \max\{1 + 2, 5 + 6\} = 11$

$ET_5 = \max\{ET_3 + D_{3-5}, ET_4 + D_{4-5}\} = \max\{5 + 5, 11 + 0\} = 11$

$ET_6 = \max\{ET_4 + D_{4-6}, ET_5 + D_{5-6}\} = \max\{11 + 5, 11 + 3\} = 16$

ET_6 是网络图 3-33 终点节点最早可能开始时间的最大值，也是关键线路的持续时间。

（2）计算各个节点最迟时间

$ET_6 = LT_6 = T_C = T_P = 16$

$LT_5 = LT_6 - D_{5-6} = 16 - 3 = 13$

$LT_4 = \min\{LT_5 - D_{4-5}, LT_6 - D_{4-6}\} = \min\{13 - 0, 16 - 5\} = 11$

$LT_3 = \min\{LT_4 - D_{3-4}, LT_5 - D_{3-5}\} = \min\{11 - 6, 13 - 5\} = 5$

$LT_2 = \min\{LT_3 - D_{2-3}, LT_4 - D_{2-4}\} = \min\{5 - 3, 11 - 2\} = 2$

$LT_1 = \min\{LT_2 - D_{1-2}, LT_3 - D_{1-3}\} = \min\{2 - 1, 5 - 5\} = 0$

（3）计算各项工作最早开始时间和最早完成时间

$ES_{1-2} = ET_1 = 0$

$EF_{1-2} = ET_1 + D_{1-2} = 0 + 1 = 1$

$ES_{1-3} = ET_1 = 0$

$EF_{1-3} = ET_1 + D_{1-3} = 0 + 5 = 5$

$ES_{2-3} = ET_2 = 1$

$EF_{2-3} = ET_2 + D_{2-3} = 1 + 3 = 4$

$ES_{2-4} = ET_2 = 1$

$EF_{2-4} = ET_2 + D_{2-4} = 1 + 2 = 3$

$ES_{3-4} = ET_3 = 5$

$EF_{3-4} = ET_3 + D_{3-4} = 5 + 6 = 11$

$ES_{3-5} = ET_3 = 5$

$EF_{3-5} = ET_3 + D_{3-5} = 5 + 5 = 10$

$ES_{4-5} = ET_4 = 11$

$EF_{4-5} = ET_4 + D_{4-5} = 11 + 0 = 11$

$ES_{4-6} = ET_4 = 11$

$EF_{4-6} = ET_4 + D_{4-6} = 11 + 5 = 16$

$ES_{5-6} = ET_5 = 11$

$EF_{5-6} = ET_5 + D_{5-6} = 11 + 3 = 14$

（4）计算各项工作最迟开始时间和最迟完成时间

$LF_{5-6} = LT_6 = 16$

$LS_{5-6} = LT_6 - D_{5-6} = 16 - 3 = 13$

$LF_{4-6} = LT_6 = 16$

$LS_{4-6} = LT_6 - D_{4-6} = 16 - 5 = 11$

$$LF_{4-5} = LT_5 = 13$$

$$LS_{4-5} = LT_5 - D_{4-5} = 13 - 0 = 13$$

$$LF_{3-5} = LT_5 = 13$$

$$LS_{3-5} = LT_5 - D_{3-5} = 13 - 5 = 8$$

$$LF_{3-4} = LT_4 = 11$$

$$LS_{3-4} = LT_4 - D_{3-4} = 11 - 6 = 5$$

$$LF_{2-4} = LT_4 = 11$$

$$LS_{2-4} = LT_4 - D_{2-4} = 11 - 2 = 9$$

$$LF_{2-3} = LT_3 = 5$$

$$LS_{2-3} = LT_3 - D_{2-3} = 5 - 3 = 2$$

$$LF_{1-3} = LT_3 = 5$$

$$LS_{1-3} = LT_3 - D_{1-3} = 5 - 5 = 0$$

$$LF_{1-2} = LT_2 = 2$$

$$LS_{1-2} = LT_2 - D_{1-2} = 2 - 1 = 1$$

（5）计算各项工作的总时差

$$TF_{1-2} = LT_2 - ET_1 - D_{1-2} = 2 - 0 - 1 = 1$$

$$TF_{1-3} = LT_3 - ET_1 - D_{1-3} = 5 - 0 - 5 = 0$$

$$TF_{2-3} = LT_3 - ET_2 - D_{2-3} = 5 - 1 - 3 = 1$$

$$TF_{2-4} = LT_4 - ET_2 - D_{2-4} = 11 - 1 - 2 = 8$$

$$TF_{3-4} = LT_4 - ET_3 - D_{3-4} = 11 - 5 - 6 = 0$$

$$TF_{3-5} = LT_5 - ET_3 - D_{3-5} = 13 - 5 - 5 = 3$$

$$TF_{4-5} = LT_5 - ET_4 - D_{4-5} = 13 - 11 - 0 = 2$$

$$TF_{4-6} = LT_6 - ET_4 - D_{4-6} = 16 - 11 - 5 = 0$$

$$TF_{5-6} = LT_6 - ET_5 - D_{5-6} = 16 - 11 - 3 = 2$$

（6）计算各项工作的自由时差

$$FF_{1-2} = ET_2 - ET_1 - D_{1-2} = 1 - 0 - 1 = 0$$

$$FF_{1-3} = ET_3 - ET_1 - D_{1-3} = 5 - 0 - 5 = 0$$

$$FF_{2-3} = ET_3 - ET_2 - D_{2-3} = 5 - 1 - 3 = 1$$

$$FF_{2-4} = ET_4 - ET_2 - D_{2-4} = 11 - 1 - 2 = 8$$

$$FF_{3-4} = ET_4 - ET_3 - D_{3-4} = 11 - 5 - 6 = 0$$

$$FF_{3-5} = ET_5 - ET_3 - D_{3-5} = 11 - 5 - 5 = 1$$

$$FF_{4-5} = ET_5 - ET_4 - D_{4-5} = 11 - 11 - 0 = 0$$

$$FF_{4-6} = ET_6 - ET_4 - D_{4-6} = 16 - 11 - 5 = 0$$

$$FF_{5-6} = ET_6 - ET_5 - D_{5-6} = 16 - 11 - 3 = 2$$

（7）关键工作和关键线路的确定

在网络计划中总时差最小的工作称为关键工作。本例中由于网络计划的计算工期等于其计划工期，故总时差为零的工作即为关键工作。$TF_{1-3} = 0$、$TF_{3-4} = 0$、$TF_{4-6} = 0$，因此 1-3 工作、3-4 工作、4-6 工作是关键工作。

将上述各项关键工作依次连起来，就是整个网络图的关键线路。如图 3-33 和图 3-35 中双箭线所示。

3.2.3.4 图上计算法

图上计算法是依据分析计算法的时间参数关系式，直接在网络图上进行计算的一种比较直观、简便的方法。现以图3-35所示的网络计划说明图上计算法。

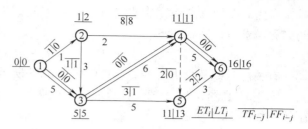

图中箭线下的数字代表该工作的持续时间，圆圈旁边的数字分别表示该节点最早的时间和最迟的时间。

图3-35 网络计划时间参数计算示意图

1. 计算节点最早时间

（1）起点节点。网络图中的起点节点一般是以相对时间0开始，因此起点节点的最早开始时间等于0，把0注在起点节点的相应位置。

（2）中间节点。从起点节点到中间节点可能有几条线路，而每一条线路都有一个时间和，这些线路和中的最大值，就是该中间节点的最早可能开始时间。如图3-35中节点3的最早可能开始时间，需要计算从1到3的两条线路，即1-2-3和1-3的时间和。1-2-3的时间和为1＋3＝4天，1-3的时间和是5天，要取线路中的最大值，因此节点3的最早可能开始时间为5天。它表示紧前工作1-3、2-3最早可能完成的时间为5天，紧后工作3-4、3-5最早可能开始的时间为5天。

2. 计算节点最迟时间 节点最迟时间的计算，是以网络图的终点节点（终点）逆箭头方向，从右到左逐个节点进行计算的，并将计算的结果填在相应节点的图示位置上。

（1）终点节点。当网络计划有规定工期时，终点节点的最迟时间就等于规定工期；当没有规定工期时，终点节点的最迟时间等于终点节点的最早时间。

（2）中间节点。某一中间节点最迟时间，应从终点节点开始向起点节点方向进行计算。如果计算到某一中间节点可能有几条线路，那么在这几条线路中必有一个时间和的最大值，用结束节点的最迟时间减去这个最大值，就是该节点的最迟时间。如图3-35中节点2的最迟时间，需要计算由节点6反方向到节点2的四条线路中最大的时间和。6-4-2的时间和是5＋2＝7天，6-4-3-2的时间和是14天，6-5-4-3-2的时间和是12天，6-5-3-2的时间是11天。用终点节点最迟时间16天减去14天得2天，就是节点2的最迟时间。它表示紧前工作1-2最迟必须在2天结束，紧后工作2-3、2-4最迟必须在2天后立即开始，否则就会拖延整个计划工期。

3. 计算各项工作的最早开始和最早完成时间 工作的最早开始时间也就是该工作开始节点的最早时间。工作的最早完成时间也就是该工作的最早开始时间加上该项工作的持续时间。

如图3-35中的工作2-4，最早开始时间等于节点2的最早时间，即1天。工作2-4最早完成时间等于工作2-4的最早开始时间加工作的持续时间，即1＋2＝3天。

4. 计算各项工作的最迟开始和最迟完成时间 工作的最迟完成时间也就是该工作完成节点的最迟时间。工作的最迟开始时间也就是工作最迟完成时间减去该工作的持续时间。如图3-35中的工作2-4的最迟开始时间等于工作2-4的最迟完成时间减去工作2-4的持续时间，即11－2＝9天。把时间参数的计算值直接标注在图上，如图3-36所示。

5. 计算时差 图上计算法的总时差等于该工作的完成节点的最迟时间减去开始节点的

最早时间再减去该工作的持续时间。

自由时差用该工作完成节点的最早时间减去该工作开始节点的最早时间与该工作持续时间的和而求得，公式如下

$$FF_{i-j} = ET_j - (ET_i + D_{i-j}) \tag{3-31}$$

有关总时差及自由时差的计算值如图 3-36 所示。

图 3-35 和图 3-36 为图上计算法常用的两种表达方式，除上述两种表达方式，还有其他图例，如图 3-37 所示。

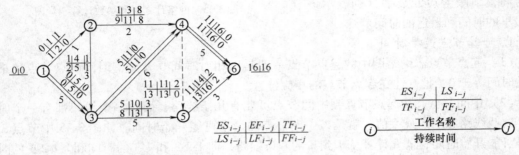

图 3-36　图上计算法示意　　　　　　图 3-37　时间参数表示法

3.2.3.5 表上计算法

表上计算法是依据分析计算法所求出的时间关系式，用表格形式进行计算的一种方法。在表上应列出拟计算的工作名称，各项工作的持续时间以及所求的各项时间参数，见表 3-8。

表 3-8　网络计划时间参数计算表

工作一览表			时 间 参 数						关键线路
节点	工作	持续时间	节点最早时间	工作最早完成时间	工作最迟开始时间	节点最迟时间	工作总时差	工作自由时差	
i	$i-j$	D_{i-j}	ET_i	EF_{i-j}	LS_{i-j}	LT_i	TF_{i-j}	FF_{i-j}	CP
(1)	(2)	(3)	(4)	(5)	(6)	(7)	(8)	(9)	(10)
①	1-2 1-3	1 5	0	1 5	1 0	0	1 0	0 0	是
②	2-3 2-4	3 2	1	4 3	2 9	2	1 8	1 8	
③	3-4 3-5	6 5	5	11 10	5 8	5	0 3	0 1	是
④	4-5 4-6	5 5	11	11 16	13 11	11	2 0	0 0	是
⑤	5-6	3	11	14	13	13	2	2	
⑥			16			16			

　　计算前应先将网络图中的各个节点按其号码从小到大依次填入表中的第（1）栏内，然后各项工作也要分别按 i、j 号码从小到大顺次填入第（2）栏内（如 1-2、1-3、2-3、2-4 等），同时把相应的每项工作的持续时间填入第（3）栏内。以上所要求的都是已知数，也是下列计算的基础。

　　为了便于理解，现举例说明表上计算法的步骤和方法。

　　1. 求表中的 ET_i 和 EF_{i-j} 值

　　（1）已知 $ET_1 = 0$（计划从相对时间 0 天开始，因此 ET_1 值为 0），EF_{i-j}（表中第 5 栏）= ET_i（表中第 4 栏）+ D_{i-j}（表中第 3 栏），则 $EF_{1-2} = 0 + 1 = 1$；$EF_{1-3} = 0 + 5 = 5$。

　　（2）求 ET_2。从表 3-8 中可以看出，节点 2 的紧前工作只有 1-2，于是就将这个紧前工作的 EF 值填入 ET_2。已知 $EF_{1-2} = 1$，则 $ET_2 = 1$。按照表中（4）栏 +（3）栏 =（5）栏，又可求得 $EF_{2-3} = 1 + 3 = 4$；$EF_{2-4} = 1 + 2 = 3$。

　　（3）求 ET_3。从表 3-8 中可以看出，节点 3 的紧前工作有 1-3 和 2-3，应选这两项工作 EF_{1-3} 和 EF_{2-3} 的最大值填入 ET 栏，现已知 $EF_{1-3} = 5$；$EF_{2-3} = 4$；故 $ET_3 = 5$。同样由（4）栏 +（3）栏 =（5）栏，得 $EF_{3-4} = 5 + 6 = 11$；$EF_{3-5} = 5 + 5 = 10$。

　　（4）求 ET_4 节点 4 的紧前工作有 2-4 和 3-4，现已知 $EF_{2-4} = 3$，$EF_{3-4} = 11$，故 $ET_4 = 11$。并计算得 $EF_{4-5} = 11 + 0 = 11$；$EF_{4-6} = 11 + 5 = 16$。

　　（5）求 ET_5。节点 5 的紧前工作有 4-5 和 3-5，已知 $EF_{4-5} = 11$，$EF_{3-5} = 10$，故 $ET_5 = 11$。并计算得 $EF_{5-6} = 11 + 3 = 14$。

　　（6）求 ET_6。节点 6 的紧前工作有 4-6 和 5-6，已知 $EF_{4-6} = 16$，$EF_{5-6} = 14$，取两者的最大值，得 $ET_6 = 16$。

　　2. 求 LT_i 和 LS_{i-j} 值

　　（1）已知条件 $ET_6 = 16$，而且整个网络图的终点节点的 LT 值在没有规定工期的时候应与 ET 值相同，即 $LT_6 = ET_6$；则 $LT_6 = 16$。

　　从表 3-8 可以看出节点 6 的紧前工作有 4-6 和 5-6，则有

$$LS_{4-6} = LT_6 - D_{4-6} = 16 - 5 = 11$$
$$LS_{5-6} = LT_6 - D_{5-6} = 16 - 3 = 13$$

　　（2）求 LT_5。表 3-8 中，由节点 5 出发的工作（节点 5 的紧后工作）只有 5-6，已知 $LS_{5-6} = 13$，故 $LT_5 = 13$（如果有两个或更多的紧后工作，则要选取其中 LS 的最小值作为该节点的 LT 值）。节点 5 的紧前工作有 3-5 和 4-5，则有

$$LS_{3-5} = LT_5 - D_{3-5} = 13 - 5 = 8$$
$$LS_{4-5} = LT_5 - D_{4-5} = 13 - 0 = 13$$

　　（3）求 LT_4。从表 3-8 中可以看出，由节点 4 出发的工作有 4-5 和 4-6，已知 $LS_{4-5} = 13$，$LS_{4-6} = 11$，选其最小值填入 LT_4，得 $LT_4 = 11$。

　　节点 4 的紧前工作有 2-4 和 3-4，则有

$$LS_{2-4} = LT_4 - D_{2-4} = 11 - 2 = 9$$
$$LS_{3-4} = LT_4 - D_{3-4} = 11 - 6 = 5$$

　　（4）求 LT_3。由节点 3 出发的工作有 3-4 和 3-5，已知 $LS_{3-4} = 5$，$LS_{3-5} = 8$，选其最小值填入 LT_3，得 $LT_3 = 5$。同样可算出节点 3 的紧前工作 1-3 和 2-3 的 LS 值

$$LS_{1-3} = LT_3 - D_{1-3} = 5 - 5 = 0$$
$$LS_{2-3} = LT_3 - D_{2-3} = 5 - 3 = 2$$

（5）求 LT_2。由节点 2 出发的工作有 2-3 和 2-4，已知 $LS_{2-3} = 2$，$LS_{2-4} = 9$，选其最小值填入 LT_2，得 $LT_2 = 2$。节点 2 的紧前工作只有 1-2，则

$$LS_{1-2} = LT_2 - D_{1-2} = 2 - 1 = 1$$

（6）求 LT_1。由节点 1 出发的工作有 1-2 和 1-3，已知 $LS_{1-2} = 1$，$LS_{1-3} = 0$，选其最小值填入 LT_1，则 $LT_1 = 0$。由于节点 1 是整个网络图的起点节点，所以它前面没有工作，到此，LT_i 和 LS_{i-j} 值全部计算完毕。

3. 求 TF_{i-j}

由计算式（3-13）及式（3-29）得：表 3-8 中的第（8）栏等于第（6）栏减去第（4）栏。

4. 求 FF_{i-j}

根据式（3-30），可计算工作 3-5 的 $FF_{3-5} = ET_5 - ET_3 - D_{3-5} = 11 - 5 - 5 = 1$；其余类推，计算结果见表 3-8。

5. 判别关键线路　因本例无规定工期，因此在表 3-8 中，凡总时差 $TF_{i-j} = 0$ 的工作为关键工作，在表的第（10）栏中注明"是"，由这些工作首尾相接而形成的线路就是关键线路。

3.2.4 双代号时标网络计划

3.2.4.1 时标网络计划概念

1. 时标网络计划的含义　时标网络计划是以时间坐标为尺度编制的网络计划。图 3-39 是图 3-38 的时标网络计划。本章所述的是双代号时标网络计划，简称时标网络计划。

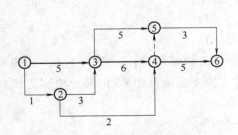

图 3-38　双代号网络图

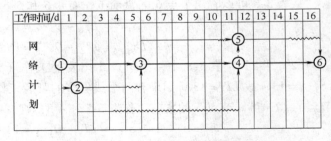

图 3-39　双代号时标网络计划

2. 时标网络计划的时标计划表　时标网络计划绘制在时标计划表上。时标的时间单位根据需要，在编制时标网络计划之前确定，可以是小时、天、周、旬、月或季等。时间可标注在时标计划表顶部，也可以标注在底部，必要时还可以在顶部和底部同时标注。时标的长度单位必须注明，必要时可在顶部时标之上或底部时标之下加注日历的对应时间。时标计划表中部的刻度线宜为细线。为使图面清晰，该刻度线可以少画或不画。表 3-9 和表 3-10 是时标计划表的表达形式。

表 3-9　有日历时标计划表

日　　历																	
工作时间/单位	1	2	3	4	5	6	7	8	9	10	11	12	13	14	15	16	17
网络计划																	
工作时间/单位	1	2	3	4	5	6	7	8	9	10	11	12	13	14	15	16	17

表 3-10　无日历时标计划表

工作时间/单位	1	2	3	4	5	6	7	8	9	10	11	12	13	14	15	16	17
网络计划																	
工作时间/单位	1	2	3	4	5	6	7	8	9	10	11	12	13	14	15	16	17

3. 时标网络计划的基本符号　时标网络计划的工作以实箭线表示，自由时差以波形线表示，虚工作以虚箭线表示。当实箭线之后有波形线且其末端有垂直部分时，其垂直部分用实线绘制；当虚箭线有时差且其末端有垂直部分时，其垂直部分用虚线绘制，见图 3-39 所示。

4. 时标网络计划的特点　时标网络计划与无时标网络计划相比较，有以下特点。

（1）主要时间参数一目了然，具有横道计划的优点，使用方便。

（2）由于箭线的长短受时标的制约，故绘图比较麻烦，修改网络计划的工作持续时间时必须重新绘图。

（3）绘图时可以不进行计算。只有对在图上没有直接表示出来的时间参数，如总时差、最迟开始时间和最迟完成时间，才需要进行计算。所以，使用时标网络计划可大大节省计算量。

5. 时标网络计划的适用范围　由于时标网络计划的上述特点，加之过去人们习惯使用横道计划，故时标网络计划容易被接受。时标网络计划主要适用于以下几种情况。

（1）编制工作项目较少，并且工艺过程较简单的建筑施工计划。编制时，能迅速地边绘、边算、边调整。

（2）对于大型复杂的工程，特别是当不使用计算机时，可以先用时标网络图的形式绘制各分部分项工程的网络计划，然后再综合起来绘制出较简明的总网络计划；也可以先编制一个总的施工网络计划，以后每隔一段时间，对下段时间应施工的工程区段绘制详细的时标网络计划。时间间隔的长短要根据工程的性质、所需的详细程度和工程的复杂性决定。执行过程中，如果时间有变化，则不必改动整个网络计划，而只对这一阶段的时标网络计划进行修订即可。

（3）有时为了便于在图上直接表示每项工作的进程，可将已编制并计算好的网络计划再复制成时标网络计划，这项工作可应用计算机来完成。

（4）待优化或执行中在图上直接调整的网络计划。

（5）年、季、月等周期性网络计划。

（6）使用"实际进度前锋线"进行网络计划管理的计划，也应使用时标网络计划。

3.2.4.2 双代号时标网络计划的绘图方法

1. 绘图的基本要求

（1）时间长度是以所有符号在时标表上的水平位置及其水平投影长度表示的，与其所代表的时间值相对应。

（2）节点的中心必须对准时标的刻度线。

（3）虚工作必须以垂直虚箭线表示，有时差时加波形线表示。

（4）时标网络计划宜按最早时间编制，不宜按最迟时间编制。

（5）时标网络计划编制前，必须先绘制无时标网络计划。

（6）绘制时标网络计划图可以先计算无时标网络计划的时间参数，再按该计划在时标表上进行绘制；也可以不计算时间参数，直接根据无时标网络计划在时标表上进行绘制。

2. 时标网络计划的绘制步骤

（1）先算后绘法的绘图步骤。以图 3-40 为例，绘制完成的时标网络计划如图 3-41 所示。具体步骤如下：

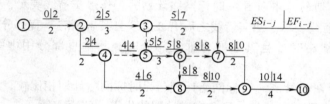

图 3-40　无时标网络计划

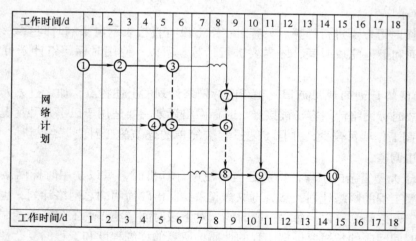

图 3-41　时标网络计划

1）绘制时标计划表。

2）计算每项工作的最早开始时间和最早完成时间，见图 3-40。

3）将每项工作的尾节点按最早开始时间定位在时标计划表上，其布局应与不带时标的网络计划基本相当，然后编号。

4）用实线绘制出工作持续时间，用虚线绘制无时差的虚工作（垂直方向），用波形线绘制实工作和虚工作的自由时差。

（2）不经计算，直接按无时标网络计划编制时标网络计划的步骤，仍以图 3-40 为例，绘制时标网络计划的步骤如下：

1）绘制时标计划表。

2）将起点节点定位在时标计划表的起始刻度线上，如图 3-41 的节点①。

3）按工作持续时间在时标表上绘制起点节点的外向箭线，如图 3-41 的 1-2。

4）工作的箭头节点，必须在其所有内向箭线绘出以后，定位在这些内向箭线中最晚完成的实箭线箭头处，如图 3-41 中的节点⑤、⑦、⑧。

5）某些内向实箭线长度不足以到达该箭头节点时，用波形线补足，如图 3-41 中的 3-7、4-8。如果虚箭线的开始节点和完成节点之间有水平距离时，以波形线补足，如箭线 4-5；如果没有水平距离，绘制垂直虚箭线，如 3-5、6-7、6-8。

6）用上述方法自左至右依次确定其他节点的位置，直至终点节点定位，绘图完成。注意确定节点的位置时，尽量与无时标网络图的节点位置相当，保持布局基本不变。

7）给每个节点编号，编号与无时标网络计划相同。

3.2.4.3　双代号时标网络计划关键线路和时间参数的确定

1. 时标网络计划关键线路的确定与表达方式

（1）关键线路的确定。自终点节点至起点节点逆箭线方向朝起点节点观察，自始至终不出现波形线的线路，为关键线路。如图 3-39 中的①—③—④—⑥线路；图 3-41 中的①—②—③—⑤—⑥—⑦—⑨—⑩线路和①—②—③—⑤—⑥—⑧—⑨—⑩线路。

（2）关键线路的表达。关键线路的表达与无时标网络计划相同，用粗线、双线或彩色线标注均可。图 3-39、图 3-41 是用粗线表达的。

2. 时间参数的确定

（1）计算工期的确定。时标网络计划的计算工期，应是其终点节点与起点节点所在位置的时标值之差，如图 3-41 所示的时标网络计划的计算工期是 14 - 0 = 14 天。

（2）最早时间的确定。时标网络计划中，每条箭线箭尾节点中心所对应的时标值，代表工作的最早开始时间。箭线实线部分右端或箭头节点中心所对应的时标值代表工作的最早完成时间。虚箭线的最早开始时间和最早完成时间相等，均为其所在刻度的时标值，如图 3-41 中箭线⑥—⑧的最早开始时间和最早完成时间均为第 8 天。

（3）工作自由时差的确定。时标网络计划中，工作自由时差等于其波形线在坐标轴上水平投影的长度，如图 3-41 中工作③—⑦的自由时差值为 1 天，工作④—⑤的自由时差值为 1 天，工作④—⑧的自由时差值为 2 天，其他工作无自由时差。这个判断的理由是，每项工作的自由时差值均为其紧后工作的最早开始时间与本工作的最早完成时间之差。如图 3-41 中的工作④—⑧，其紧后工作⑧—⑨的最早开始时间为第 8 天，本工作的最早完成时间为第 6 天，其自由时差为 8 - 6 = 2 天，即为图上该工作实线部分之后的波形线的水平投影长度。

（4）工作总时差的计算。时标网络计划中，工作总时差应自右而左进行逐个计算。一项工作只有其紧后工作的总时差值全部计算出以后才能计算出其总时差值。

工作总时差等于其各紧后工作总时差的最小值与本工作自由时差之和，计算公式为

1）以终点节点（$j = n$）为箭头节点的工作的总时差 TF_{i-j}，按网络计划的计划工期 T_p，计算确定，即

$$TF_{i-n} = T_p - EF_{i-n} \quad\quad\quad (3-32)$$

2）其他工作的总时差为

$$TF_{i-j} = \min\{TF_{j-k} + FF_{i-j}\} \quad\quad\quad (3-33)$$

按式（3-32）计算得

$$TP_{9-10} = 14 - 14 = 0$$

按式（3-33）计算得

$$TF_{7-9} = 0 + 0 = 0$$
$$TF_{3-7} = 0 + 1 = 1$$
$$TF_{8-9} = 0 + 0 = 0$$
$$TF_{4-8} = 0 + 2 = 2$$
$$TF_{5-6} = \min\{0 + 0, 0 + 0\} = 0$$
$$TF_{4-5} = 0 + 1 = 1$$
$$TF_{2-4} = \min\{2 + 0, 1 + 0\} = 1$$

以此类推，可计算出全部工作的总时差值。

计算完成后，可将工作总时差值标注在相应的波形线或实箭线之上，如图 3-42 所示。

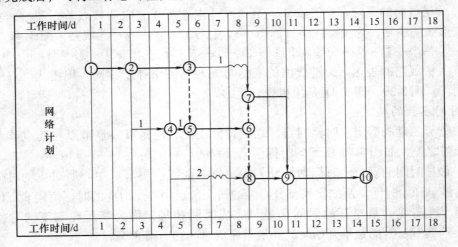

图 3-42　在时标网络计划上标注总时差

（5）工作最迟时间的计算。由于已知最早开始时间和最早完成时间，又知道总时差，故其工作最迟时间可用以下公式进行计算

$$LS_{i-j} = ES_{i-j} + TF_{i-j} \quad\quad\quad (3-34)$$
$$LF_{i-j} = EF_{i-j} + TF_{i-j} \quad\quad\quad (3-35)$$

按式（3-34）和式（3-35）进行计算图 3-41，可得

$$LS_{2-4} = ES_{2-4} + TF_{2-4} = 2 + 1 = 3$$
$$LF_{2-4} = EF_{2-4} + TF_{2-4} = 4 + 1 = 5$$

3. 双代号时标网络计划实例

（1）某地下室工程施工，施工顺序如图 3-43 所示。

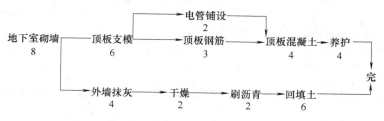

图 3-43　某地下室工程的施工顺序

（2）无时标网络计划。现有瓦工、混凝土工、钢筋工、抹灰工、电工、木工各一组，要求分两段施工。其网络计划如图 3-44 所示。

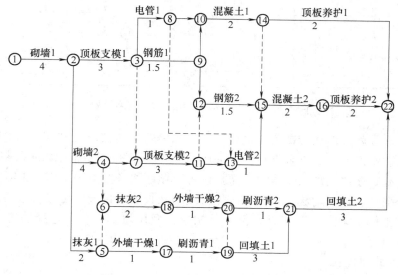

图 3-44　某地下室工程施工网络计划

（3）时标网络计划。图 3-44 的网络计划绘制成时标网络计划，如图 3-45 所示。

4. 关键线路的确定　从终点节点向起点节点逆箭线方向观察，没有出现波形线的线路是：1-2-4-7-11-12-15-16-22，此线路就是关键线路，用粗线标注。

3.2.5　网络计划优化

网络计划的优化，应在满足既定约束条件下，按选定目标，通过不断改进网络计划寻求满意方案。其优化目标，应按计划任务的需要和条件选定，包括工期目标、费用目标、资源目标。

3.2.5.1　工期优化

网络计划编制后，最常遇到的问题是计算工期大于要求工期，因此需要改变计划的施工方案或组织方案。但是在许多情况下，采用上述的措施后工期仍然不能达到要求。当计算工期不满足要求工期时，可通过压缩关键工作的持续时间以达到满足工期要求的目的。缩短工

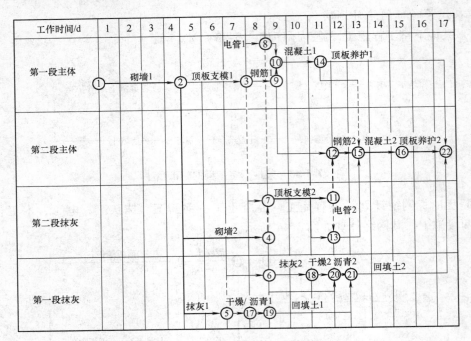

图 3-45　某地下室工程施工时标网络计划

作持续时间的途径就是增加劳动力或机械设备。缩短哪一个或哪几个工作才能缩短工期呢？工期优化方法能帮助计划编制者有目的地去压缩那些能缩短工期的工作的持续时间。解决此类问题的方法有顺序法、加权平均法、选择法等。顺序法是按关键工作开工时间来确定，先干的工作先压缩；加权平均法是按关键工作持续时间长度的百分比压缩。这两种方法没有考虑压缩的关键工作所需的资源是否有保证及相应的费用增加幅度。选择法更接近于实际需要，故在此作重点介绍。

1. 选择法工期优化

（1）缩短关键工作的持续时间应考虑的因素

1）缩短持续时间对质量影响不大的工作。

2）有充足备用资源的工作。

3）缩短持续时间所需增加的费用最少的工作。

（2）工期优化的步骤

1）计算并找出初始网络计划的计算工期、关键工作和关键线路。

2）按要求工期计算应缩短的持续时间 $\Delta T = T_c - T_r$。

3）确定各关键工作能缩短的持续时间。

4）按上述因素选择关键工作压缩其持续时间，并重新计算网络计划的计算工期。

5）当计算工期仍超过要求工期时，则重复以上步骤，直到计算工期满足要求工期为止。

6）当所有关键工作的持续时间都已达到其能缩短的极限而工期仍不能满足要求时，应对原组织方案进行调整或对要求工期重新审定。

2. 工期优化计算示例

【例3-1】　某网络计划如图 3-46 所示，图中括号内数据为工作最短持续时间。假定要求工期为 100 天，优化的步骤如下。

1）用工作正常持续时间计算节点的最早时间和最迟时间，找出网络计划的关键工作及关键线路，如图 3-47 所示。其中关键线路①—③—④—⑥用粗箭线表示，关键工作为 1-3、3-4、4-6。

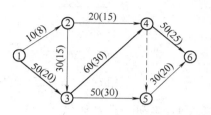

图 3-46　某网络计划

2）计算需缩短时间，根据图 3-47 所计算的工期需要缩短时间 60 天。根据图 3-46 中数据，关键工作 1-3 可缩短 20 天，3-4 可缩短 30 天，4-6 可缩短 25 天，共计可缩短 75 天，但考虑前述原则，因缩短工作 4-6 增加劳动力较多，故仅缩短 10 天，重新计算网络计划工期如图 3-48 所示。图 3-48 的关键线路为 1-2-3-5-6，关键工作为 1-2、2-3、3-5、5-6；工期为 120 天。

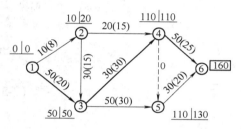

图 3-47　某网络计划的节点时间

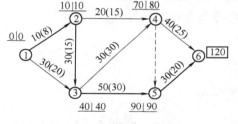

图 3-48　某网络计划第一次调整结果

按要求工期还需压缩 20 天。仍根据前述原则，选择工作 2-3、3-5 较宜，用最短工作持续时间换置工作 2-3 和工作 3-5 的正常持续时间，重新计算网络计划参数，如图 3-49 所示。经计算，关键线路为 1-3-4-6，工期 100 天，满足要求。

3.2.5.2　资源优化的基本原理

所谓优化就是求最优解的过程。网络计划的资源优化是有约束条件的最优化过程。网络计划中各个工作的开始时间就是决策变量。每一种计划实质

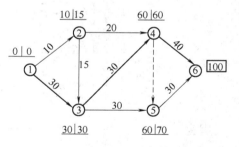

图 3-49　优化后的网络计划

上是一个决策项目。对计划的优化就是在众多的方案中选择这样一个方案（决策），它使目标函数值最佳。随着情况的不同，资源本身性质的不同，所追求的目标是不同的。最理想资源曲线如图 3-50 所示，资源的高峰最小。对于人力，除有时希望均衡外，也有可能希望人力的需要曲线如图 3-51 所示。这样的图形，工作在开始阶段因为工作面还没完全打开，需要的人较少，随着工作的进行逐渐增加人力，当工作快结束时又逐渐减少人力。总之，目标函数的形式是多种多样的。

在优化中决策变量的取值还需满足一定的约束条件，比如优先关系、搭接关系、总工期、资源的高峰等。当然随着面临的问题不同，约束条件也不同。

对于资源优化的问题目前还没有十分完善的理论，在算法方面一般是以通常的网络计划

参数计算的结果出发，逐步修改工作的开工时间，达到改善目标函数的目的。

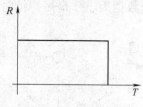

图 3-50 最理想资源曲线

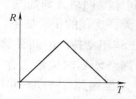

图 3-51 理想人力的需要曲线

1. 工期—资源优化

以双代号网络计划为例，工期—资源优化就是在工期固定的情况下，使资源的需要量大体均衡，也就是如图 3-50 所示的资源曲线。

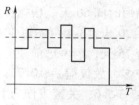

图 3-52 资源曲线

对图 3-52 所示的资源曲线进行均衡性评价，可用数学语言来表达。评价均衡性常用方差 σ^2 和标准差 σ 指标，方差、标准方差越大，计划的均衡性越差。

方差和标准差可按下式计算

$$\sigma^2 = \frac{1}{T} \sum_{t=1}^{T} (R_t - \overline{R})^2 \tag{3-36}$$

$$\sigma = \sqrt{\frac{1}{T} \sum_{t=1}^{T} (R_t - \overline{R})^2} \tag{3-37}$$

$$\sigma^2 = \frac{1}{T} \sum_{t=1}^{T} (R_t - \overline{R})^2$$

$$= \frac{1}{T} \left[(R_1 - \overline{R})^2 + (R_2 - \overline{R})^2 + \cdots + (R_T - \overline{R})^2 \right]$$

$$= \frac{1}{T} \left[(R_1^2 + R_2^2 + \cdots + R_T^2) + T\overline{R}^2 - 2\overline{R}(R_1 + R_2 + \cdots + R_T) \right]$$

$$= \frac{1}{T} \left[\sum_{t=1}^{T} R_t^2 + T\overline{R}^2 - 2\overline{R} \sum_{t=1}^{T} R_t \right]$$

因为

$$\overline{R} = \frac{R_1 + R_2 + \cdots + R_t}{T} = \sum_{t=1}^{T} R_t / T$$

所以

$$\sigma^2 = \frac{1}{T} \left[\sum_{t=1}^{T} R_t^2 + T\overline{R}^2 - 2\overline{R} \cdot T\overline{R} \right]$$

$$= \frac{1}{T} \left[\sum_{t=1}^{T} R_t^2 - T\overline{R}^2 \right]$$

式中　σ^2——资源消耗的方差；

　　　σ——资源消耗的标准差；

　　　T——计划工期；

　　　R_t——资源在第 t 天的消耗量；

　　　$\overline{R}$——资源每日平均消耗量。

可以看出，T 和 $\overline{R}$ 皆为常量，欲使 σ^2 或 σ 最小，必须设法使 $\sum_{t=1}^{T} R_t^2$ 为最小值，即使 W 最小。

$$W = \sum_{t=1}^{T} R_t^2 = R_1^2 + R_2^2 + R_3^2 + \cdots + R_i^2 + \cdots + R_T^2$$

由于计划工期是固定的（工期固定），所以求解 σ^2 或 σ 为最小值问题，只能在各工序总时差范围内调整其开始或结束时间，从中找出一个 σ^2 或 σ 最小的计划方案，即为最优方案。

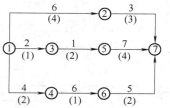

设某符合工期要求的计划网络图 3-53，起点节点编为①，终点节点编号为⑦。图中箭线上的数字（不带括号）为作业时间，箭线下数字（带括号）为某种资源的每日消耗量。

该网络计划属于工期固定，求资源利用最优的问题，可按以下步骤进行。

图 3-53　某工程网络计划图

1）计算各工作的时间参数，计算结果见表 3-11。

表 3-11　各工作的时间参数

工　作		作业时间	基本时间参数				机动时间参数		关键工作
i	j	D_{i-j}	ES_{i-j}	EF_{i-j}	LS_{i-j}	LF_{i-j}	TF_{i-j}	FF_{i-j}	*
①	②	6	0	6	6	12	6	0	
①	③	2	0	2	5	7	5	0	
①	④	4	0	4	0	4	0	0	*
②	⑦	3	6	9	12	15	6	6	
③	⑤	1	2	3	7	8	5	0	
④	⑥	6	4	10	4	10	0	0	*
⑤	⑦	7	3	10	8	15	5	5	
⑥	⑦	5	10	15	10	15	0	0	*

2）按照工作最早开始及最早结束时间，将网络计划绘在时间坐标上（图 3-54）。计算资源逐日消费量，并绘出相应的资源消费曲线。

3）由终点节点开始，逆箭头方向顺序逐个调整非关键工作的开始和结束时间。

调整的方法是：令工作的最早开始时间和最早结束时间逐日向后移动，每移动一天检查一次 σ^2 或 σ（一般均用 σ^2）的变化。例如，某工作 $i-j$ 在第 t_{ES} 天开始，第 t_{EF} 天结束，该工作的某项资源的每日消费量为 $S_{i,j}$。如果将该工作向后移动一天，则第 t_{ES+1} 天的资源消费量 R_{ES+1} 将减少 $S_{i,j}$，而第 t_{EF+1} 天的资源消费量 R_{ES+1} 将增加 $S_{i,j}$。任一工作每后移一天，W 值的变化量 ΔW 为

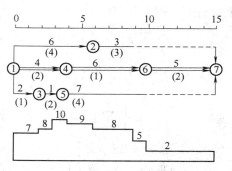

图 3-54　资源优化网络图

$$\Delta W = (R_{ES+1} - S_{i,j})^2 + (R_{EF+1} + S_{i,j})^2 - (R_{ES+1}^2 + R_{EF+1}^2) \tag{3-38}$$
$$\Delta W = 2S_{i,j}(R_{EF+1} - R_{ES+1} + S_{i,j})$$

显然，$\Delta W < 0$ 时，表示 σ^2 减小，工作 $i-j$ 可向后移动；如果 $\Delta W > 0$ 时，即 σ^2 增加，

不宜移动，据此可以定出该工作最优的开始和结束时间。

由于计划工期是固定的，故每一工作的时间调整范围要受该工作总时差的限制。

如果移动第 k 天出现 $\Delta W > 0$，此时，还要计算该天至以后各天的 ΔW 的累计值

$$\sum \Delta W = \Delta W_K + \Delta W_{K+1} + \cdots \tag{3-39}$$

如发现该天至某一天的 $\sum \Delta W \leqslant 0$，说明该工作还可以后移到该天。

以上计算列表进行，参阅表 3-12。

表 3-12　网络资源优化表

工序 $i-j$	作业时间 D_{i-j}	开始时间	结束时间	总时差 TF_{i-j}	σ^2	ΔW	$\sum \Delta W$
		3 (ES)	10 (EF)	5	8.86	−32	
		4	11	4	6.73	−24	
5-7	7	5	12	3	5.13	−16	
		6	13	2	3.35	−16	
		7	14	1	2.46		
		8 (LS)	15 (LF)	0	1.43		
		6 (ES)	9 (EF)	6	1.43	+24	
		7	10	5	2.99	+30	
2-7	3	8	11	4	4.99	+6	
		9	12	3	5.79	+6	+66
		10	13	2	5.79	0	+66
		11	14	1	5.79	0	+66
		12 (LS)	15 (LF)	0	5.79		
		2 (ES)	3 (EF)	5	1.43	0	
		3	4	4	1.43	−4	
3-5	1	4	5	3	1.12	0	
		5	6	2	1.12	−4	
		6	7	1	0.9	0	
		7 (LS)	8 (LF)	0	0.9		

表 3-12 中列出所有非关键工作的优化计算过程。首先计算工作 5-7 开始和结束。时间取最早时间，即 3 与 10。

$$\frac{1}{T}\sum_{t=1}^{T} R_t^2 = \frac{1}{15}(2 \times 7^2 + 8^2 + 10^2 + 2 \times 9^2 + 3 \times 8^2 + 5^2 + 5 \times 2^2) = 44.06$$

$$\overline{R}^2 = \left(\frac{2 \times 7 + 8 + 10 + 2 \times 9 + 3 \times 8 + 5 + 5 \times 2}{15}\right)^2 = \left(\frac{89}{15}\right)^2 = 35.20$$

$$\sigma^2 = \frac{1}{T}\sum_{t=1}^{T} R_t^2 - \overline{R}^2 = 44.06 - 35.20 = 8.86$$

$$\Delta W = 2S_{i,j}(R_{EF+1} - R_{ES+1} + S_{i,j}) = 2 \times 4 \times (2 - 10 + 4) = -32$$

由于 ΔW 小于 0，故工作 5-7 可以向后移动 1 天，此时

$$R_{3+1} = 10 - 4 = 6$$

$$R_{10+1} = 2 + 4 = 6$$

据此，再求 σ^2 和 ΔW 值。结果 $\sigma = 6.73$，比原来减少，且 $\Delta W = -24$，故工作还要后移；如此继续下去直至工作的开始时间变为 8，完成时间变为 15，即变成了 LS 和 LF 值，此时 $TF = 0$，无法再移动。

再计算工作 2-7，计算结果见表 3-12，直至算完，未发现有 $\sum \Delta W$ 小于 0 的情况，因此该工作应保持最早开始时间和最早完成时间不动，然后继续计算其他工作。

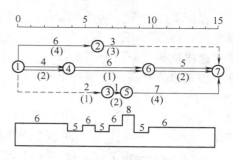

图 3-55　资源优化网络计划

4）按步骤 3）将所有非关键工作调整（优化）一遍后，还需进行第二次、第三次⋯⋯调整（优化），直到 σ^2 不再减少为止。此时才算得到最优计划方案。图 3-55 为本例经优化后得到的最优方案网络计划，下面为相应资源消费曲线。由上可知，资源优化计算工作量十分庞大，对于大中型网络，用手工计算是难以实现的，只能依靠计算机进行。

2. 工期—成本优化

一项计划都是由许多工作组成的。这些工作都有着各自的施工方法、施工机械、材料及持续时间等，根据这些因素和实际条件，一项工程可组合成若干方式进行施工。而成本就是确定最优组合方式的一个重要技术经济指标。但是，在一定范围内，成本是随着工期的变化而变化的，在工期与成本之间就应存在最优解的平衡点。工期—成本优化就是应用前述的网络计划方法，在一定约束条件下，综合考虑成本与工期两者的相互关系，以达到成本低、工期短目的的定量方法之一。

（1）时间—成本的关系。工程成本包括直接费用和间接费用两部分。在一定范围内，直接费用随着时间的延长而减少，而间接费用则随着时间延长而增加，如图 3-56 所示。

图 3-56 中的工程成本曲线由直接费曲线和间接费曲线叠加而成。曲线上的最低点就是工程计划的最优方案之一。此方案工程成本最低，相对应的工程持续时间称为最优工期。

间接费曲线是表示间接费用和时间成正比关系的曲线，通常用直线表示。其斜率表示间接费用在单位时间内的增加（或减少）值。间接费用与施工单位的管理水平、施工条件、施工组织等有关。

直接费曲线是表示直接费用在一定范围内和时间成反比关系的曲线。一般在施工时为了加快作业速度，必须突击作业，即采取加班加点或多班制作业，增加许多非熟练工人，并且增加了高价的材料及劳动力，采用高价的施工方法及机械设备等。这样，尽管工期加快了，但其直接费用也增加了。然而，在施工中存在着一个极限工期。另外，也同样存在着不管怎样延长工期也不能使得直接费用再减少，此时的费用称为最低费用，也称正常费用。相应的工期称为正常工期，其关系如图 3-57 所示。

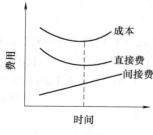

图 3-56　时间—费用关系

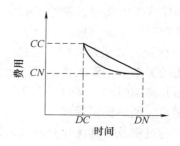

图 3-57　时间—直接费关系

直接费用曲线实际并不像图中那样圆滑，而是由一系列线段组成的折线，并且越接近最高费用（极限费用），其曲线越陡。确定其曲线是一件很麻烦的事，而且就工程而言，也不需要这样精确。所以为了简化计算，一般都将其曲线近似表示为直线。其斜率称为费用斜率，表示单位时间内直接费用的增加（或减少）。其计算公式为

$$\Delta C_{i-j} = \frac{CC_{i-j} - CN_{i-j}}{DN_{i-j} - DC_{i-j}} \tag{3-40}$$

式中　ΔC_{i-j}——工作 $i-j$ 的直接费变化率；

　　　CC_{i-j}——将工作 $i-j$ 持续时间缩短为最短持续时间后，完成该工作所需的直接费用；

　　　CN_{i-j}——在正常条件下完成工作 $i-j$ 所需的直接费用；

　　　DN_{i-j}——工作 $i-j$ 的正常持续时间；

　　　DC_{i-j}——工作 $i-j$ 的最短持续时间。

根据各工作的性质不同，其工作持续时间和费用之间的关系通常有以下两种情况。

1）连续型变化关系。有些工作的直接费用随着工作持续时间的改变而改变，如图 3-57 所示。介于正常持续时间和最短（极限）时间之间的任意持续时间的费用可根据其费用斜率，用数学式推算出来。这种时间和费用之间的关系是连续变化的，称为连续型变化关系。

例如，某工作经过计算确定其正常持续时间为 8 天，所需费用 500 元，在考虑增加人力、机具设备和加班的情况下，其最短时间为 4 天，而费用为 900 元，则其单位变化率为每缩短一天，其费用增加 100 元。

2）非连续型变化关系。有些工作的直接费用与持续时间之间的关系是根据不同施工方案分别估算的，所以介于正常持续时间与最短持续时间之间的关系不能用线性关系表示，不能通过数学式计算，只能存在几种情况供选择，在图上表示为几个点，如图 3-58 所示。

例如，某单层工业厂房吊装工程，采用三种不同的吊装机械，其费用和持续时间见表 3-13。

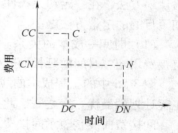

图 3-58　非连续型

表 3-13　时间及费用表

机 械 类 型	A	B	C
持续时间/天	5	7	10
费用/元	3600	2500	1700

在确定施工方案时，根据工期要求，只能在上表中的三种不同机械中选择。在图中，也就是只能取三点中的一点。

（2）优化的方法及步骤。工期—成本优化的基本方法就是从网络计划各工作的持续时间和费用的关系中，依次找出既能使计划工期缩短又能使得其直接费用增加最少的工作，不断地缩短其持续时间，同时考虑间接费用叠加，即可求出工程成本最低时的相应最优工期和工期固定对应的最低工程成本。

下面通过例题对其优化步骤加以说明。

某工程计划网络图如图 3-59 所示，其各工作的相应费用和变化率、正常和极限时间在

箭线上下标出。整个工程计划的间接费率为 150 元/天，最短工期时间接费为 500 元。对此计划进行工期—成本优化，确定其工期—成本曲线。（2-5 工作时间和成本之间为非连续型变化关系）

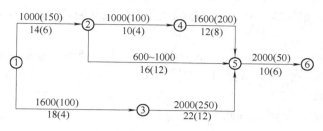

图 3-59　某工程计划网络图

1）通过列表确定各个工作的正常持续时间及相应的费用，并分析各工作的持续时间与费用之间的关系（表 3-14）。

表 3-14　时间—成本数据表

工作编号	正常工期		最短工期		费用变化率（元/d）
	时间/d	成本/元	时间/d	成本/元	
1-2	14	1000	6	2200	150
1-3	18	1600	4	3000	100
2-4	10	1000	4	1600	100
2-5	16	600	12	1000	
3-5	22	2000	12	4500	250
4-5	12	1600	8	2400	200
5-6	10	2000	6	2200	50

2）计算各工作在正常持续时间下网络计划时间参数，确定其关键线路，如图 3-60 所示，并确定整个网络计划的直接费用。

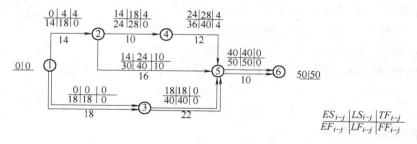

图 3-60　某工程网络计划

从图 3-60 可看出其关键线路为 1-3-5-6，工期 $T_c = 50$ 天，直接费用 $C = 9800$ 元。

图 3-60 为原始网络，作为工期—成本优化的基础。

3）从原始网络出发，逐步压缩工期，直至各工作均合理地加快了持续时间，不能再继续缩短工期为止。此过程要进行多个循环，而每一循环又分以下几步：

① 通过计算找出上次循环后网络图的关键线路和关键工作。

② 从各关键工作中找出缩短单位时间所增加费用最少的方案。

③ 通过试算并确定该方案可能缩短的最多天数。

④ 计算由于缩短工作持续时间所引起的费用增加或其循环后的费用。

循环一：

在原始网络计划中（图 3-60），关键工作为 1-3、3-5、5-6，由表 3-14 可知 5-6 工作费用变化率最小，为 50 元/d，时间可缩短 4 天，则

工期　$T_1 = 50 - 4 = 46$ 天

费用　$C_1 = 9800 + 4 \times 50 = 10000$ 元

关键线路没有改变。

循环二：

关键工作仍为 1-3、3-5、5-6，表中费用变化率最低的是 5-6 工作，但在循环一中已达到了最短时间，不能再缩短，所以考虑 1-3、3-5 工作。经比较 1-3 工作费用变化率较低，1-3 工作可缩短 14 天，但压缩 5 天时其他非关键工作也必须缩短。所以在不影响其他工作的情况下，只能压缩 4 天，其工期和费用为

$$T_2 = 46 - 4 = 42 \text{ 天}$$

$$C_2 = 10000 + 4 \times 100 = 10400 \text{ 元}$$

循环二完成后的网络图如图 3-61 所示。

循环三：

由图 3-61 可知关键线路变成 2 条，即 1-2-4-5-6 和 1-3-5-6。关键工作为 1-2、2-4、4-5、1-3、3-5、5-6。其压缩方案为：

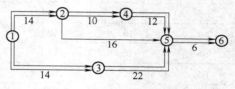

图 3-61　优化网络图（循环二）

方案一：缩短 1-3、2-4 工作，每天增加费用 200 元。

方案二：缩短 1-3、1-2 工作，每天增加费用 250 元。

方案三：缩短 1-3、4-5 工作，每天增加费用 300 元。

方案四：缩短 1-2、3-5 工作，每天增加费用 400 元。

方案五：缩短 2-4、3-5 工作，每天增加费用 350 元。

方案六：缩短 3-5、4-5 工作，每天增加费用 450 元。

根据增加费用最少的原则，缩短 1-3、2-4 各 6 天，其工期和费用为

$$T_3 = 42 - 6 = 36 \text{ 天}$$

$$C_3 = 10400 + 6 \times 200 = 11600 \text{ 元}$$

缩短后的网络图如图 3-62 所示。

循环四：

由图 3-62 可知，2-5 工作也变成了关键工作，即网络图上所有工作都是关键工作，共有三条关键线路。其压缩方案为：

方案一：缩短 1-2、1-3 工作，每天增加费用 250 元。

方案二：缩短 1-3、2-5、4-5 工作，必须缩短 4

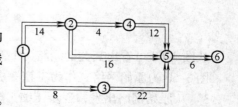

图 3-62　优化网络图（循环三）

天，费用增加 1600 元，平均每天增加费用 400 元。

方案三：缩短 1-2、3-5 工作，每天增加费用 400 元。

方案四：缩短 2-5、3-5、4-5 工作，必须缩短 4 天，费用增加 2200 元，平均每天增加费用 550 元。

通过比较，压缩 1-2、1-3 工作各 4 天，则

$$T_4 = 36 - 4 = 32 \text{ 天}$$
$$C_4 = 11600 + 4 \times 250 = 12600 \text{ 元}$$

其压缩后的网络图如图 3-63 所示。

循环五：

从图 3-63 中找出其压缩方案：

方案一：缩短 1-2、3-5 工作，每天增加费用 400 元。

方案二：缩短 2-5、3-5、4-5 工作，缩短 4 天，费用增加 2200 元，平均每天 550 元。

所以取方案一，缩短 1-2、3-5 工作各 4 天，则

$$T_5 = 32 - 4 = 28 \text{ 天}$$
$$C_5 = 12600 + 4 \times 400 = 14200 \text{ 元}$$

缩短后网络图如图 3-64 所示。

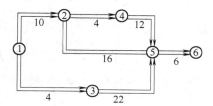

图 3-63　优化网络图（循环四）

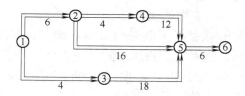

图 3-64　优化网络图（循环五）

循环六：

通过图 3-64 可以看出，缩短工期的方案只有一个，即压缩 2-5、3-5、4-5 工作各 4 天，则

$$T_6 = 28 - 4 = 24 \text{ 天}$$
$$C_6 = 14200 + 550 \times 4 = 16400 \text{ 元}$$

优化网络图如图 3-65 所示。

计算到此，可以看出 3-5 工作还可继续缩短，其费用增加到 $C = 16400 + 500 = 16900$ 元，但是与 3-5 工作平行的其他工作不能再缩短了，即已达到了极限时间，所以尽管缩短 3-5 工作时整个工程的直接费用增加了，但工期并没有再缩短，那么缩短 3-5 工作是徒劳的。这就告诉我们，工期—成本优化并不是把整个计划的所有工作都按其最短时间计算，而是有针对性地压缩到那些影响工期的工作。将上面每次循环后的工期、费用列入表 3-15 中。

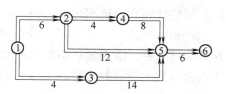

图 3-65　优化网络图（循环六）

表 3-15　网络工期—成本优化表

循 环 次 数	工期/d	直 接 费	间 接 费	总 成 本
(1)	(2)	(3)	(4)	(5)
原始网络	50	9800	4400	14200
一	46	10000	3800	13800
二	42	10400	3200	13600
三	36	11600	2300	13900
四	32	12600	1700	14300
五	28	14200	1100	15300
六	24	16400	500	16900

4）根据优化循环的结果和间接费用率绘制直接费、间接费曲线。并由直接费和间接费曲线叠加确定工程成本曲线，求出最佳工期、最优成本。

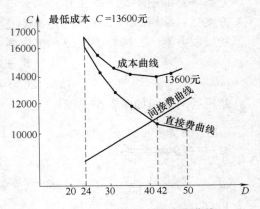

图 3-66　优化后的工程成本曲线

本例中，根据表 3-15 列成的每组数字在坐标上找出对应点连接起来就是直接费曲线，如图 3-66 所示。

间接费曲线根据已给的费用变化率（曲线斜率）和在极限工期时的值即可确定，如图 3-66 所示。将直接费曲线和间接费曲线对应点相加，即可得出工程成本曲线上的对应点，其值见表 3-15 中的（4）、（5）项。将这些点连接起来就得到工程成本曲线。从曲线上可以确定最佳工期 $T = 42$ 天，最低成本 $C = 13600$ 元。

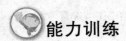 单元小结

安装工程施工中，网络计划方法主要用来编制工程项目施工的进度计划和施工企业的生产计划，并通过对计划的优化、调整和控制，达到缩短工期、提高效率、节约成本、降低消耗的项目施工目标。

网络计划和横道图计划一样，都是编制施工进度计划的方法。首先应用网络计划来表达一项计划（或工程）中各项工作的开展顺序及其相互之间关系；然后找出计划中的关键工作及关键线路，继而通过不断改进网络计划，寻求最优方案，并付诸实施；最后在执行过程中进行有效的控制和监督。

能力训练

1. 内容
（1）施工进度及技术保证措施。

（2）施工网络计划的编制。

2. 目的　熟悉本单元所学知识在技术标中的应用。掌握施工进度的控制点的确定及保证施工进度的措施，为编写技术标书掌握必要的技能。

3. 能力及标准要求　能编制施工进度计划并能编制施工网络计划，计算时间参数，确定关键施工线路和确保按计划施工的关键点；编制为保证工期实现的技术措施和组织措施。

4. 准备

（1）招标文件、设计文件与图纸。

（2）工程量清单、施工定额和有关工期的要求。

（3）有关工程内容的技术标准和规范。

（4）编制任务书及指导书。

5. 步骤

（1）指导教师详细讲解任务书及指导书，使学生明确其具体的任务。

（2）熟悉工程量和施工定额，计算分项工程的工期并确定施工顺序、施工路线。

（3）收集类似工程的技术保证措施。

（4）对工程进行分析并编制任务书要求的内容。

6. 注意事项

（1）编写格式力求规范、统一。

（2）学生可以分组讨论，在达成共识的基础上独立完成，防止互相抄袭或者照搬参考标书的内容。

（3）按招标文件或其他文件要求，确定编写内容提纲，防止缺项和漏项。

（4）编制时注意系统的整体联系，按顺序编制。

（5）各分部（子分部）工程的主要设备、作用、影响工期的因素。

（6）注意建筑安装工程与结构施工的配合。

（7）编制工作完成后，可以分组讨论在编制过程中遇到的问题、应注意的事项以及解决的方法，达到共同进步的目的。

复习思考题

1. 什么是计划管理，为什么要加强计划管理？

2. 计划管理的意义和任务是什么？

3. 安装企业有哪些计划？

4. 安装企业年度计划编制的依据是什么？

5. 安装企业季度计划编制的依据是什么？

6. 如何编制安装企业中、长期计划？

7. 如何编制月度作业计划？

8. 什么是网络图？什么是网络计划？

9. 什么是双代号网络图？

10. 实工作和虚工作有什么不同？虚工作有哪些作用？

11. 什么叫逻辑关系？网络计划中有哪两种逻辑关系？

12. 简述网络图绘制的原则。

13. 节点位置怎样确定？用它来绘制网络图有哪些优点？

14. 试述工作总时差和自由时差的含义及其区别。

15. 什么叫节点最早时间、节点最迟时间？

16. 什么叫线路、关键工作、关键线路？

17. 试述工期优化、资源优化、费用优化的基本步骤。

单元4

安装工程施工质量管理

【内容概述】 本单元主要介绍工程质量的影响因素、质量控制的基本原理、数理统计的基本概念和方法、ISO9000 质量标准。

【学习目标】 通过本单元的学习和训练，掌握工程质量管理的任务、基本原理和管理措施，掌握数理统计的基本方法，了解 ISO9000 质量标准。

课题1 工程质量管理的基本概念和原理

4.1.1 工程质量管理概念

我国国家标准 GB/T 19000—2000 对质量管理的定义是：在质量方面指挥和控制组织的协调活动。

质量管理的首要任务是确定质量方针、目标和职责，核心是建立有效的质量管理体系，通过具体的质量策划、质量控制、质量保证和质量改进等活动，确保质量方针、目标的顺利实施和实现。

工程项目质量是国家现行的有关法律、法规、规范、技术标准、设计文件及工程合同中，对工程的安全、适用、经济、美观等特性的综合要求。工程项目一般都是按照合同条件承包建设的，因此工程项目质量是在合同环境下形成的。合同条件中对工程项目的功能、使用价值及设计、施工质量等明确规定都是业主的需要，因而都是质量的内容。

工程项目的质量包含工序质量、分项工程质量、分部工程质量（子分部工程质量）和单位工程质量（子单位工程质量）。

工程项目质量不仅包括活动和过程的结果，还包括活动和过程本身，即还包括生产产品的全过程。因此，工程项目质量应包括如下工程建设各个阶段的质量及其相应的工作质量。

1）工程项目决策质量。

2）工程项目设计质量。

3）工程项目施工质量。

4）工程项目回访保修质量。

工程项目质量也包含工作质量。工作质量是指参与工程建设者，为了保证工程项目质量所从事工作的水平和完善程度。工作质量包括：社会工作质量，如社会调研、市场预测与开发、质量回访和保修服务等；生产过程工作质量，如管理工作质量、技术工作质量和后勤工作质量等。工程项目质量的好坏是决策、计划、勘察、设计、施工等单位各方面、各环节工作质量的综合反映，而不是单纯靠质量检验检查出来的。为保证工程项目的质量，必须要求有关部门和人员精心工作，对决定和影响工程质量的所有因素进行控制，即通过提高工作质量来保证和提高工程项目的质量。各阶段的质量内涵可以概括为表4-1。

表4-1   工程建设各阶段的质量内涵

工程项目质量形成的各阶段	工程项目质量在各阶段的内涵	合同环境下满足需要的主要规定
决策阶段（预期）	可行性研究 工程项目投资决策	国家的发展规划或业主的需求
设计阶段 （设计）	功能、使用价值的满足程度 工程设计的安全、可靠性 自然及社会环境的适应性 工程概（预）算的经济性 设计进度的时间性	工程建设勘察、设计合同及有关法律、法规、专业技术标准和规范
施工阶段 （实现）	功能、使用价值的实现程度 工程的安全、可靠性 自然及社会环境的适应性 工程造价的控制状况 施工进度的时间性	工程建设施工合同及有关法律、法规、专业技术标准和规范
保修阶段（改进）	保持或恢复原使用功能的能力	工程建设施工合同及有关法律、法规

4.1.2   工程质量的影响因素

4.1.2.1   工程质量形成的影响因素

影响工程质量的因素很多，但归纳起来主要有五个方面的因素，即人（Man）、材料（Material）、机械（Machine）、方法（Method）和环境（Environment）。影响质量的这五个方面的因素常简称为4M1E因素。

1. 人的因素   人是生产经营活动的主体，也是工程项目建设的决策者、管理者、操作者，工程建设的全过程，如项目的规划、决策、勘察、设计和施工，都是通过人来完成的。人员的素质，即人的文化水平、技术水平、决策能力、管理能力、组织能力、作业能力、控制能力、身体素质及职业道德等，都将直接和间接地对规划、决策、勘察、设计和施工的质量产生影响。人是影响工程质量的第一重要因素。因此，建筑行业实行经营资质管理和各类专业从业人员持证上岗制度。

2. 材料因素   工程是各种材料组成的实体。一个工程需要大量的材料，如原材料、成品、半成品、构配件等。材料控制主要是严格检查验收，正确合理地使用，建立管理台帐，进行采购、运输、搬运、储藏、保管等各环节的技术管理，避免不合格的材料用于工程。

3. 机械设备因素   机械设备可分为两类，一是指组成工程实体及配套的工艺设备和各类机具，如电梯、泵机、通风设备等，它们构成了建筑设备安装工程或工业设备安装工程，形成完整的使用功能。施工过程中要严格控制设备的购置、检查验收、安装质量和设备的试车运转。二是指施工过程中使用的各类机具设备，包括大型垂直与横向运输设备、各类操作工具、各种施工安全设施、各类测量仪器和计量器具等，简称施工机具设备，它们是施工生产的手段。施工机具设备的类型是否符合工程施工特点，性能是否先进稳定，操作是否方便安全等，都将会影响工程项目的质量。

4. 方法控制   方法是指工程项目建设期内所采取的技术方案、工艺流程、组织措施、检测手段、质量通病的预防措施等。

方法控制，尤其是施工方案选择的正确与否，将直接影响施工项目的进度、质量、投资三大控制目标能否顺利实现。施工中，往往由于施工方案考虑不周而拖延进度、影响质量、增加投资。因此，在制定和审核施工方案时，必须结合工作实际，从技术、组织、管理、工艺、操作、经济等方面进行全面分析、综合考虑，力求技术可行、经济合理、工艺先进、措施得力、操作方便，有利于提高质量、加快进度、降低成本。

5. 环境控制　影响施工项目质量的环境因素较多，有工程技术环境，如工程地质、水文、气象等；工程管理环境，如质量保证体系、质量管理制度等；劳动环境，如劳动组合、作业场所、工作面等。环境因素对质量的影响，具有复杂而多变的特点，如气象条件变化万千，温度、湿度、大风、暴雨、酷暑、严寒都直接影响工程质量。又如前一工序往往就是后一工序的环境，前一分项、分部工程就是后一分项、分部工程的环境。因此，根据工程特点和具体条件，应对影响质量的环境因素，采取有效的措施严加控制，尤其是施工现场，应建立文明施工和文明生产的环境，保持材料工件堆放有序、道路畅通，工作场所清洁整齐，施工程序井井有条，为确保质量、安全创造良好的条件。

4.1.2.2　工程建设各阶段对质量形成的影响

要实现对工程项目质量的控制，就必须严格执行工程建设程序，对工程建设过程中各个阶段的质量进行严格控制。因为工程建设的各个阶段，对工程项目质量的形成起着不同的作用和影响，具体表现在：

1. 项目可行性研究对工程项目质量的影响　要求项目可行性研究应对以下内容进行分析论证：

1）建设项目的生产能力、产品类型适合和满足市场需求的程度。

2）建设地点的选择是否符合城市、地区总体规划要求。

3）资源、能源、原料供应的可靠性和持续性。

4）工程地质、水文地质、气象等自然条件的良好性。

5）交通运输条件是否有利于生产、方便生活。

6）治理"三废"、文物保护、环境保护等相应措施。

7）生产工艺、技术是否先进、成熟，设备是否配套。

8）确定的工程实施方案和进度表是否最合理。

9）投资估算和资金筹措是否符合实际。

2. 项目决策阶段对工程项目质量的影响　项目决策阶段主要是确定工程项目应达到的质量目标水平。对于工程项目建设，业主关注的是投资、质量和进度，它们三者之间是相互制约的。要做到投资、质量、进度三者协调统一，达到业主最为满意的质量水平，则应通过可行性研究和多方案论证来确定。因此，项目决策阶段是影响工程项目质量的关键阶段，要能充分反映业主对质量的要求的意愿。

3. 工程设计阶段对工程项目质量的影响　工程项目设计阶段，是根据项目决策阶段已确定的质量目标和水平，通过工程设计使其具体化。设计在技术上是否可行、工艺是否先进、经济是否合理、设备是否配套、结构是否安全可靠等，都将决定着工程项目建成后的使用价值和使用功能。因此，设计阶段是影响工程项目质量的决定性环节，也是决定工程最终造价的关键阶段。

4. 工程施工阶段对工程项目质量的影响　工程项目施工阶段，是根据设计文件和合同要求，通过施工形成工程实体。这一阶段直接影响工程的最终质量。因此，施工阶段是工程实体质量控制的关键环节。

5. 工程竣工验收阶段对工程项目质量的影响　工程项目竣工验收阶段，就是对项目施工阶段的质量进行试车运转、检查评定，考核质量目标是否符合设计阶段的质量要求，是否达到预期的设计要求。这一阶段是工程建设向生产转移的必要环节，体现了工程质量水平的最终结果。因此，工程竣工验收阶段是工程质量控制的最后一个重要环节。

综上所述，工程项目质量的形成是一个系统的过程，即工程质量是可行性研究、投资决策、工程设计、工程施工和竣工验收各阶段质量的综合反映。

4.1.3　工程项目质量控制的基本原理

4.1.3.1　PDCA 循环原理

质量管理和其他各项管理工作一样，要做到有计划、有措施、有执行、有检查、有总结，才能使整个管理工作循序渐进，保证工程质量不断提高。

1. PDCA 循环四个阶段　为不断揭示工程项目实施过程中在生产、技术、管理等诸多方面的质量问题，通常采用 PDCA 循环的方法。PDCA 分为四个阶段，即计划 P（Plan）、执行 D（Do）、检查 C（Check）和处理 A（Action）。事实上，就是认识—实践—再认识—再实践的过程。做任何事情总有一个设想、计划或初步打算；然后根据计划去实施；在实施过程中或进行到某一阶段，要把实施结果与原来的设想、计划进行对比，检查计划执行的情况；最后根据检查的结果来改进工作，总结经验教训，或者修改原来的设想、制定新的工作计划。这样，通过一次次的循环，便能把质量管理活动推向新的高度，使产品质量不断得到改进和提高。

（1）计划阶段（P）　此阶段应确定任务、目标、活动计划和拟定措施，明确质量目标并制定实现质量目标的实施方案，可理解为质量计划阶段。即确定质量控制的组织制度、工作程序、技术方法、业务流程、资源配置、检验试验要求、质量记录方式、不合理处理、管理措施等具体内容和做法。此阶段还须对其实现预期目标的可行性、有效性、经济合理性进行分析论证，按照规定的程序与权限审批执行。制定计划要考虑的因素是为什么做（Why）、谁来做（Who）、什么时间做（When）、在哪儿做（Where）、怎么做（How），即 4W1H。

（2）实施阶段（D）　此阶段是按照计划要求及制定的质量目标、质量标准、操作规程去组织实施和执行。具体包括两个环节，即计划行动方案的交底和按计划规定的方法与要求展开工程作业技术活动。计划交底目的在于使具体的作业者和管理者明确计划的意图和要求，掌握标准，从而规范行为，全面地执行计划的行动方案，步调一致地去实现预期的质量目标。

（3）检查阶段（C）　此阶段应将实现工作结果与计划内容相对比，检查计划的执行情况，看是否达到预期效果，找出问题和异常情况。具体的检查包括作业者的自检、互检、交接检和专职管理者专检。各类检查都包含两大方面：一是检查是否严格执行了计划行动方案；实际条件是否发生了变化；不执行计划的原因。二是检查计划执行的结果，即产品的质量是否达到标准的要求，并对此进行确认和评价。

（4）处理阶段（A）　此阶段是总结经验，改正缺点，并将遗留问题转入下一轮循环。对于质量检查中发现的质量问题或不合格项，应及时分析原因，采取必要的措施，予以纠正，使质量保持受控状态。采取的措施分为纠正和预防，前者是采取应急措施，以解决当前的质量问题；后者是将质量信息反馈给管理部门，为今后类似质量问题的预防提供借鉴。

2. PDCA 循环的三大特点

（1）大环套小环，环环相扣，同向转动，互相促进，如图 4-1 所示。

（2）循环一次，前进一步，上升一个台阶，如图 4-2 所示。

（3）A 是关键，P 是重点，首尾衔接，不断转动。

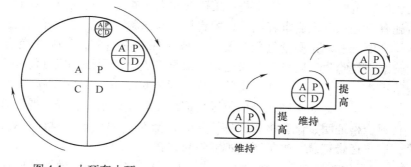

图 4-1　大环套小环　　　　　　　图 4-2　台阶式提高

4.1.3.2　全面质量管理的基本观点

1. 全面质量的观点　全面质量管理的观点是指除了要重视产品本身的质量特性外，还要特别重视数量（工程量）、交货期（工期）、成本（造价）和服务（回访保修）的质量以及各部门各环节的工作质量。把产品质量建立在企业各个环节的工作质量的基础上，用科学技术和高效的工作质量来保证产品的质量。因此，全面质量管理要有全面质量的观点，才能在企业中建立完整的质量保证体系。

2. 服务用户的观点　为用户服务就是要尽可能地满足用户的期望，让用户得到满意的产品和服务。把用户的需要放在第一位，不仅要使产品质量达到用户要求，而且要价廉物美，供货及时，服务周到；要根据用户的需要，不断地提高产品的技术性能和质量标准。为用户服务应贯穿于整个施工过程中，明确提出"下道工序就是用户"的口号，使每一道工序都为下一道工序着想，精心地提高本工序的工作质量，保证不为下道工序留下质量隐患。

3. 预防为主的观点　工程质量是在具体施工过程中形成的，而不是检查出来的。为此，全面质量管理中的过程质量管理就是强调各道工序、各个环节都要采取预防性控制，重点控制影响质量的因素，把各种可能产生质量隐患的苗头消灭在萌芽之中。

4. 数据说话的观点　数据是质量管理的基础，是科学管理的依据。一切用数据说话，就是用数据来判别质量标准；用数据来寻找质量波动的原因，揭示质量波动的规律；用数据来反映客观事实，分析质量问题，把管理工作定量化，以便于及时采取对策、措施，对质量进行动态控制。这是科学管理的重要标志。

4.1.3.3　三阶段控制原理

三阶段是指事前控制、事中控制和事后控制三个阶段，三阶段构成了质量控制的系统过程。

1. **事前控制**　事前控制，其内涵强调质量目标的计划预控，按质量计划进行质量活动前的准备工作状态的控制。如在施工准备阶段的事前控制，包括技术准备、物质准备、组织准备和施工现场准备等质量目标的预控及这些准备工作状态的控制。

事前控制要求预先编制缜密的质量计划，尤其是工程项目施工阶段。制定质量计划或编织施工组织设计或施工项目实施规划，都必须建立在切实可行，有效实现预期质量目标的基础上。

2. **事中控制**　事中控制也称同期控制和过程控制，是指企业经营过程开始以后，对活动中的人和事进行指导和监督。事中质量控制的策略是全面控制施工过程，重点控制工序质量，及时发现和纠正偏差。其具体措施是：工序交接有检查；质量预控有对策；施工项目有方案；技术措施有交底；图纸会审有记录；配置材料有试验；隐蔽工程有验收；计量器具校正有复核；涉及变更有手续；质量处理有复查；成品保护有措施；行使质控有否决（如发现质量异常、隐蔽未经验收、质量问题未处理、擅自变更设计图纸、擅自代换或使用不合格材料、未经资质审查的操作人员无证上岗等，均应对质量予以否决）；质量文件有档案（凡是与质量有关的技术文件，如水准、坐标位置，测量、放线记录，沉降、变形观测记录，图纸会审记录，材料合格证明、试验报告，施工记录，隐蔽工程记录，设计变更记录，调试、试压运行记录，试车运转记录，竣工图等都要编目建档）。

3. **事后控制**　事后控制包括对质量活动结果的评价认定和对质量偏差的纠正。由于项目实施过程中受到各种因素的影响，质量实测值与目标值之间会产生偏差，当这种偏差超出允许范围时，必须分析产生偏差的原因，并采取措施纠正偏差，保持质量处于受控状态。

三个阶段的控制不是孤立和截然分开的，它们之间构成有机的系统过程，其实质就是PDCA循环，每循环一次质量均能得到提高，达到质量管理或质量控制的持续改进。

4.1.3.4　"三全"管理

所谓"三全"管理，是指全过程、全员、全企业的质量管理。

1. **全过程质量管理**　全过程指一个工程项目从立项、设计、施工到竣工验收的全过程，或指工程项目施工的全过程，即从施工准备、施工实施、竣工验收直到回访维修的全过程。全过程质量管理是对每一道工序都要有质量标准，防止不合格产品流入下一道工序。把工程质量建立在各环节的工作质量的基础上，用工作质量来保证工程质量。

2. **全员质量管理**　工程质量是工程项目各方面、各部门、各环节工作质量的集中反映。提高工程质量依赖于上至项目经理下至一般员工的共同努力，涉及每一位职工是否具有强烈的质量意识和优秀的工作质量。所以，全员质量管理必须把项目所有人员的积极性和创造性充分调动起来，做到人人关心工程项目质量，人人做好本职工作，全员参与质量控制。

3. **全企业质量管理**　全企业管理主要从组织管理来理解。在企业管理中，每一个管理层都有相应质量管理活动，不同管理层质量管理活动的重点不同。上层侧重于决策与协调；中层侧重于执行其质量职能；基层侧重于严格按照技术标准和操作规程进行施工。

4.1.4　工程质量管理系统的建立和运行

4.1.4.1　质量管理体系的建立

按照国家标准 GB/T 19000，建立一个新的质量管理体系或更新、完善现行的质量管理体系，一般有以下步骤：

1. 企业领导决策　要建立良好的质量管理体系，企业必须走质量效益型的发展道路，有建立质量管理体系的迫切需要。质量管理体系的建立是涉及企业内部很多部门的一项全面性的工作，如果没有企业领导亲自指挥和统筹安排，是很难搞好这项工作的。因此，领导真心实意地要求建立质量管理体系，是建立健全质量管理体系的首要条件。

2. 编制工作计划　工作计划包括培训教育、体系分析、职能分配、文件编制、配备仪器仪表设备等内容。

3. 分层次教育培训　组织学习 GB/T 19000 系列标准，结合本企业的特点，了解建立质量管理体系的目的和作用，详细研究与本职工作有直接联系的要素，提高控制要素的办法。

4. 分析企业特点　结合建筑安装企业的特点和具体情况，确定采用哪些要素和采用程度。确定关键要素，制定相应的工作程序。要素要对控制工程实体质量起主要作用，能保证工程的适用性、符合性。

5. 落实各项要素　企业在选好合适的质量体系要素后，要进行二级要素展开，制定实施二级要素所必需的质量活动计划，并把各项质量活动落实到具体部门或个人。

在各级要素和活动分配落实后，为了便于实施、检查和考核，还要把工作程序文件化，即把企业的各项管理标准、工作标准、质量责任制、岗位责任制形成与各级要素和活动相对应的有效运行的文件。

6. 编制质量管理体系文件　质量管理体系文件按其作用可分为法规性文件和见证性文件两类。质量管理体系法规性文件是用以规定质量管理工作的原则，阐述质量管理体系的构成，明确有关部门和人员的质量职能，规定各项活动的目的要求、内容和程序的文件。在合同环境下这些文件是供方向需方证实质量管理体系适用性的证据。质量管理体系的见证性文件是用以表明质量管理体系的运行情况和证实其有效性的文件（如质量记录、报告等）。这些文件记载了各质量管理体系要素的实施情况和工程实体质量的状态，是质量管理体系运行的见证。

4.1.4.2　质量管理体系的运行

保持质量管理体系的正常运行和持续实用有效，是企业质量管理的一项重要任务，是质量管理体系发挥实际效能、实现质量目标的主要阶段。

质量管理体系运行是执行质量体系文件、实现质量目标、保持质量管理体系持续有效和不断优化的过程。

质量管理体系的有效运行是依靠体系的组织机构进行组织协调、实施质量监督、开展信息反馈、进行质量管理体系审核和评审实现的。

1. 组织协调　质量管理体系的运行是借助于质量管理体系组织结构的组织和协调进行的。组织和协调工作是维护质量管理体系运行的动力。质量管理体系的运行涉及企业众多部门。就建筑安装企业而言，市场开发部门、计划部门、施工部门、技术部门、试验部门、测量部门、检查部门等都必须在目标、分工、时间和联系方面协调一致，责任范围不能出现空档，保持体系的有序性。这些都需要通过组织和协调工作来实现。实现这种协调工作的人，应是企业的主要领导。只有主要领导主持，质量管理部门负责，通过组织协调才能保持体系的正常运行。

2. 质量监督　质量管理体系在运行过程中，各项活动及其结果不可避免地会有发生偏离标准的可能，因此必须实施质量监督。

质量监督有企业内部监督和外部监督两种，需方或第三方对企业进行的监督是外部质量监督。需方监督权的行使是在合同环境下进行的。就建筑企业而言，叫做甲方的质量监督。按合同规定，从地基基础开始，甲方对隐蔽工程进行检查签证。第三方的监督，应对单位工程和重要分部工程进行质量等级核定，并在工程开工前检查企业的质量管理体系。

质量监督是符合性监督。质量监督的任务是对工程实体进行连续性的监视和验证，发现偏离管理标准或技术标准的情况时及时反馈，要求施工企业采取纠正措施，严重者责令停工整顿。从而促使企业的质量活动和工程实体质量均符合标准所规定的要求。

实施质量监督是保证质量管理体系正常运行的手段。外部质量监督应与企业本身的质量监督考核工作相结合，杜绝重大质量事故的发生，促进企业各部门认真贯彻各项规定。

3. 质量信息管理　企业的组织机构是企业质量管理体系的基本框架，而企业的质量信息系统则是质量管理体系的神经系统，是保证质量体系正常运行的重要系统。在质量管理体系的运行中，通过质量信息反馈系统，对异常信息的反馈和处理进行动态控制，从而使各项质量活动和工程实体质量始终保持受控状态。

质量信息管理和质量监督、组织协调工作是密切联系在一起的。异常信息一般来自质量监督，异常信息的处理要依靠组织协调工作，三者有机结合，才能保证质量管理体系的有效运行。

4. 质量管理体系审核与评审　企业进行定期的质量管理体系审核与评审，一是对体系要素进行审核、评价，确定其有效性；二是对运行中出现的问题采取纠正措施，对体系的运行进行管理，保持体系的有效性；三是评价质量体系对环境的适应性，对体系结构中不适用的采取改进措施。开展质量管理体系审核和评审是保持质量体系持续有效运行的主要手段。

4.1.4.3　建筑安装企业建立质量管理体系的步骤

建筑安装企业，因其性质、规模和活动、产品和服务的复杂性不同，其质量管理体系也与其他管理体系有所差异。但不论情况如何，组成质量管理体系的管理要素是相同的，建立质量管理体系的步骤也基本相同。一般建筑安装企业质量管理体系认证周期最快需要半年。企业建立质量管理体系一般步骤见表4-2。

表4-2　企业建立质量管理体系的步骤

序　号	阶　段	主　要　内　容	时间/月
1	准备阶段	（1）最高管理者决策 （2）任命管理者代表、建立组织机构 （3）提供资源保障（人、财、物、时间）	企业自定
2	人员培训	（1）内审员培训 （2）体系策划、文件编写培训	0.5～1
3	体系分析与设计	（1）企业法律法规符合性 （2）确定要素及其执行程度 （3）评价现有的管理制度与 GB/T 19000 的差距	0.5～1
4	体系策划和文件编写	（1）编写质量管理手册、程序文件、作业指导书 （2）文件修改一至两次并定稿	1～2

（续）

序　号	阶　　段	主　要　内　容	时间/月
5	体系试运行	（1）正式颁布文件 （2）进行全员培训 （3）按文件的要求实施	3～6
6	内审及管理评审	（1）企业组成审核组进行审核 （2）对不符合项目进行整改 （3）最高管理者组织管理评审	0.5～1
7	模拟审核	（1）由咨询机构对质量管理体系进行审核 （2）对不符合项目进行整改 （3）协助企业办理正式审核前期工作	0.25～1
8	认证审核准备	（1）选择确定认证审核机构 （2）提供所需文件及资料 （3）必要时接受审核机构预审	0.5～1
9	认证审核	（1）现场审核 （2）不符合项目整改	0.5～1
10	颁发证书	（1）提交整改结果 （2）审核机构评审 （3）审核机构打印并颁发证书	0.5～1

4.1.5　工程质量验收

4.1.5.1　建立质量责任制

施工单位应建立质量责任制，确定工程项目的项目经理、技术负责人和施工管理负责人，实现施工单位对建设工程的施工质量负责。

施工现场质量管理检查记录应由施工单位填写，总监理工程师（建设单位项目负责人）进行检查，并做出检查结论。

施工单位应有健全的质量管理体系，质量管理体系能将影响质量的技术、管理、人员和资源等因素综合在一起，在质量方针的指引下，为达到质量目标而相互配合。

质量控制的范围涉及工程质量形成全过程的各个环节，任何一个环节的工作没做好，都会使工程质量受到损害而不能满足质量要求。施工单位应推行生产控制和合格控制的全过程质量控制，应有健全的生产控制和合格控制的质量管理体系，不仅包括原材料控制、工艺流程控制、施工操作控制、每道工序质量检查、各道相关工序间的交接检验以及专业工种之间等中间环节的质量管理和控制，还应包括满足施工图设计和功能要求的抽样检验制度等。

4.1.5.2　材料、半成品、工序质量验收

（1）工程采用的主要材料、半成品、成品、构配件、器具和设备等应进行现场验收。凡涉及安全、功能的有关产品，应按各专业工程质量验收规范规定进行复验，并应经监理工程师（建设单位负责人）检查认可。

（2）各工序按施工技术标准进行质量控制，每道工序完成后，应进行检查。

（3）相关各专业工种之间，应进行交接检验，并形成记录。未经监理工程师（建设单位负责人）检查认可，不得进行下道工序施工。

4.1.5.3　验收的基本要求

（1）工程施工质量应符合标准和相关专业验收规范的规定。

（2）工程施工应符合本专业设计文件的要求。

（3）参加工程施工质量验收的各方人员应具备相应的资格。

（4）工程质量验收均应在施工单位自行检查评定合格的基础上进行。

（5）隐蔽工程在隐蔽前应由施工单位通知有关单位进行验收，并应形成验收文件。

（6）涉及结构安全的试块、试件以及有关材料，应按规定进行见证取样检测。

（7）检验批的质量应按主控项目和一般项目验收。

（8）对涉及结构安全和使用功能的重要分部工程应进行抽样检测。

（9）承担见证取样检测及有关结构安全检测的单位应具有相应的资质。

（10）工程的观感质量应由验收人员通过现场检查，共同确认。

4.1.5.4　检验批质量检验抽样方案

（1）计量、计数或计量—计数等抽样方案。

（2）一次、二次或多次抽样方案。

（3）根据生产连续性和生产控制稳定性情况，尚可采用调整型抽样方案。

（4）对重要的检验项目当可采用简易快速的检验方法时，可选用全数检验方案。

（5）经实践检验有效的抽样方案。

4.1.5.5　工程质量验收的划分

建筑工程质量验收应划分为单位工程、分部工程、分项工程和检验批。

1. 单位工程划分的确定原则

（1）具备独立施工条件并能形成独立使用功能的建筑物、构筑物为一个单位工程。

（2）建筑规模较大的单位工程，可将其形成独立使用功能的部分作为一个子单位工程。

2. 分部工程划分的确定原则

（1）分部工程的划分应按专业性质、建筑部位确定。

（2）当分部工程较大或较复杂时，可按材料种类、施工特点、施工程序、专业系统及类别等划分为若干个子分部工程。

3. 分项工程划分的确定原则　分项工程应按主要工种、材料、施工工艺、设备类别等进行划分。

分项工程可由一个或若干个检验批组成，检验批可根据施工及质量控制和专业验收需要按楼层、施工段、变形缝等进行划分。

检验批可以看作是工程质量正常验收过程中的最基本单元。分项工程划分成检验批进行验收，既有助于及时纠正施工中出现的质量问题，确保工程质量，也符合施工中的实际需要，便于具体操作。

《建筑工程施工质量验收统一标准》中设备安装工程的分部（子分部）工程、分项工程划分见表4-3。

表4-3 设备安装工程分部（子分部）工程、分项工程划分

序 号	分部工程	子分部工程	分项工程
1	建筑给水、排水及采暖	室内给水系统	给水管道及配件安装，室内消火栓系统安装，给水设备安装，管道防腐，绝热
		室内排水系统	排水管道及配件安装，雨水管道及配件安装
		室内热水供应系统	管道及配件安装，辅助设备安装，防腐，绝热
		卫生器具安装	卫生器具安装，卫生器具给水配件安装，卫生器具排水管道安装
		室内采暖系统	管道及配件安装，辅助设备及散热器安装，金属辐射板安装，低温热水地板辐射采暖系统安装，系统水压试验及调试，防腐，绝热
		室外给水管网	给水管道安装，消防水泵接合器及室外消火栓安装，管沟及井室
		室外排水管网	排水管道安装，排水管沟及井池
		室外供热管网	管道及配件安装，系统水压试验及调试，防腐，绝热
		建筑中水系统及游泳池系统	建筑中水系统管道及辅助设备安装，游泳池水系统安装
		供热锅炉及辅助设备安装	锅炉安装，辅助设备及管道安装，安全附件安装，烘炉、煮炉和试运行，换热站安装，防腐，绝热
2	建筑电气	室外电气	架空线路及杆上电气设备安装，变压器、箱式变电所安装，成套配电柜、控制柜（屏、台）和动力、照明配电箱（盘）及控制柜安装，电线、电缆导管和线槽敷设，电线、电缆穿管和线槽敷设，电缆头制作、导线连接和线路电气试验，建筑物外部装饰灯具、航空障碍标志灯和庭院路灯安装，建筑照明通电试运行，接地装置安装
		变配电室	变压器、箱式变电所安装，成套配电柜、控制柜（屏、台）和动力、照明配电箱（盘）安装，裸母线、封闭母线、接插式母线安装，电缆沟内和电缆竖井内电缆敷设，电缆头制作、导线连接和线路电气试验，接地装置安装，避雷引下线和变配电室接地干线敷设
		供电干线	裸母线、封闭母线、接插式母线安装，桥架安装和桥架内电缆敷设，电缆沟内和电缆竖井内电缆敷设，电线、电缆导管和线槽敷设，电线、电缆穿管和线槽敷设，电缆头制作、导线连接和线路电气试验
		电气动力	成套配电柜、控制柜（屏、台）和动力、照明配电箱（盘）及控制柜安装，低压电动机、电加热器及电动执行机构检查、连线，低压电气动力设备检测、试验及空载试运行，桥架安装和桥架内电缆敷设，电线、电缆导管和线槽敷设，电线、电缆穿管和线槽敷线，电缆头制作、导线连接和线路电气试验，插座、开关、风扇安装
		电气照明安装	成套配电柜、控制柜（屏、台）和动力、照明配电箱（盘）安装，电线、电缆导管和线槽敷设，电线、电缆穿管和线槽敷线，槽板配线，钢索配线，电缆头制作、导线连接和线路电气试验，普通灯具安装，专用灯具安装，插座、开关、风扇安装，建筑照明通电试运行
		备用和不间断电源安装	成套配电柜、控制柜（屏、台）和动力、照明配电箱（盘）安装，柴油发电机组安装，不间断电源的其他功能单元安装，裸母线、封闭母线、接插式母线安装，电线、电缆导管和线槽敷设，电线、电缆穿管和线槽敷线，电缆头制作、导线连接和线路电气试验，接地装置安装
		防雷及接地安装	接地装置安装，避雷引下线和变配电室接地干线敷设，建筑物等电位连接，接闪器安装

（续）

序号	分部工程	子分部工程	分项工程
3	智能建筑	通信网络系统	通信系统，卫星及有线电视系统，公共广播系统
		办公自动化系统	计算机网络系统，信息平台及办公自动化应用软件，网络安全系统
		建筑设备监控系统	空调与通风系统，变配电系统，照明系统，给排水系统，热源和热交换系统，冷冻和冷却系统，电梯和自动扶梯系统，中央管理工作站与操作分站，子系统通信接口
		火灾报警及消防联动系统	火灾和可燃气体探测系统，火灾报警控制系统，消防联动系统
		安全防范系统	电视监控系统，入侵报警系统，巡更系统，出入口控制系统，停车管理系统
		综合布线系统	缆线敷设和终接，机柜、机架、配线架的安装，信息插座和光缆芯线终端的安装
		智能化集成系统	集成系统网络，实时数据库，信息安全，功能接口
		电源与接地	智能建筑电源，防雷及接地
		环境	空间环境，室内空调环境，视觉照明环境，电磁环境
		住宅（小区）智能化系统	火灾自动报警及消防联动系统，安全防范系统（含电视监控系统、入侵报警系统、巡更系统、门禁系统、楼宇对讲系统、住户对讲呼救系统、停车管理系统），物业管理系统（多表现场计量与远程传输系统、建筑设备监控系统、公共广播系统、小区网络及信息服务系统、物业办公自动化系统），智能家庭信息平台
4	通风与空调	送排风系统	风管与配件制作，部件制作，风管系统安装，空气处理设备安装，消声设备制作与安装，风管与设备防腐，风机安装，系统调试
		防排烟系统	风管与配件制作，部件制作，风管系统安装，防排烟风口、常闭正压风口与设备安装，风管与设备防腐，风机安装，系统调试
		除尘系统	风管与配件制作，部件制作，风管系统安装，除尘器及排污设备安装，风管与设备防腐，风机安装，系统调试
		空调风系统	风管与配件制作，部件制作，风管系统安装，空气处理设备安装，消声设备制作与安装，风管与设备防腐，风机安装，风管与设备绝热，系统调试
		净化空调系统	风管与配件制作，部件制作，风管系统安装，空气处理设备安装，消声设备制作与安装，风管与设备防腐，风机安装，风管与设备绝热，高效过滤器安装，系统调试
		制冷设备系统	制冷机组安装，制冷剂管道及配件安装，制冷附属设备安装，管道及设备的防腐与绝热，系统调试
		空调水系统	管道冷热水系统安装，冷却水系统安装，冷凝水系统安装，阀门及部件安装，冷却塔安装，水泵及附属设备安装，管道与设备的防腐与绝热，系统调试
5	电梯	电力驱动的曳引式或强制式电梯安装	设备进场验收，土建交接检验，驱动主机，导轨，门系统，轿厢，对重（平衡重），安全部件，悬挂装置，随行电缆，补偿装置，电气装置，整机安装验收
		液压电梯安装	设备进场验收，土建交接检验，液压系统，导轨，门系统，轿厢，对重（平衡重），安全部件，悬挂装置，随行电缆，电气装置，整机安装验收
		自动扶梯、自动人行道安装	设备进场验收，土建交接验收，整机安装验收

4.1.5.6   工程质量验收基本规定

1. 检验批合格质量应符合的规定

（1）主控项目和一般项目的质量，经抽样检验合格。

（2）具有完整的施工操作依据、质量检查记录。

检验批虽然是工程验收的最小单元，但它是分项工程乃至整个工程质量验收的基础。检验批是施工过程中条件相同并具有一定数量的材料、构配件或施工安装项目的总称，由于其质量基本均匀一致，因此可以作为检验的基础单位，按批验收。

检验批验收时应进行资料检查和实物检查。资料检查主要是检查从原材料进场到检验批验收的各施工工序、工程质量的记录。对资料完整性、真实性、准确性及实际过程控制的检查确认，是检验批合格的前提。实物检查主要是对主控项目和一般项目，按照各专业质量验收规范对规定的指标逐项检查验收。

检验批的合格质量主要取决于对主控项目和一般项目的检验结果。主控项目是对检验批的质量起决定性影响的检验项目，必须全部符合有关专业工程验收规范的规定，主控项目不允许有不符合要求的检验结果，即主控项目的检查结论具有否决权。如果发现主控项目有不合格的点、处、构件，必须修补、返工或更换，最终使其达到合格。

2. 分项工程质量验收合格应符合的规定

（1）分项工程所含的检验批均应符合合格质量的规定。

（2）分项工程所含的检验批的质量验收记录应完整。

3. 分部（子分部）工程质量验收合格应符合的规定

（1）分部（子分部）工程所含分项工程的质量均应验收合格。

（2）质量控制资料应完整。

（3）地基与基础、主体结构和设备安装等分部工程有关安全及功能的检验和抽样检测结果应符合有关规定。

（4）观感质量验收应符合要求。

4. 单位（子单位）工程质量验收合格应符合的规定

（1）单位（子单位）工程所含分部（子分部）工程的质量均应验收合格。

（2）质量控制资料应完整。

（3）单位（子单位）工程所含分部工程有关安全和功能的检测资料应完整。对涉及安全和使用功能的分部工程，应对检测资料进行复查。检查所检内容的完整性和分部工程验收时补充进行的见证取样检查报告是否符合要求。

（4）主要功能项目的检查结果应符合相关专业质量验收规范的规定。

（5）观感质量验收应符合的要求。竣工验收时，须由参加验收的各方人员共同进行观感质量检查，检查的方法、内容、结论等已在分部工程的相应部分阐述，最后共同确定是否通过验收。

5. 工程质量验收记录应符合的规定   单位（子单位）工程施工质量竣工验收记录、质量控制资料核查记录、安全和功能检验资料核查及主要功能抽查记录、观感质量检查评价记录应按《建筑工程施工质量验收统一标准》的相关要求填写。

6. 当建筑工程质量不符合要求时，进行处理的规定

（1）经返工重做或更换器具、设备的检验批，应重新进行验收。

（2）经有资质的检测单位检测鉴定能够达到设计要求的检验批，应予以验收。

（3）经有资质的检测单位检测鉴定达不到设计要求，但经原设计单位核算认可能够满足结构安全和使用功能的检验批，可予以验收。

一般情况下，规范标准给出了满足安全和功能的最低限度要求，而设计往往在此基础上留有一些余量，两者的界限并不一定完全相等。不满足设计要求和符合相应规范标准的要求，两者并不矛盾。

（4）经返修或加固处理的分项、分部工程，虽然改变外形尺寸，仍能满足安全使用要求，可按技术处理方案和协商文件进行验收。

7. 严禁验收的规定　通过返修或加固处理仍不能满足安全使用要求的分部工程、单位（子单位）工程，严禁验收。

4.1.5.7　工程质量验收报告程序和组织

1. 检验批及分项工程的验收　检验批及分项工程应由监理工程师（建设单位项目技术负责人）组织施工单位项目专业质量（技术）负责人等进行验收。

检验批和分项工程是工程质量的基础，因此，所有检验批和分项工程均应由监理工程师或建设单位项目技术负责人组织验收。验收前，施工单位先填好"检验批和分项工程的质量验收记录"（有关监理记录和结论不填），并由项目专业质检员和项目专业技术负责人分别在检验批和分项工程质量检验记录相关栏目中签字，然后由监理工程师组织，严格按规定程序进行验收。

2. 分部工程的验收　分部工程应由总监理工程师（建设单位项目负责人）组织施工单位、项目负责人、技术负责人、质量管理部门负责人等进行验收。

3. 施工单位自检　单位工程完工后，施工单位首先要依据质量标准、设计图纸等组织有关人员进行自检，并对检查结果进行评定，符合要求后向建设单位提交工程验收报告和完整的质量资料，请建设单位组织验收。

4. 单位工程质量验收　建设单位收到验收报告后，应由建设单位（项目）负责人组织施工（含分承包单位）、设计、监理等单位（项目）负责人进行单位（子单位）工程验收。

单位工程由分包单位施工时，分包单位对所承包的工程项目按规定的程序检查评定，总承包单位应派人参加。分包工程完成后，应将工程有关资料交总承包单位。由于《建设工程承包合同》的双方主体是建设单位和总承包单位，总承包单位应当按照承包合同约定的权利和义务对建设单位负责。分包单位对总承包单位负责，亦应对建设单位负责。因此，分包单位对承建的项目进行检验时，总承包单位应参加，检验合格后，分包单位应将工程的有关资料移交总承包单位。待建设单位组织单位工程质量验收时，分包单位负责人应参加验收。

当参加验收各方对工程质量验收意见不一致时，可请当地建设行政主管部门或工程质量监督机构协调处理。

单位工程质量验收合格后，建设单位应在规定的时间内将工程竣工验收报告和有关文件，报建设行政管理部门备案。建设工程竣工验收备案制度是加强政府监督管理，防止不合格工程流向社会的一个重要手段。建设单位应依据《建设工程质量管理条例》和建设部有关规定，到县级以上人民政府建设行政主管部门或其他有关部门备案，否则，不允许投入使用。

课题 2　工程质量统计分析方法

工程质量统计分析方法是建筑安装工程质量管理的重要手段。数据是进行质量管理的基础，一切用数据说话，采用数理统计的方法，才能做出科学的判断。用数理统计方法，通过收集、整理质量数据，可以帮助我们分析、发现质量问题，以便及时采取对应措施，纠正和预防质量事故，促进质量管理的持续改进。

4.2.1　数理统计的基本概念

1. 母体　母体又称总体、检查批或批，指研究对象全体元素的集合。母体分有限母体和无限母体两种。有限母体有一定数量表现，如一批同牌号、同规格的钢材或管材等；无限母体则没有一定数量表现，如一道工序，它源源不断地生产出某一产品，本身是无限的。

2. 子样　子样是从母体中取出来的部分个体，也叫试样或样本。子样分随机取样和系统抽样，前者多用于产品验收，即母体内各个体都有相同的机会或有被抽取的可能性；后者多用于工序的控制，即每经一定的时间间隔，每次连续抽取若干产品作为子样，以代表当时的生产情况。

3. 母体与子样、数据的关系　子样的各种属性都是母体特性的反映。在产品生产过程中，子样所属的一批产品（有限母体）或工序（无限母体）的质量状态和特性值，可从子样取得的数据来推测、判断。

4. 随机现象　在质量检验中，某一产品的检验结果可能合格、优良、不合格，这种事先不能确定结果的现象称为随机现象（或偶然现象）。随机现象并不是不可认识的，人们通过大量重复的试验，可以认识它的规律性。

5. 随机事件　随机事件（或偶然事件）是每一种随机现象的表现或结果，如某产品检验为合格，某产品检验为不合格。

6. 随机事件的频率　频率是衡量随机事件发生可能性大小的一种数量标志。在试验数据中，偶然事件发生的次数叫频数，它与数据总数的比值叫频率。

7. 随机事件的概率　频率的稳定值叫概率。

4.2.2　数理统计方法控制质量的步骤

1）收集质量数据。

2）数据整理。

3）进行统计分析，找出质量波动的规律。

4）判断质量状况，找出质量问题。

5）分析影响质量的原因。

6）拟定改进质量的对策、措施，防止质量事故再次发生。

4.2.3　数理统计数据的收集方法

在质量检验中，除少数的项目需进行全数检查外，大多数是按随机取样的方法收集数据。其抽样的方法较多，现将其中的几种方法作简单介绍。

1. **单纯随机抽样法**　这种方法适用于对母体缺乏基本了解的情况下，按随机的原则直接从母体 N 个单位中抽取 n 个单位作为样本。样本的获取方式常用的有两种：一是利用随机数表和一个六面体骰子作为随机抽样的工具，通过掷骰子所得的数字，相应地查对随机数表上的数值，然后确定抽取试样编号；二是利用随机数骰子，一般为正六面体，六个面分别标 1~6 的数字，在随机抽样时，可将产品分成若干组，每组不超过 6 个，并按顺序先排列好，标上编号，然后掷骰子，骰子正面表现的数，即为抽取的试样编号。

2. **系统抽样法**　系统抽样法是系统间隔一定时间或空间进行抽取试样的方法。系统抽样法很适合流水线上取样，但是当产品特性有周期性变化时，采用这种方法容易产生偏差。

3. **分层抽样法**　分层抽样法是将批分成若干层次，然后从这些层中随机采集样本的方法。

4. **二次抽样法**　二次抽样法是从组成母体的若干分批中，抽取一定数量的分批，然后再从每一个分批中随机抽取一定数量的样本。

4.2.4　数理统计的方法

1. **分层法**　分层法又称分类法或分组法。针对某质量问题所收集到的质量特性数据，按统计分析的需要，进行分类整理，使之系统化，以便于找到产生质量问题的原因，及时采取措施加以预防。分层的类型很多，例如：

1）按操作人员分层：按不同班组、技术级别、工龄、年龄、男女分层。

2）按材料分层：按材料的供应单位、规格、品种分层。

3）按设备分层：按设备型号、使用时间、品种分层。

4）按工艺方法分层：按不同的工艺方案和工艺规格分层。

5）按工作时间分层：按工作日期、工作时间分层。

多种分层方法应根据需要灵活运用，有时用几种方法组合进行分层，以便找出问题的症结。如钢筋焊接质量的调查分析，调查了钢筋焊接点 50 个，其中不合格的 19 个，不合格率为 38%。为了查清不合格原因，将收集的数据分层分析。现已查明，这批钢筋是由三个师傅操作的，而焊条是两个厂家提供的产品，因此，分别按操作者分层和按供应焊条的厂家分层，进行分析。表 4-4 是按操作者分层，分析结果可看出，焊接质量最好的 B 师傅，不合格率达 25%；表 4-5 是按供应焊条的厂家分层，发现不论是采用甲厂还是乙厂的焊条，不合格率都很高而且相差不多。为了找出问题所在，又进行了更细的分层，表 4-6 是将操作者与供应焊条的厂家结合起来分层，根据综合分层数据的分析，问题即可清楚。解决焊接质量问题，可采取如下措施。

表 4-4　按操作者分层

操 作 者	不 合 格	合 格	不合格率（%）
A	6	13	32
B	3	9	25
C	10	9	53
合计	19	31	38

表 4-5　按供应焊条厂家分层

工　厂	不　合　格	合　　格	不合格率（%）
甲厂	9	14	39
乙厂	10	17	37
合计	19	31	38

表 4-6　综合分层分析焊接质量

操　作　者		甲　厂	乙　厂	合　　计
A	不合格	6	0	6
	合格	2	11	13
B	不合格	0	3	3
	合格	5	4	9
C	不合格	3	7	10
	合格	7	2	9
合计	不合格	9	10	19
	合格	14	17	31

1）在使用甲厂焊条时，应采用 B 操作者的操作方法。

2）在使用乙厂焊条时，应采用 A 操作者的操作方法。

2. 因果分析图法　因果分析图又叫特性要因图、鱼刺图、树枝图。这是一种逐步深入研究和讨论质量问题因果关系的图示方法。在工程实践中，任何一种质量问题的产生，往往是由多种原因造成的。这些原因有大有小，把这些原因依照大小次序分别用主干、大枝、中枝和小枝图形表示出来，便可一目了然地系统观察出产生质量问题的原因。运用因果分析图可以帮助我们制定对策，解决工程质量上存在的问题，从而达到控制质量的目的。

（1）作图方法

1）选定质量特性。所谓质量特性就是需要进行分析的质量问题，通常是通过排列图法分析得到的主要质量问题，用标明箭头方向的主干表示，如图 4-3 所示。

2）分析影响质量特性的原因。影响质量问题的原因有大有小，有不同层次，可将其分为几个等级。一级原因是概括性的大原因，用大枝表示；大原因中进一步分析出的中等原因，属二级原因，用大枝下面的中枝表示；中等原因中更细一步分析出来的小

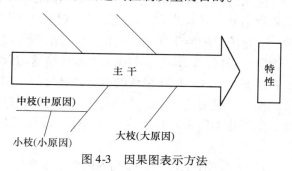

图 4-3　因果图表示方法

原因，属三级原因，用中枝下面的小枝表示；小原因中再进一步分析出来的更具体的原因，属四级原因，用小枝下面的细枝表示。由于影响质量的因素主要是 4M1E 因素，也就是五个方面的因素，故大枝一般仅设五根，分别表示人的因素、材料因素、机械因素、方法因素和

环境因素，这五个因素即为一级原因。

3）分别对上述五个影响质量的一级原因作进一步分析，找出这方面的二、三级原因（中、小原因），并分别标注在中枝和小枝上。

4）检查补遗。对上述五个方面（一级原因）分别逐级（逐层）分析完成后，应进行全面检查，发现有遗漏的地方进行补充和完善。

5）找出主要原因。根据上述分析找出的原因，分析其影响的程度，从中选出若干影响较大的关键性主要原因，并在图上作出标记。

6）制定对策。根据选定的重要原因，制定相应的对策，改善质量控制，提高施工的质量。

（2）绘制和使用因果图应注意的问题

1）一个人的认识水平是有限的，往往不够全面和深刻，因此在绘制因果图时应做到集思广益，互相启发，互相补充，逐步完善，使得因果的分析更符合实际，从而使采取的对策更加有效。

2）质量特性要具体，才便于分析和寻找原因。

3）一个质量特性应绘制一张因果图，而不能将两个或两个以上的质量特性放在同一张因果图上进行分析。

4）在原因分析时，应该从大到小，按一级、二级、三级原因的层次逐次进行分析，直到很细的最具体的原因，以便采取对策。

5）各级原因均应按其大小依次用带箭头的分枝标示在图上，使其一目了然。

6）关键性的主要原因应该具体、简练而明确，并在图上作出标记。

3. 排列图法

（1）排列图的用途。排列图法是主次因素排列图法的简称，也称巴雷特图法，它是从许多影响质量的因素中分析、寻找主要因素的方法。用以分析质量问题的主次或质量问题原因的主次，以及评价所采取的改善措施的效果，即比较采取改善措施前后的质量情况。

应用排列图法将影响质量问题的原因分出主次，首先解决主要质量问题，然后再解决其他质量问题。采取计策，提高质量；然后将采取改善措施前后的质量问题作排列图进行比较，如果项目的顺序产生了变化，但总的不合格品的数量没有改变，则表明产品的生产过程不稳定，必须加以调整；如果采取改善措施前后不仅项目的顺序发生变化，而且项目的数量也有所减少，这说明所采取的措施是有效的；如果采取改善措施前后项目的最高项和次高项一起减少，说明这两项的性质是有关联的。经过多次排列图的对比分析，证明确实改善了质量，则可根据所采取的措施，适当修改或修订标准，巩固成绩，防止类似质量问题的再次发生。

（2）排列图的绘制。排列图由两个纵坐标、一个横坐标、几个长方形和一条曲线组成。左侧的纵坐标是频数或件数，右侧的纵坐标是累计频率，横轴则是项目（或因素）。按项目频率大小顺序在横轴上从左向右画长方形，其高度为频数，并根据右侧纵坐标，画出累计频率曲线，又称巴雷特曲线。现以地坪起砂原因排列图为例进行说明。

【例4-1】 某建筑工程对房间地坪质量不合格问题进行了调查，发现有80间房间起砂，调查结果统计见表4-7，请画出地坪起砂原因排列图。

表 4-7　地坪起砂原因调查

地坪起砂的原因	出现房间数
砂含量过大	16
砂粒径过细	45
后期养护不良	5
砂浆配合比不当	7
水泥强度等级太低	2
砂浆终凝前压光不足	2
其他	3

首先做出地坪起砂原因的排列表，见表 4-8。

表 4-8　地坪起砂原因排列表

项　　目	频　　数	累 计 频 数	累 计 频 率
砂粒径过细	45	45	56.3%
砂含量过大	16	61	76.3%
砂浆配合比不当	7	68	85%
后期养护不良	5	73	91.3%
水泥强度等级太低	2	75	93.8%
砂浆终凝前压光不足	2	77	96.3%
其他	3	80	100%

根据表 4-8 中的频数和累计频率的数据画出地坪起砂原因排列图，如图 4-4 所示。

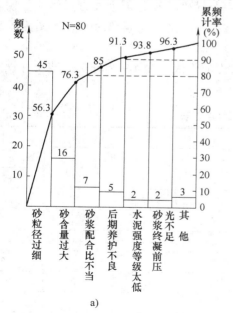
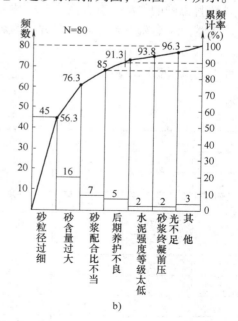

图 4-4　地坪起砂原因排列图

图4-4a 的两个纵坐标是独立的，而图4-4b 的两个纵坐标不是独立的，其左侧的纵坐标高度为累计频数 N = 80，从 80 处作一条平行线交右侧纵坐标处即为累计频率的100%，然后再将右侧纵坐标等分为 10 份。

排列图的观察与分析，通常把累计百分数分为三类：0 ~ 80% 为 A 类，A 类因素是影响产品质量的主要因素；80% ~ 90% 为 B 类，B 类因素为次要因素；90% ~ 100% 为 C 类，C 类因素为一般因素。

画排列图时应注意的几个问题：

1）左侧的纵坐标可以是件数、频数，也可以是金额，也就是说，可以从不同的角度去分析问题。

2）要注意分层，主要因素不应超过 3 个，否则没有抓住主要矛盾。

3）频数很少的项目归入其他项，以免横轴过长，其他项一定放在最后。

4）效果检验，重画排列图。针对 A 类因素采取措施后，为检查其效果，经过一段时间，需收集数据重画排列图。若新画的排列图与原排列图主次换位，总的废品率（或损失）下降，说明措施得当；否则，说明措施不力，未取得预期的效果。

排列图广泛应用于生产的第一线，如车间、班组或工地，项目的内容、数据、绘图时间和绘图人等资料都应在图上写清楚，使人一目了然。

4. 直方图法 直方图又称质量分布图、矩形图、频数分布直方图。它是将产品质量频数的分布状态用直方形来表示，根据直方图的形状和与公差界限的距离来观察、探索质量分布规律，分析、判断整个生产过程是否正常。

利用直方图，可以制定质量标准，确定公差范围，可以判明质量分布情况是否符合标准的要求。但其缺点是不能反映动态变化，而且要求收集的数据较多（50 ~ 100 个以上），否则难以体现其规律。

（1）直方图的作法。直方图由一个纵坐标、一个横坐标和若干个长方形组成。横坐标为质量特性，纵坐标是频数时，直方图为频数直方图；纵坐标是频率时，直方图为频率直方图。

现以开关安装尺寸误差的测量为例，说明直方图的作法。表4-9 为开关安装尺寸误差数据表。

表4-9　开关安装尺寸误差表　　　　　　　　　　（单位：mm）

-2	-3	-3	-4	-1	0	-1	-2
-2	-2	-3	-1	+1	-2	-2	-1
-2	-1	0	-1	-2	-3	-1	+2
0	-5	-1	-3	0	+2	0	-2
-1	+3	0	0	-3	-2	-5	+1
0	-2	-4	-3	-4	-1	+1	+1
-2	-4	-6	-1	-2	+1	-1	-2
-3	-1	-4	-1	-3	-1	+2	0
-5	-3	0	-2	-4	0	-3	-1
-2	0	-3	-4	-2	+1	-1	-3

1）确定组数、组距和组界。一批数据究竟分多少组，通常根据数据的多少而定，组数的确定可参考表 4-10。

表 4-10　组数的确定

数据数目 n	组数 k	数据数目 n	组数 k
<50	5 ~ 7	100 ~ 250	7 ~ 12
50 ~ 100	6 ~ 10	>250	10 ~ 20

若组数取得太多，每组内的数据较少，作出的直方图过于分散；若组数取得太少，则数据集中于少数组内，容易掩盖了数据间的差异。所以，分组数目太多或太少都不好。

本例收集了 80 个数据，取 k = 10 组。

为了将数据的最大值和最小值都包含在直方图内，并防止数据落在组界上，测量单位（即测量精确度）为 δ 时，将最小值减去半个测量单位（计算最小值 $x'_{min} = x_{min} - \delta/2$），最大值加上半个测量单位（计算最大值 $x'_{max} = x_{max} + \delta/2$）。

本例测量单位 $\delta = 1mm$

$$x'_{min} = x_{min} - \delta/2 = -6 - 1/2 = -6.5mm$$
$$x'_{max} = x_{max} + \delta/2 = 3 + 1/2 = 3.5mm$$

计算极差为

$$R' = x'_{max} - x'_{min} = 3.5 + 6.5 = 10mm$$

分组的范围 R' 确定后，就可以确定其组距 h。

$$h = R'/k$$

所求得的 h 值应为测量单位的整倍数，若不是测量单位的整倍数时可调整其分组数。其目的是为了使组界值的尾数为测量单位的一半，避免数据落在组界上。

本例 $h = R'/k = 10/10 = 1mm$

组界的确定应由第一组起。

第一组下界限值　$A_{1下} = x'_{min} = -6.5mm$

第一组上界限值　$A_1^{上} = A_{1下} + h = -6.5mm + 1mm = -5.5mm$

第二组下界限值　$A_{2下} = A_1^{上} = -5.5mm$

第二组上界限值　$A_2^{上} = A_{2下} + h = -5.5mm + 1mm = -4.5mm$

其余各组上、下界限值依此类推，本例各组界限值计算结果见表 4-11。

2）编制频数分布表。按上述分组范围，将统计数据落入各组的频数填入表内，计算各组的频率并填入表内，见表 4-11。

表 4-11　各组界限值及频数、频率

组　号	分组区间	频　数	频　率	组　号	分组区间	频　数	频　率
1	-6.5 ~ -5.5	1	0.0125	6	-1.5 ~ -0.5	17	0.2125
2	-5.5 ~ -4.5	3	0.0375	7	-0.5 ~ 0.5	12	0.15
3	-4.5 ~ -3.5	7	0.0875	8	0.5 ~ 1.5	6	0.075
4	-3.5 ~ -2.5	13	0.1625	9	1.5 ~ 2.5	3	0.0375
5	-2.5 ~ -1.5	17	0.2125	10	2.5 ~ 3.5	1	0.0125

根据表 4-11 中的统计数据可作出直方图，图 4-5 是本例的频数直方图。

（2）直方图的观察分析

1）直方图图形分析。直方图形象直观地反映了数据分布情况，通过对直方图的观察和分析可以看出生产是否稳定，及其质量的情况。常见的直方图典型形状有以下几种。

① 正常型——又称对称型，它的特点是中间高、两边低，左右基本对称，说明相应工序处于稳定状态，如图 4-6a 所示。

② 孤岛型——在远离主分布中心的地方出现小的直方，形如孤岛，如图 4-6b 所示。孤岛的存在表明生产过程中出现了异常因素，例如原材料一时发生变化；有人代替操作；短期内工作操作不当。

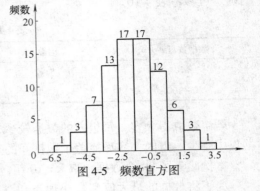

图 4-5　频数直方图

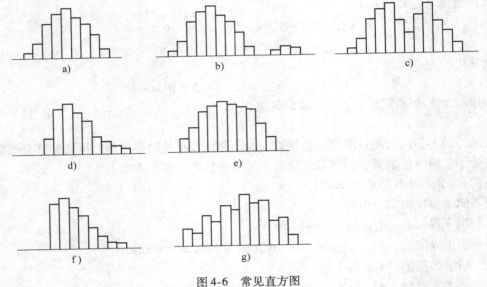

图 4-6　常见直方图

a）正常型　b）孤岛型　c）双峰型　d）偏向型　e）平顶型　f）陡壁型　g）锯齿型

③ 双峰型——直方图出现两个中心，形成双峰状，如图 4-6c 所示。这往往是由于把来自两个总体的数据混在一起作图所造成的，如把两个班组的数据混为一批。

④ 偏向型——直方图的顶峰偏向一侧，故又称偏坡型，它往往是因计数值只控制一侧界限或剔除了不合格数据造成，如图 4-6d 所示。

⑤ 平顶型——（在直方图顶部呈平顶状态，一般是由多个母体数据混在一起造成的，或者在生产过程中有缓慢变化的因素在起作用所造成的，如操作者疲劳而造成直方图的平顶状，如图 4-6e 所示。

⑥ 陡壁型——直方图的一侧出现陡峭绝壁状态，这是由于人为地剔除一些数据，进行不真实的统计造成的，如图 4-6f 所示。

⑦ 锯齿型——直方图出现参差不齐的形状，即频数不是在相区间减少，而是隔区间减

少，形成了锯齿状。造成这种现象的原因不是生产上的问题，而主要是绘制直方图时分组过多或测量仪器精度不够而造成的，如图 4-6g 所示。

2）对照标准分析比较。当工序处于稳定状态时（直方图为正常型），还需进一步将直方图与规格标准进行比较，以判定工序满足标准要求的程度。其主要是分析直方图的平均值 $\overline{X}$ 与质量标准中心的重合程度，比较分析直方图的分布范围 B 同公差范围 T 的关系。如图 4-7 所示，在直方图中标出了标准范围 T，标准的上偏差 T_L，下偏差 T_U，实际尺寸范围 B。对照直方图图形可以看出产品实际分布与要求标准的差异。

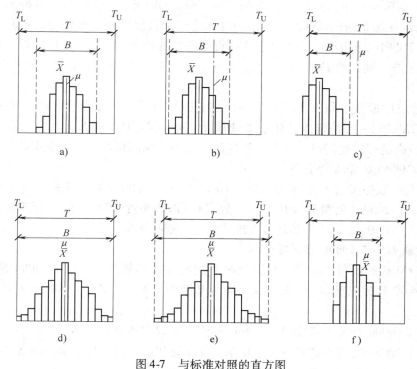

图 4-7　与标准对照的直方图

a）理想型　b）偏向型　c）陡壁型　d）无富余型　e）能力不足型　f）能力富余型

1）理想型——实际平均值 $\overline{X}$ 与规格标准中心 μ 重合，实际尺寸分布与标准范围两边有一定余量，约为 $T/8$。

2）偏向型——虽在标准范围之内，但分布中心偏向一边，说明存在系统偏差，必须采取措施。

3）陡壁型——此种图形反映数据分布过分地偏离规格中心，造成超差，出现不合格品。这是由于工序控制不好造成的，应采取措施使数据中心与规格中心重合。

4）无富余型——又称双侧压线型。分布虽然落在规格范围之内，但两侧均无余地，稍有波动就会出现超差、出现废品。

5）能力不足型——又称双侧超越线型。此种图形实际尺寸超出标准线，已产生不合格品。

6）能力富余型——又称过于集中型。实际尺寸分布与标准范围两边余量过大，说明控制过严，质量有富余，不经济。

以上产生质量散布的实际范围与标准范围比较，表明了工序能力满足标准公差范围的程度，也就是施工工序能稳定地生产出合格产品的工序能力。

课题 3 ISO9000（2000）族标准简介

4.3.1 ISO9000 族核心标准

ISO9000 族标准是由国际标准化组织（International Organization for Standardzation，简称 ISO）组织制定并颁布的国际标准。国际标准化组织是目前世界上最大的、最具权威性的国际标准化专门机构，是由 131 个国家标准化机构参加的世界性组织。ISO 组织工作是通过约 2800 个机构来进行的，到 1999 年 10 月，ISO 标准总数已达到 12235 个，每年制定约 1000 份标准化文件。

ISO 为适应质量认证制度的实施，1971 年正式成立了认证委员会，1985 年改称合格评定委员会（CASCO），并决定单独建立质量管理和质量保证技术委员会（TC176），专门研究质量保证领域内的标准化问题，并负责制定质量体系的国际标准。我国是 ISO 组织的成员。

4.3.1.1 ISO9000 族标准的演变

2000 版 ISO 族标准有 4 个核心标准，即 ISO9000：2000《质量管理体系——基础和术语》、ISO9001：2000《质量管理体系——要求》、ISO9004：2000《质量管理体系——业绩改进指南》和 ISO19011《质量和环境管理体系——审核指南》。

4.3.1.2 我国 GB/T 19000 族标准

随着 ISO9000 的发布和修订，我国及时等同地发布和修订了 GB/T 19000 族国家标准。2000 版 ISO9000 族标准发布后，我国又等同地转换为 GB/T 19000：2000 族国家标准，这些标准包括：

1）GB/T 19000 表述质量管理体系基础知识，并规定质量管理体系术语。

2）GB/T 19001 规定质量管理体系要求，用于证实组织具有提供满足顾客要求和适用的法规要求的产品，目的在于增进顾客满意。

3）GB/T 19004 提供考虑质量管理体系的有效性和效率两方面的指南，其目的是改进组织业绩，并达到顾客及其他相关方满意。

4）GB/T 19011 提供质量和环境管理体系审核指南。

4.3.2 ISO9000：2000 标准结构与适用范围

4.3.2.1 ISO9001：2000 标准的结构

2000 版 ISO/DIS9001 标准以四个板块取代 1994 版标准的 20 个要素，其重点内容体现在"管理职责"、"资源管理"、"产品实现"和"测量、分析和改进"中。

"管理职责"规定了管理的基本职能，主要内容包括：管理承诺、以顾客为关注焦点、制定质量方针和质量目标、进行质量策划（包括体系所需的过程、资源和体系的持续改进）、进行管理评审、对组织的职责和权限以及相互关系必须予以规定和沟通、任命管理者代表等。

"资源管理"主要内容包括：能力需求的识别、提供相应的培训、评价培训的有效性、人员安排（基于教育、培训、技能和经验方面的考虑）、设施和工作环境的提供等。

"产品实现"表述的过程是质量策划结果的一部分，其主要内容包括：实现过程的策划、与顾客有关的过程、设计和（或）开发、采购、生产和服务的运作、测量和监控装置的控制。

"测量、分析和改进"主要内容包括：测量和监控、不合格控制、数据分析、纠正措施、预防措施和持续改进。

从以上所述的结构和内容的表述来看，2000 版的 ISO9001 标准不是针对某产品类别，对硬件、软件、流程性材料和服务四种类别都具有普遍适用性。

4.3.2.2　ISO9001：2000 标准目的和适用范围的变化

2000 版 ISO9001 标准名称为《质量管理体系——要求》，总则描述如下："本标准规定了质量管理体系要求，组织可依此通过满足顾客要求和使用的法规要求而达到顾客满意。本标准也能用于内部和外部（包括认证机构）评价组织满足顾客和法规要求的能力"。从描述中可以看出，2000 版适用于组织的质量管理和对外提供质量保证。其应用范围已经得到扩展，组织需要通过体系有效应用，包括持续改进和预防不合格而达到顾客满意时可选用此标准。1994 版 ISO9001 主要通过预防不合格而获得顾客满意。由此可以看出 2000 版标准基于主动控制质量以期获得顾客满意。

ISO9001：2000 标准中增加了"允许的剪裁"条款。"允许的剪裁"仅限于"产品实现"的部分条款，而决不允许剪裁"资源管理"、"管理职责"、"质量管理体系"和"测量、分析和改进"中的内容。剪裁的原因主要来自三个方面：组织所提供产品的性质；顾客要求；适用的法律法规要求。

标准指出，剪裁仅限于既不影响组织提供满足顾客和适用法规要求的产品的能力，也不免除组织的相应责任的那些质量管理体系要求。如，组织存在设计开发部门并具有相应的职能，则组织不能剪裁设计开发过程；具有施工总承包资质的建筑施工单位，通常要进行施工过程的开发，一般情况下也不要剪裁设计和开发条款。

4.3.3　质量管理的八项原则

在 ISO9000：2000 标准中增加了 8 项质量管理原则，这是在近年来质量管理理论和实践的基础上提出来的，是组织领导做好质量管理工作必须遵循的准则。8 项质量管理原则已成为改进组织业绩的框架，可帮助组织达到持续成功。

1. 以顾客为关注焦点　组织依存于顾客。因此，组织应理解顾客当前和未来的需求，满足顾客的要求并争取超越顾客的期望。组织贯彻实施以顾客为关注焦点的质量管理原则，有助于掌握市场动向，提高企业经营效益。以顾客为中心不仅可以稳定老顾客、吸引新顾客，而且可以招来回头客。

2. 领导作用　强调领导作用的原则，是因为质量管理体系是最高管理者推动的，质量方针和目标是领导组织策划的，组织机构和职能分配是领导确定的，资源配置和管理是领导决定安排的，顾客和相关方要求是领导确认的，企业环境和技术进步、质量体系改进的提高是领导决策的。所以，领导者应将本组织的宗旨、方向和内部环境统一起来，并创造使员工能够充分参与实现组织目标的环境。

3. 全员参与　各级人员是组织之本。只有员工充分参与，才能使员工的才干为组织带来收益。质量管理是一个系统工程，关系到过程中的每一个岗位和每一个人。实施全员参与这一质量管理原则，将会调动全体员工的积极性和创造性，努力工作、勇于负责、持续改进、做出贡献，这对提高质量管理体系的有效性和效率，具有极其重要的作用。

4. 过程方法　将活动和相关的资源作为过程进行管理，可以更高效地得到期望的结果。因为过程概念反映了从输入到输出，具有完整的质量概念，过程管理强调活动与资源结合，具有投入产出的概念。过程概念体现了用 PDCA 循环改进质量活动的思想。过程管理有利于适时进行测量保证上下工序的质量。通过过程管理可以降低成本、缩短周期，从而可更高效地获得预期效果。

5. 管理的系统方法　将相互关联的过程作为系统加以识别、理解和管理，有助于组织提高实现目标的有效性和效率。

系统方法包括系统分析、系统工程和系统管理三大环节。系统分析是运用数据、资料或客观事实，确定要达到的优化目标；然后通过系统工程，设计或策划为达到目标而采取的措施和步骤，以及进行资源配置；最后在实施中通过系统管理而取得有效性和高效率。

在质量管理中采用系统方法，就是要把质量管理体系作为一个大系统，对组成质量管理体系的各个过程加以识别、理解和管理，以实现质量方针和质量目标。

6. 持续改进　持续改进是组织永恒的追求、永恒的目标、永恒的活动，是组织积极寻找改进的机会，努力提高有效性和效率的重要手段，确保不断增强组织的竞争力，使顾客满意。为了满足顾客和其他相关方对质量更高期望的要求，为了赢得竞争的优势，必须不断地改进和提高产品及服务的质量。

7. 基于事实的决策方法　有效决策建立在充分的数据和真实的信息分析的基础上。基于事实的决策方法，首先应明确规定收集信息的种类、渠道和职责，保证资料能够为使用者得到。通过对得到资料和信息的分析，保证其准确、可靠。通过对事实分析、判断，结合过去的经验做出决策并采取行动。

8. 与供方互利的关系　组织与供方是相互依存的，互利价值可增强双方创造价值的能力。供方是产品和服务供应链上的第一环节，供方的过程是质量形成过程的组成部分，供方的质量影响产品和服务的质量。供方应按组织的要求也建立质量管理体系。通过互利关系，可以增加组织及供方创造价值的能力，也有利于降低成本和优化资源配置，并增加对付风险的能力。

上述八项质量管理原则之间是相互联系和相互影响的。其中，以顾客为关注焦点是主要的，是满足顾客要求的核心。而持续改进又是依靠领导作用、全员参与和互利的供方关系来完成的。所采用的方法是过程方法（控制论）、管理的系统方法（系统论）和基于事实的决策方法（信息论）。可见，这八项质量管理原则，体现了现代管理理论和实践发展的成果，并被人们普遍接受。

4.3.4　质量管理体系文件的组成

4.3.4.1　文件

文件就是信息及其承载媒体。文件能够沟通意图、统一行动，其使用有助于满足顾客要求和质量改进；提供适宜的培训；重复性和可追溯性；提供客观证据；评价质量管理体系的有效性和持续适宜性。

文件化的质量管理体系包括建立和实施两个方面。建立文件化的质量管理体系只是开始，实施文件化的质量管理体系才是发挥文件作用，确保质量的增值活动。

4.3.4.2　文件的组成

（1）质量手册：即规定组织质量管理体系的文件，它向组织内部和外部提供关于质量管理体系的一致信息的文件。

（2）质量计划：即对特定的项目、产品、过程或合同，规定由谁及何时应使用哪些程序和相关资源的文件。用于某一具体情况的质量管理体系要素和资源的文件，也是表述质量管理体系用于特定产品、项目或合同的文件。

（3）程序文件：提供如何完成活动的信息文件。

（4）质量记录：对完成的活动或达到的结果提供客观证据的文件。

4.3.5　质量认证

质量认证是第三方依据程序对产品、过程或服务符合规定的要求给予的书面保证（合格证书）。质量认证分为产品质量认证和质量体系认证两种。

4.3.5.1　产品质量认证

产品质量认证分为安全认证和合格认证。

1. 安全认证　凡根据安全标准进行认证或只对商品标准中有关安全的项目进行认证的，称为安全认证。它是对商品在生产、储运、使用过程中是否具备保证人身安全与避免环境遭受危害等基本性能的认证，属于强制性认证。实行安全认证的产品，必须符合《中华人民共和国标准化法》中有关强制性标准的要求。

2. 合格认证　合格认证是依据商品标准的要求，对商品的全部性能进行的综合性质量认证，一般属于自愿性认证。实行合格认证的产品，必须符合《中华人民共和国标准化法》规定的国家标准或者行业标准的要求。

认证证书是证明产品质量符合认证要求和许可产品使用认证标志的法定证明文件。认证委员会负责对符合认证要求的申请人颁发认证证书，并准许其使用认证标志。证书持有者可将标志标示在产品、产品铭牌、包装物、产品使用说明书、合格证上。使用标志时，须在标志上方或下方标出认证委员会代码、证书编号、认证依据的标准编号。产品质量认证标志分为方圆标志、长城标志、PRC 标志。方圆标志分为合格认证标志和安全认证标志两种，长城标志为电工产品专用安全认证标志，PRC 标志为电子元器件专用合格认证标志。

4.3.5.2　质量管理体系认证

由于工程行业产品具有单项性，不能以某个项目作为质量认证的依据，因此，只能对企业的质量管理体系进行认证。

1. 质量管理体系认证的基本规定　质量管理体系是指根据质量保证模式标准，由第三方机构对供方（承包方）的质量管理体系进行评定和注册的活动。这里的第三方机构是指经国家质量监督检验检疫总局体系认可委员会认可的质量管理体系认证机构。质量管理体系认证机构是个专职机构，各认证机构具有自己的认证章程、程序、注册认证证书和认证合格标志。国家质量监督检验检疫总局对质量认证工作实行统一管理。

2. 质量管理体系认证的特征

1）认证的对象是质量体系而不是工程实体。

2）认证的依据是质量保证模式标准，而不是工程的质量标准。

3）认证的结论不是证明工程实体是否符合有关的技术标准，而是质量体系是否符合标准，是否具有按规范要求，保证工程质量的能力。

4）认证的合格标志只能用于宣传，不得用于工程实体。

5）认证由第三方进行，与第一方（供方或承包方）和第二方（需方或业主）既无行政隶属关系，也无经济上的利益关系，以确保认证工作的公正性。

从以上特征可以看出，某企业虽然通过了体系认证，但并不能说明该企业所生产的产品一定都是合格的或是质量优秀的，只能说明该企业具有生产合格产品的能力。同样，某企业虽然没有进行质量体系认证，也不能认为该企业生产的产品就是不合格的或是质量低劣的。

4.3.5.3　企业质量体系认证的意义

1992 年我国按国际准则正式组建了第一个具有法人地位的第三方质量体系认证机构，开始了我国质量体系的认证工作。我国质量体系认证工作起步虽晚，但发展迅速，为了使质量管理尽快与国际接轨，各类企业纷纷宣传贯彻标准，争相通过认证。

（1）提高企业的质量意识，使企业认真按照 GB/T 19000 族标准去建立、健全质量体系，提高企业的质量管理水平，保证施工项目质量。由于认证是由具有权威性的公证机构（第三方）对质量管理体系进行评审，企业达不到认证的基本条件不可能通过认证，这就可以避免形式主义地去"贯标"，或用其他不正当手段获取认证的可能性。

（2）提高企业的信誉和竞争能力。企业通过了质量管理体系认证机构的认证，就获得了权威性机构的认可，证明其具有保证工程实体的能力。因此，获得认证的企业信誉提高，大大增强了市场竞争能力。

（3）加快双方的经济技术合作。在工程的投标中，不同业主对同一个承包单位的质量管理体系的评审中，80% 的评审内容和质量管理体系要素是重复的。若投标单位的质量管理体系通过了认证，对其评审的工作量大大减小，节约时间、减少投入，加快了合作的进度，有利于选择合格的承包方。

（4）有利于保护业主和承包单位的利益。企业通过了认证，证明了它具有保证工程实体的能力，保护了业主的利益。同时，一旦发生了质量争议，也是承包单位自我保护的措施。

（5）有利于开拓国内外市场。通过 ISO9000 族标准，一方面企业具备了满足顾客要求的质量保证能力，取得顾客的信任，知名度提高了，从而可大大扩大国内市场占有率，同时由于我国 ISO9000 认证已取得了国际互认，因此也就为通过认证企业的产品打入国际市场开辟了通道。现在大多数国外厂商和在国内企业进行业务洽商时，明确要求供方要通过ISO9000 认证。随着中国加入 WTO，各行各业将进一步推进国际标准化进程。

单元小结

本单元主要介绍了工程质量管理的基本概念和原理、工程质量统计分析方法，以及ISO9000 族标准。

通过分析工程质量的影响因素，针对影响工程质量的4M1E，运用工程质量管理的原理即PDCA 循环，对工程质量进行控制和持续改进。工程质量的控制分为事前控制、事中控制和事后控制，它是一种预期的、有效的、科学的工程质量控制方法，与传统的单纯的事后控制有着截然不同的效果。根据《建筑工程施工质量验收统一标准》的内容，建筑工程验收分为单位（子单位）、分部（子分部）、分项工程、检验批的验收，各阶段的验收均属于过程控制的范畴。

工程质量统计分析方法是保证工程质量持续改进的基础，是"一切用数据说话"的科学客观的方法。通过数理统计的基本概念，运用分层法、因果分析图法、排列图法、直方图法等分析方法，寻找影响工程质量的主要因素，为工程质量的持续改进提供科学依据。

ISO9000（2000）族标准是目前国际上通行的质量管理标准，通过近 20 年的实践，已逐步趋于完善并符合现实情况。通过 ISO9000 标准提高企业的管理水平，它的实质就是 PDCA 循环。本单元讲述了质量管理的八项原则，即以顾客为关注焦点、领导作用、全员参与、过程方法、管理的系统方法、持续改进、基于事实的决策方法、与供方互利的关系，它是保持质量管理体系有效运行的基础。

质量认证分为产品质量认证和质量体系认证，是由第三方机构对供方进行评定和注册的活动。质量管理体系认证的对象是质量体系而不是工程实体。随着市场竞争日益激烈和国际交往日益频繁，质量管理体系认证对企业愈加重要，同时它也是非常有效的质量管理方法。

能力训练

1. 内容　工程质量管理方案与质量保证措施。

2. 目的　熟悉本单元所学知识在技术标中的应用。通过工程实例技术标的编制，使学生对质量管理系统有一个完整的认识。了解安装工程质量管理的原理和操作方法，了解设备安装工程进场验收、中间验收、竣工验收等过程控制方法。在具体操作过程中运用科学的质量管理办法促进工程质量的提高。

3. 能力及标准要求　针对具体工程编制工程质量管理方案和质量保证措施。

（1）根据所学理论知识，对照工程实例，能区分设备安装工程分部工程（子分部）、分项工程的内容。

（2）了解控制工程质量的法律、法规、规范、标准。

（3）了解工程质量管理的内容。

（4）了解影响安装工程质量的因素，以及如何应对。

（5）了解施工过程中，各环节的配合和衔接，合理安排工序及工期。

（6）了解安装工程各工种、子分部工程的工序交接确认和验收方法。

（7）了解工程质量事故预防和控制的工程质量统计方法，以及建筑安装工程质量通病的预防和处理。

（8）认识质量管理体系有效运行的重要性，保持质量体系运行的基本原则。

（9）掌握工程各责任主体的义务和权利，正确处理各方在施工过程中的关系。

（10）掌握工程质量管理的验收标准、方法。

（11）掌握安装工程技术标的组成内容。

4. 准备

（1）安装工程施工质量验收标准、企业施工工艺标准。

（2）招标文件、设计文件。

（3）了解和熟悉建筑、设备、电气施工图内容。

5. 步骤

（1）指导教师对相关工程内容、功能、设计意图做整体介绍。

（2）按各分部（子分部）工程讲解施工知识、标准、招标文件要求

（3）制定质量管理体系，编制工程质量管理方案及质量保证措施的提纲。

（4）根据招标文件的要求，结合实际编制施工方案和非正常情况下的施工措施（冬期雨期、高空、防雷等）。

6. 注意事项

（1）按招标文件或其他文件要求，确定技术标的组成内容，防止缺项和漏项。

（2）设计文件必须齐全，包括各种设备的安装图、生产工艺流程图、建筑施工图以及标高、建筑尺寸的设计参数。

（3）特别注意建筑安装工程与结构施工的配合。

（4）编制时注意系统的整体联系，按顺序编制。

（5）各分部（子分部）工程的主要设备、作用。

（6）技术标编制完成后，根据书本知识和本次实训的能力及标准要求，针对工程实例，由任课老师列出思考讨论题进行总结讨论。

复习思考题

1. 工程项目质量包括哪些内容？

2. 影响工程质量的因素有哪些？

3. 项目可行性研究应对哪些内容进行论证分析？

4. PDCA 循环指的是什么？

5. 什么是"三全"管理？

6. 质量管理体系建立的步骤有哪些？

7. 利用数理统计方法控制质量的步骤有哪些？

8. 质量检验中，数据的收集方法有哪些？

9. 常见直方图的典型形状有哪些？

10. 什么是工程质量验收？

11. 建筑工程质量验收的基本要求是什么？

12. 单位工程划分的原则是什么？

13. 分项工程划分的原则是什么？

14. 单位（子单位）工程质量验收合格应符合哪些规定？

15. 当建筑工程质量不符合要求时应怎样处理？

16. 工程竣工验收资料有哪些？

17. 2000 版 ISO9000 族标准有哪四个核心标准？

18. 质量管理的八项原则是什么？

19. 质量管理体系认证的特征是什么？

安装工程施工成本控制与合同管理

【内容概述】 本单元主要介绍安装工程施工成本管理的任务与措施、施工成本计划的编制与控制、施工成本的核算与分析；合同的主要内容、合同的订立、合同的实施与管理。

【学习目标】 通过本单元的学习和训练，掌握施工成本控制的任务、成本控制的方法，并能在实际工作中予以应用；理解合同的订立方式和合同谈判注意事项，正确进行合同管理。

课题1 施工成本管理概述

施工成本的高低决定企业的经济效益，进行施工成本的控制是为了谋求企业的最大利润。因此，企业应建立、健全项目全面成本管理责任体系，明确业务分工和职责关系，把管理目标分解到各项技术工作、管理工作中。该体系包括两个层次：一是企业管理层，负责项目全面成本管理的决策，确定项目的合同价格和成本计划，确定项目管理层的成本目标；二是项目管理层，负责项目成本的管理，实施成本控制，实现项目管理目标责任书中的成本目标。

5.1.1 施工成本管理的任务与措施

5.1.1.1 施工成本管理的任务

成本管理是对企业生产经营过程中所发生的成本和费用，有组织、有系统地进行预测、计划、控制、核算、考核和分析等一系列科学管理工作的总称。

施工成本管理的目的就是要在保证工期和满足质量要求的前提下，利用组织措施、经济措施、技术措施、合同措施把成本控制在计划范围内，并进一步寻求最大程度的成本节约。施工成本管理应是全过程的，其任务主要包括成本预测、成本计划、成本控制、成本核算、成本分析和成本考核。

1. 施工成本预测 施工成本预测就是根据成本信息和施工项目的具体情况，运用一定的专门方法，对未来的成本水平及其可能的发展趋势做出科学的估计，其实质就是在施工以前对成本进行估算。

通过成本预测，可以使项目经理部在满足业主和施工企业要求的前提下，选择成本低、效益好的最佳成本方案，并能够在施工项目成本形成过程中，针对薄弱环节，加强成本控制，克服盲目性，提高预见性。

因此，施工项目成本预测是施工项目成本决策与计划的依据。预测时，通常是对施工项目计划工期内影响其成本变化的各个因素进行分析，比照近期已完工施工项目或将完工施项目的成本（单位成本），预测这些因素对工程成本中有关项目（成本项目）的影响程度，预测出工程的单位成本或总成本。

2. 施工成本计划　施工成本计划是以货币形式编制施工项目在计划期内的生产费用、成本水平、成本降低率以及降低成本所采用的主要措施和规划的书面方案，它是建立施工项目成本管理责任制、开展成本控制和核算的基础。一般来说，一个施工项目成本计划应包括从开工到竣工所必需的施工成本，它是该施工项目降低成本的指导文件，是设立目标成本的依据。可以说，成本计划是目标成本的一种形式。

3. 施工成本控制　施工成本控制是指在施工过程中，对影响施工项目成本的各种因素加强管理，并采用各种有效措施，将施工中实际发生的各种消耗和支出严格控制在成本计划范围内，随时揭示并及时反馈，严格审查各项费用是否符合标准，计算实际成本和计划成本之间的差异并进行分析，消除施工中的损失浪费现象，发现和总结先进经验。

施工项目成本控制应贯穿于施工项目从投标阶段开始直到项目竣工验收的全过程，它是企业全面成本管理的重要环节。因此，必须明确各级管理组织和各组人员的责任和权限，这是成本控制的基础之一，必须予以足够重视。

4. 施工成本核算　施工成本核算是指按照规定开支范围对施工费用进行归集，计算出施工费用的实际发生额，并根据成本核算对象，采用适当的方法，计算出该施工项目的总成本和单位成本。施工项目成本核算所提供的各种成本信息是成本预测、成本计划、成本控制、成本分析和成本考核等各个环节的依据。

5. 施工成本分析　施工成本分析是在成本形成过程中，对施工项目成本进行的对比评价和总结工作。它贯穿于施工成本管理的全过程，主要利用施工项目的成本核算资料，与计划成本、预算成本以及类似施工项目的实际成本等进行比较，了解成本的变动情况，同时也要分析主要技术经济指标对成本的影响，系统地研究成本变动原因，检查成本计划的合理性，深入揭示成本变动的规律，以便有效地进行成本管理。

影响施工项目成本变动的因素有两个方面，一是外部的属于市场经济的因素，二是内部的属于企业经营管理的因素。作为项目经理，应该了解这些因素，应将施工项目成本分析的重点放在影响施工项目成本升降的内部因素上。

6. 施工成本考核　施工成本考核是指施工项目完成后，对施工项目成本形成中的各责任者，按施工项目成本目标责任制的有关规定，将成本的实际指标与计划、定额、预算进行对比和考核，评定施工项目成本计划的完成情况和各责任者的业绩，并以此给以相应的奖励和处罚。通过成本考核，做到有奖有罚，赏罚分明，有效地调动企业的每一个职工在各自施工岗位上努力完成目标成本的积极性。

5.1.1.2　施工成本管理的措施

为了取得施工成本管理的理想成果，应当从多方面采取措施实施管理，通常可以将这些措施归纳为组织措施、技术措施、经济措施、合同措施四个方面。

1. 组织措施　组织措施是从施工成本管理的组织方面采取的措施，如实行项目经理责任制，落实施工成本管理的组织机构和人员，明确各级施工成本管理人员的任务和职能分工、权利和责任，编制本阶段施工成本控制工作计划和详细的工作流程图等。施工成本管理不仅是专业成本管理人员的工作，各级项目管理人员都负有成本控制的责任。组织措施是其他各类措施的前提和保障，而且一般不需要增加什么费用，运用得当可以收到良好的效果。

2. 技术措施　技术措施不仅对解决施工成本管理过程中的技术问题是不可缺少的，而且对纠正施工成本管理目标偏差也有相当重要的作用。因此，运用技术纠偏措施的关键，一是要能提出多个不同的技术方案，二是要对不同的技术方案进行技术经济分析。在实践中，要避免仅从技术角度选定方案而忽视对其经济效果的分析论证。

3. 经济措施　经济措施是最易为人接受和采用的措施。管理人员应编制资金使用计划，确定、分解施工成本管理目标，对施工成本管理目标进行风险分析，并制定防范性对策。通过偏差原因分析和未完工程施工成本预测，可发现一些潜在的、将引起未完工程施工成本增加的问题，对这些问题应以主动控制为出发点，及时采取预防措施。由此可见，经济措施的运用不仅仅是财务人员的事情。

4. 合同措施　成本管理要以合同为依据，因此合同措施尤为重要。对于合同措施，从广义上理解，除了参加合同谈判、修订合同条款、处理合同执行过程的索赔问题、防止和处理好与总分包商之间和专业分包商之间的索赔之外，还应分析不同合同之间的相互联系和影响，对每一个合同作总体和具体分析等。

5.1.2　施工成本的组成

施工成本可以按成本构成分为直接成本和间接成本。

直接成本是指施工过程中耗费的构成工程实体或有助于工程实体形成的各项费用支出，其是可以直接计入工程对象的费用，包括人工费（支付给生产工人的工资、奖金、工资性质的津贴等）、材料费（所消耗的原材料、辅助材料、构配件等的费用，周转材料的摊销费或租赁费等）、施工机械使用费（施工机械的使用费或租赁费等）和施工措施费等。

间接成本是指为施工准备、组织和管理施工生产的全部费用的支出，是非直接用于也无法直接计入工程对象，但为进行工程施工所必须发生的费用，包括管理人员工资、办公费、差旅交通费等。

施工成本可以按子项目构成分解，大中型的项目通常由若干单项工程构成，而每个单项工程包括了多个单位工程，每个单位工程又是由若干个分部分项工程构成，即可以分为单项工程（指具有单独设计文件的，建成后可以独立发挥生产能力或效益的一组配套齐全的工程项目）、单位工程（指具有单独设计和独立施工条件，但不能独立发挥生产能力或效益的工程，它是单项工程的组成部分）、分部工程（根据工作的部位及专业性质将一个单位工程划分为几个部分）、分项工程（根据一个分部工程按主要工种、材料、施工工艺、设备类别等进行划分，可有一个或若干个检验批组成）。

施工成本可以按专业施工内容分解，即一项工程通常由若干个专业施工构成，如土建主体施工、水电设备安装施工、室内外装饰施工、园林绿化施工、交通道路施工等。

课题 2　施工成本计划编制与控制

5.2.1　施工成本计划的编制依据及方法

1. 施工成本计划编制的要求

1）由项目管理组织负责编制。

2）自下而上分级编制，并逐层汇总。

3）反映各成本项目的指标和降低的成本指标。

2. 施工成本计划编制的依据

施工成本计划的编制依据包括：合同报价书、施工预算；施工组织设计或施工方案；人工、材料、机械市场价格；公司颁布的材料指导价格、公司内部机械台班价格、劳动力内部挂牌价格；周转设备内部租赁价格、摊销损耗标准；已签订的工程合同、分包合同（或估价书）；结构构件外加工计划和合同；有关财务成本核算制度和财务历史资料；以及其他相关资料。

3. 施工成本计划编制的方法

1）按施工成本构成分解为人工费、材料费、施工机械使用费、措施费和间接费编制各项成本计划。

2）按子项目组成编制施工成本计划。

3）按工程进度编制施工成本计划。编制按时间进度的施工成本计划，通常可利用控制项目进度的网络图进一步扩充而得，即在建立网络图时，一方面确定完成各项工作所需要花费的时间，另一方面同时确定完成这一工作的合适的施工成本支出计划。在实践中，将工程项目分解为既能方便地表示时间，又能方便地表示施工成本支出计划的工作是不容易的，通常如果项目分解程度对时间控制合适的话，则对施工成本支出计划可能分解过细，以至于不可能对每项工作都确定其施工成本支出计划；反之亦然。因此在编制网络计划时，应在充分考虑进度控制对项目计划要求的同时，还要考虑确定施工成本支出计划对项目的要求，做到二者兼顾。

以上三种编制施工成本计划的方法并不是独立的。在实践中，往往是将这几种方法结合起来使用，从而达到扬长避短的效果。例如，将按子项目分解项目总施工成本与按施工成本构成分解项目总施工成本两种方法相结合，横向按施工成本分解，纵向按子项目分解，或相反。这种分解方法有助于检查各分部分项工程施工成本构成是否完整，有无重复计算或漏算；同时还有助于检查各项具体的施工成本支出的对象是否明确或落实，并且可以从数字上校核分解的结果有无错误。还可以将按子项目分解项目总施工成本计划与按时间分解项目总施工成本结合起来，一般纵向按子项目分解，横向按时间分解。

5.2.2 施工成本控制的依据

1. 合同文件（承包合同） 施工成本的控制要以合同文件（承包合同）为依据，围绕降低工程成本这个目标，从预算收入和实际成本两方面，努力挖掘增收节支潜力，以求获得最大的经济效益。

2. 施工成本计划 施工成本计划是根据施工项目的具体情况制定的施工成本控制方案，既包括预定的具体成本控制目标，又包括实现控制目标的措施和规划，是施工成本控制的指导文件。

3. 进度报告 进度报告提供了每一时刻工程实际完成量、工程施工成本实际支出情况等重要信息。施工成本控制工作通过实际情况与计划比较，找出二者之间的差别，分析偏差产生的原因，从而采取措施改进以后的工作。此外，进度报告还有助于管理者及时发现工程实际中存在的隐患，并在事态还未造成重大损失之前采取有效措施，尽量避免损失。

4. 工程变更与索赔资料 在项目的实施过程中，由于各方面的原因，工程变更是很难避免的。工程变更一般包括设计变更、进度变更、施工条件变更、技术规范与标准变更、施工工序变更、工程数量变更等。一旦出现变更，工程量、工期、成本都必将发生变化，从而使得施工成本控制工作变得更加复杂和困难。因此，施工成本管理人员就应当通过对变更要求当中各类数据的计算、分析，随时掌握变更情况，包括已发生工程量、将要发生工程量、工期是否拖延、支付情况等重要信息，判断变更以及变更可能带来的索赔额度等。

除了上述几种施工成本控制的主要依据以外，有关施工组织设计、分包合同文件等也是施工成本控制的依据。

5.2.3　施工成本控制的步骤

在确定了项目施工成本计划之后，必须及时收集实际成本数据，定期地进行施工成本计划值与实际值的比较，当实际值偏离计划值时，分析产生偏差的原因，采取适当的纠偏措施，以确保施工成本控制目标的实现，其步骤如下：

1. 比较　按照某种确定的方式将施工成本计划值与实际值逐项进行比较，以发现施工成本是否已超支。

2. 分析　在比较的基础上，对比较的结果进行分析，以确定偏差的严重性及偏差产生的原因。这一步是施工成本控制工作的核心，其主要目的在于找出产生偏差的原因，从而采取有针对性的措施，减少或避免相同原因的再次发生或减少由此造成的损失。

3. 预测　根据项目实施情况估算整个项目完成时的施工成本。预测的目的在于为决策提供支持。

4. 纠偏　当工程项目的实际施工成本出现了偏差时，应当根据工程的具体情况、偏差分析和预测的结果，采取适当的措施，以达到使施工成本偏差尽可能小的目的。纠偏是施工成本控制中最具实质性的一步，只有通过纠偏，才能最终达到有效控制施工成本的目的。

5. 检查　检查是指对工程的进展进行跟踪和检查，及时了解工程进展状况以及纠偏措施的执行情况和效果，必要时还应进行成本计划的修改，为今后的工作积累经验。

5.2.4　施工成本控制的方法

施工成本控制的方法很多，这里着重介绍偏差分析法。

1. 偏差的概念　在施工成本控制中，把施工成本的实际值与计划成本的差异叫做施工成本偏差，即

$$\text{施工成本偏差} = \text{已完工程实际施工成本} - \text{已完工程计划施工成本} \tag{5-1}$$

式中

$$\text{已完工程实际施工成本} = \text{已完工程量} \times \text{实际单位成本} \tag{5-2}$$

$$\text{已完工程计划施工成本} = \text{已完工程量} \times \text{计划单位成本} \tag{5-3}$$

结果为正表示施工成本超支，结果为负表示施工成本节约。但是，必须特别指出，进度偏差对施工成本偏差分析的结果有重要影响，如果不加考虑就不能正确反映施工成本偏差的实际情况。如，某一阶段的施工成本超支，可能是由于进度超前导致的，也可能是由于物价上涨导致的。所以，必须引入进度偏差的概念。

$$\text{进度偏差（Ⅰ）} = \text{已完工程实际时间} - \text{已完工程计划时间} \tag{5-4}$$

为了与施工成本偏差联系起来，进度偏差也可表示为

$$\text{进度偏差（Ⅱ）} = \text{拟完工程计划施工成本} - \text{已完工程计划施工成本} \tag{5-5}$$

所谓拟完工程计划施工成本，是指根据进度计划安排在某一确定时间内所应完成的工程内容的计划施工成本，即

$$拟完工程计划施工成本 = 拟完工程量(计划工程量) \times 计划单位成本 \qquad (5-6)$$

进度偏差为正值，表示工期拖延；结果为负值，表示工期提前。用公式（5-5）来表示进度偏差，其思路是可以接受的，但表达并不十分严格。在实际应用时，为了便于工期调整，还需将用施工成本差额表示的进度偏差转换为所需要的时间。

2. 偏差分析的方法　偏差分析可采用不同的方法，常用的有横道图法、表格法和曲线法。

（1）横道图法。用横道图法进行施工成本偏差分析，是用不同的横道标识已完工程计划施工成本。拟完工程计划施工成本和已完工程实际施工成本，横道的长度与其金额成正比例，如图5-1所示。

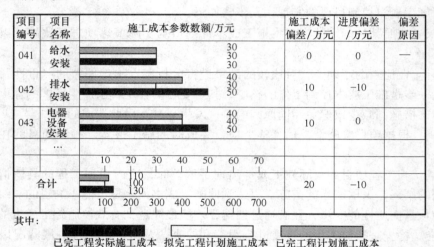

图 5-1　横道图法的施工成本偏差分析

横道图法具有形象、直观、一目了然等优点，它能准确表达出施工成本的绝对偏差，而且能一眼感受到偏差的严重性。但是这种方法反映的信息量少，一般在项目的较高管理层应用。

（2）表格法。表格法是进行偏差分析最常用的一种方法。它将项目编号、名称、各施工成本参数以及施工成本偏差数综合归纳入一张表格中，并且直接在表格中进行比较。由于各偏差参数都在表中列出，使得施工成本管理者能够综合地了解并处理这些数据。表5-1是用表格法进行偏差分析的例子，用表格法进行偏差分析具有如下优点。

表 5-1　施工成本偏差分析

项　目　编　号	(1)	041	042	043
项目名称	(2)	给水安装	排水安装	电器设备安装
单位	(3)			
计划单位成本	(4)			
拟完工程量	(5)			

（续）

项 目 编 号	(1)	041	042	043
拟完工程计划施工成本	(6) = (4)×(5)	30	30	40
已完工程量	(7)			
已完工程计划施工成本	(8) = (4)×(7)	30	40	40
实际单位成本	(9)			
其他款项	(10)			
已完工程实际施工成本	(11) = (7)×(9) + (10)	30	50	50
施工成本局部偏差	(12) = (11) − (8)	0	10	10
施工成本局部偏差程度	(13) = (11) ÷ (8)	1	1.25	1.25
施工成本累计偏差	(14) = Σ(12)			
施工成本累计偏差程度	(15) = Σ(11) ÷ Σ(8)			
进度局部偏差	(16) = (6) − (8)	0	− 10	0
进度局部偏差程度	(17) = (6) ÷ (8)	1	0.75	1
进度累计偏差	(18) = Σ(16)			
进度累计偏差程度	(19) = Σ(6) ÷ Σ(8)			

1）灵活、适用性强。可根据实际需要设计表格，进行增减项。

2）信息量大。可以反映偏差分析所需的资料，从而有利于施工成本控制人员及时采取针对性措施，加强控制。

3）表格处理可借助于计算机，节约大量数据处理所需的人力，并大大提高速度。

（3）曲线法。曲线法是用施工成本累计曲线（S形曲线）来进行施工成本偏差分析的一种方法。如图5-2所示，其中 a 表示施工成本实际值曲线，p 表示施工成本计划值曲线，两条曲线之间的竖向距离表示施工成本偏差。

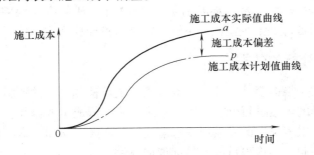

图5-2　施工成本计划值与实际值曲线

在用曲线法进行施工成本偏差分析时，首先要确定施工成本计划值曲线。施工成本计划值曲线是与确定的进度计划联系在一起的。同时，也应考虑实际进度的影响，应当引入三条施工成本参数曲线，即已完工程实际施工成本曲线 a，已完工程计划施工成本曲线 b 和拟完工程计划施工成本曲线 p（图5-3）。图中曲线 a 与曲线 b 的竖向距离表示施工成本偏差，曲线 b 与曲线 p 的水平距离表示进度偏差。图5-3反映的偏差为累计偏差。用曲线法进行偏差分析同样具有形象、直观的特点，但这种方法很难直接用于定量分析，只能对定量分析起一定的指导作用。

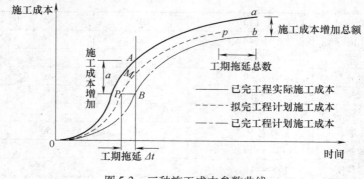

图 5-3 三种施工成本参数曲线

课题 3 施工成本的核算与分析

5.3.1 施工成本的核算原则

1. 项目成本核算以规章制度为基础 根据财务制度和会计制度的有关规定，在企业职能部门的指导下，建立项目成本核算制度，明确项目成本核算的原则、范围、程序、方法、内容、责任及要求，并设置核算台账，记录原始数据。

2. 项目成本核算以月为核算期 核算对象一般按单位工程划分，并与项目管理责任目标成本的界定范围一致。

3. 项目成本核算以三同步为原则 坚持施工形象进度、施工产值统计、实际成本归集三同步的原则。

4. 项目成本核算由项目经理部按月报告 项目经理部应在跟踪核算分析的基础上，编制月度项目成本报告，上报企业成本主管部门进行指导检查和考核。

5.3.2 施工成本分析的依据

施工成本分析就是根据会计核算、业务核算和统计核算提供的资料，对施工成本的形成过程和影响成本升降的因素进行分析，以寻求进一步降低成本的途径；另一方面，通过成本分析，可以从账簿、报表反映的成本现象看清成本的实质，从而增强项目成本的透明度和可控性，为加强成本控制，实现项目成本目标创造条件。

1. 会计核算 会计核算主要是价值核算。会计是对一定单位的经济业务进行计量、记录、分析和检查，作出预测，参与决策，实行监督，旨在实现最优经济效益的一种管理活动。它通过设置账户、复式记账、填制和审核凭证、登记账簿、成本计算、财产清查和编制会计报表等一系列有组织有系统的方法，来记录企业的一切生产经营活动，然后据以提出一些用货币来反映的有关各种综合性经济指标的数据。资产、负债、所有者权益、收入、费用、利润等会计六要素指标主要是通过会计来核算。至于其他指标，会计核算的记录中也是可以有所反映的，但在反映的广度和深度上有很大的局限性，一般不用会计核算来反映。由于会计记录具有连续性、系统性、综合性等特点，所以它是施工成本分析的重要依据。

2. 业务核算 业务核算是各业务部门根据业务工作的需要而建立的校算制度，它包括原始记录和计算登记表，如单位工程及分部分项工程进度登记，质量登记，工效、定额计算登记，物资消耗记录，测试记录等。业务核算的范围比会计、统计核算要广，会计和统计核算一般是对已经发生的经济活动进行核算，而业务核算，不但可以对已经发生的，而且还可以对尚未发生或正在发生的经济活动进行核算，看是否可以做，是否有经济效果。它的特点是对个别的经济业务进行单项核算。只是记载单一的事项，最多是略有整理或稍加归类，不求提供综合性、总括性指标。核算范围不太固定，方法也很灵活，不像会计核算和统计核算那样有一套特定的系统的方法。例如各种技术措施、新工艺等项目，可以核算已经完成的项目是否达到原定的目的，取得预期的效果，也可以对准备采取措施的项目进行演算和审查，看是否有效果，值不值得采纳，随时都可以进行。业务核算的目的，在于迅速取得资料，在经济活动中及时采取措施进行调整。

3. 统计核算　　统计核算是利用会计核算资料和业务核算资料，把企业生产经营活动客观现状的大量数据，按统计方法加以系统整理，表明其规律性。它的计量尺度比会计核算宽，可以用货币计算，也可以用实物或劳动量计量。它通过全面调查和抽样调查等特有的方法，不仅能提供绝对数指标，还能提供相对数和平均数指标，可以计算当前的实际水平，确定变动速度，预测发展的趋势。统计除了主要研究大量的经济现象以外，也很重视个别先进事例与典型事例的研究。有时，为了使研究的对象更有典型性和代表性，还把一些偶然性的因素或次要的枝节问题予以剔除；为了对主要问题进行深入分析，不一定要求对企业的全部经济活动做出完整、全面、时序的反映。

5.3.3　施工成本分析的方法

施工成本分析可采用比较法、因素分析法、差额计算法、比率法等基本方法，也可以采用分部分项工程成本分析、年季月度成本分析、竣工成本分析等综合成本分析方法。

5.3.3.1　成本分析的基本方法

1. 比较法　　比较法又称指标对比分析法，是通过技术经济指标对比，检查目标完成情况，分析产生差异的原因，进而挖掘内部潜力的方法。这种方法具有通俗易懂、简单易行、便于掌握的特点，因而得到了广泛的应用，但在应用时必须注意各技术经济指标的可比性。比较法的应用通常有下列形式：

（1）将实际指标与目标指标对比。以此检查目标完成情况，分析影响目标完成的积极因素和消极因素，以便及时采取措施，保证成本目标的实现。在进行实际指标与目标指标对比时，还应注意目标本身有无问题。如果目标本身出现问题，则应调整目标，重新正确评价实际工作的成绩。

（2）本期实际指标与上期实际指标对比。通过对比，可以看出各项技术经济指标的变动情况，反映施工管理水平的提高程度。

（3）项目水平与本行业平均水平、先进水平对比。通过对比，可以反映本项目的技术管理和经济管理与行业的平均水平和先进水平的差距，进而采取措施赶超先进水平。

2. 因素分析法　　因素分析法又称连环置换法。这种方法可用来分析各种因素对成本的影响程度。在进行分析时，首先要假定众多因素中的一个因素发生了变化，而其他因素不变，然后逐个替换，分别比较其计算结果，以确定各个因素的变化对成本的影响程度。因素分析法的计算步骤如下：

1）确定分析对象，并计算出实际数与目标数的差异。

2）确定该指标是由哪几个因素组成的，并按其相互关系进行排序。

3）以目标数为基础，将各因素的目标数相乘，作为分析替代的基数。

4）将各个因素的实际数按照上面的排列顺序进行替换计算，并将替换后的实际数保留下来。

5）将每次替换计算所得的结果，与前一次的计算结果相比较，两者的差异即为该因素对成本的影响程度。

6）各个因素的影响程度之和，应与分析对象的总差异相等。

3. 差额计算法　差额计算法是因素分析法的一种简化形式，它利用各个因素的目标值与实际值的差额来计算其对成本的影响程度。

4. 比率法　比率法是指用两个以上的指标的比例进行分析的方法。它的基本特点是：先把对比分析的数值变成相对数，再观察其相互之间的关系。常用的比率法有以下几种：

（1）相关比率法。由于项目经济活动的各个方面是相互联系、相互依存、又相互影响的，因而可以将两个性质不同而又相关的指标加以对比，求出比率，并以此来考察经营成果的好坏。例如，产值和工资是两个不同的概念，但它们的关系又是投入与产出的关系。在一般情况下，都希望以最少的工资支出完成最大的产值。因此，用产值与工资指标来考核人工费的支出水平，就很能说明问题。

（2）构成比率法。构成比率法又称比重分析法或结构对比分析法。通过构成比率，可以考察成本总量的构成情况及各成本项目占成本总量的比重，同时也可看出量、本、利的比例关系（即预算成本、实际成本和降低成本的比例关系），从而为寻求降低成本的途径指明方向。

（3）动态比率法。是将同类指标不同时期的数值进行对比，求出比率，以分析该项指标的发展方向和发展速度。动态比率的计算通常采用基期指数和环比指数两种方法。

5.3.3.2　综合成本的分析法

所谓综合成本，是指涉及多种生产要素，并受多种因素影响的成本费用，如分部分项工程成本、月（季）度成本、年度成本等。由于这些成本都是随着项目施工的进展而逐步形成的，与生产经营有着密切的关系。因此，做好上述成本的分析工作，无疑将促进项目的生产经营管理，提高项目的经济效益。

1. 分部分项工程成本分析　分部分项工程成本分析是施工项目成本分析的基础，分析的对象为已完成的分部分项工程。分析的方法是：进行预算成本、目标成本和实际成本的"三算"对比，分别计算实际偏差和目标偏差，分析偏差产生的原因，为今后的分部分项工程成本寻求节约途径。

分部分项工程成本分析的资料来源：预算成本来自投标报价成本，目标成本来自施工预算，实际成本来自施工任务单的实际工程量、实耗人工和限额领料单的实耗材料。

由于施工项目包括很多分部分项工程，不可能也没有必要对每一个分部分项工程都进行成本分析，特别是一些工程量小、成本费用少的零星工程。但是，对于那些主要分部分项工程则必须进行成本分析，而且要做到从开工到竣工进行系统的成本分析。这是一项很有意义的工作，因为通过主要分部分项工程成本的系统分析，可以基本了解项目成本形成的全过程，为竣工成本分析和今后项目成本管理提供参考资料。分部分项工程成本分析表见表5-2。

表 5-2　分部分项工程成本分析表

单位工程：＿＿＿＿＿＿＿＿＿＿＿＿

分部分项工程名称：＿＿＿＿＿　工程量：＿＿＿＿＿　施工班组：＿＿＿＿＿　施工日期：＿＿＿＿

工程名称	规格	单位	单价	预算成本		计划成本		实际成本		实际与预算比较		实际与计划比较	
				数量	金额	数量	金额	数量	金额	数量	金额	数量	金额
合计													
实际与预算比较（％）（预算＝100）													
实际与计划比较（％）（计划＝100）													
节超原因说明													

编制单位：　　　　　　　　　　　　　　编制人员：　　　　　　　　　　　　填表日期：

2. 月（季）度成本分析　月（季）度成本分析，是施工项目定期的、经常性的中间成本分析。对于具有一次性特点的施工项目来说，有着特别重要的意义。因为通过月（季）度成本分析，可以及时发现问题，以便按照成本目标指定的方向进行监督和控制，保证项目成本目标的实现。月（季）度成本分析的依据是当月（季）的成本报表。分析方法通常有以下几个方面：

（1）通过实际成本与预算成本的对比，分析当月（季）的成本降低水平；通过累计实际成本与累计预算成本的对比，分析累计的成本降低水平，预测实现项目成本目标的前景。

（2）通过实际成本与目标成本的对比，分析目标成本的落实情况，以及目标管理中的问题和不足，进而采取措施，加强成本管理，保证成本目标的落实。

（3）通过对各成本项目的成本分析，了解成本总量的构成比例和成本管理的薄弱环节。例如，在成本分析中，发现人工费、机械费和间接费等项目大幅度超支，就应该对这些费用的收支配比关系认真研究，并采取对应的增收节支措施，防止以后再超支。如果是属于预算定额规定的"政策性"亏损，则应从控制支出着手，把超支额压缩到最低限度。

（4）通过主要技术经济指标的实际与目标对比，分析产量、工期、质量、"三材"节约率、机械利用率等对成本的影响。

（5）通过对技术组织措施执行效果的分析，寻求更加有效的节约途径。

（6）分析其他有利条件和不利条件对成本的影响。

3. 年度成本分析　企业成本要求一年结算一次，不得将本年成本转入下一年度。而项目成本则以项目的寿命周期为结算期，要求从开工、竣工到保修期结束连续计算，最后结算出成本总量及其盈亏。由于项目的施工周期一般较长，除进行月（季）度成本核算和分析外，还要进行年度成本的核算和分析。这不仅是为了满足企业汇编年度成本报表的需要，同时也是项目成本管理的需要。因为通过年度成本的综合分析，可以总结一年来成本管理的成绩和不足，为今后的成本管理提供经验和教训，从而可对项目成本进行更有效的管理。

年度成本分析的依据是年度成本报表。年度成本分析的内容，除了月（季）度成本分析的六个方面以外，重点是针对下一年度施工进展情况的规划，提出切实可行的成本管理措施，以保证施工项目成本目标的实现。

4. 竣工成本的综合分析　凡是有几个单位工程而且是单独进行成本核算的施工项目，其竣工成本分析应以各单位工程竣工成本分析的资料为基础，再加上项目经理部的经营效益（如资金调度、对外分包等所产生的效益）进行综合分析。如果施工项目只有一个单位工程（成本核算对象），就以该单位工程的竣工成本资料作为成本分析的依据。

单位工程竣工成本分析，应包括以下三方面内容：

1）竣工成本分析。

2）主要资源节超对比分析。

3）主要技术节约措施及经济效果分析。

通过以上分析，可以全面了解单位工程的成本构成和降低成本的来源，对以后同类工程的成本管理有参考价值。

课题 4　工程合同管理

5.4.1　工程合同的概述

合同又称契约，根据《中华人民共和国合同法》规定，凡作为平等主体的自然人、法人、其他组织之间，设立、变更、终止民事权利义务关系的协议称为合同。

5.4.1.1　合同的形式和主要条款

1. 合同的形式　合同的形式，是合同当事人双方对合同的内容经过协商达成协议的具体表现形式，是合同内容的载体。合同的形式有书面形式、口头形式和其他形式。建筑安装工程施工合同采用书面形式。

2. 合同的主要条款

1）合同当事人双方的名称或姓名和住所。合同当事人即合同主体，包括自然人、法人和其他组织。

2）标的，指合同当事人双方权利和义务共同指向的对象，表现形式为物、劳务、行为、智力成果、工程项目等。

3）数量，即标的的数量，是以数字和计量单位来衡量标的尺度。

4）质量，即标的的质量。

5）价格或者报酬。

6）履行期限、地点和方式。

7）违约责任。

8）解决争议的方法。

5.4.1.2　合同订立的方式

合同订立是指合同当事人双方依法就合同内容达成一致的过程。在法律程序上，把合同订立的全过程划分为要约与承诺两个阶段。建筑安装工程通常以工程招标和工程投标两个形式来履行合同的订立。

1. 要约　要约是指当事人一方向另一方提出订立合同的愿望和合同重要条款，并限定其在一定期限内作出承诺的意思表示。在要约中，提出订立合同的一方为要约人，要约发向的一方为受约人。

2. 承诺　承诺是受约人向要约人作出对要约完全同意的意见表示。受约人作出承诺后称为承诺人。

要约和承诺的过程，是订立合同的一般程序，在此项工作中，一项合同的订立往往要经过反复的协商过程，即要约—新要约—再要约—再新要约—直至承诺，最终合同才成立。

3. 工程招标　工程招标是指招标人（要约人）事先提出工程的条件和要求，发布招标广告吸引或直接邀请众多投标人（受约人）参加投标，并按照规定程序从中选择中标人的行为，如勘察招标、设计招标、工程监理招标、工程施工招标等。有公开招标和邀请招标两种形式，一般应采用公开招标。

4. 工程投标　工程投标是指投标人在同意招标人拟订好的招标文件的前提下，对招标项目提出自己的报价和相应条件，通过竞争以求获得招标项目的行为。

工程项目按照招标文件的要求，组成评标委员会，对所投的标书进行开标、评标，确定中标单位候选人，再由招标人和中标人按订立合同的程序，直至中标人承诺，最终订立合同。

5.4.2　建设工程合同谈判与签约

5.4.2.1　合同谈判的主要内容

1. 关于工程内容和范围的确认

合同的标的是合同最基本的要素，建设工程合同的标的量化就是工程承包内容和范围。对于在谈判讨论中经双方确认的内容及范围方面的修改或调整，应和其他所有谈判双方达成一致的内容一样，以文字方式确定下来，并以合同补遗或会议纪要方式作为合同的一部分。

2. 关于技术要求、技术规范和施工技术方案　双方可对技术要求、技术规范和施工技术方案等进行进一步讨论和确认，必要的情况下甚至可以变更技术要求和施工方案。

3. 关于合同价格条款　合同依据计价方式的不同主要有总价合同、单价合同和成本加酬金合同，在谈判中根据工程项目的特点加以确定。对于一般的单价合同，如发包人在原招标文件中未明确工程量变更部分的限度，则谈判时要求与发包人共同确定一个增减量幅度，当超过该幅度时，承包人有权要求对工程单价进行调整。

4. 关于价格调整条款　一般建设工程工期较长，若遭受货币贬值或通货膨胀等因素的影响，可能会给承包人造成较大损失。价格调整条款可以比较公正地解决这一非承包人可控制的风险损失。

5. 关于合同款支付方式的条款　建设工程施工合同的付款分四个阶段进行，即预付款、工程进度款、最终付款和退还保留金。关于支付时间、支付方式、支付条件和支付审批程序等有很多种可能的选择，并且可能对承包人的成本、进度等产生比较大的影响，因此，合同支付方式的有关条款是谈判的重要方面。

6. 关于工期和保修期　被授标的承包人首先应根据投标文件中自己填报的工期及考虑工程量的变动而产生的影响，与发包人最后确定工期。关于开工日期，如可能时应根据承包人的项目准备情况、季节和施工环境因素等洽商一个适当的时间。

合同文本中应当对保修的范围和保修责任及保修期的开始和结束时间有明确的说明。承包人应该只承担由于材料和施工方法及操作工艺等不符合合同规定而产生的缺陷。如承包人认为发包人提供的投标文件（事实上将构成为合同文件）中对它们说明得不满意时，应该与发包人谈判清楚，并落实在合同补遗上。

7. 关于完善合同条件的问题　主要包括：合同图纸；合同的某些措辞；违约罚金和工期提前奖金；工程量验收以及衔接工序和隐蔽工程施工的验收程序；施工占地；开工和工期；向承包人移交施工现场和基础资料；工程交付；预付款保函的自动减额条款。

5.4.2.2　建设工程合同最后文本的确定和合同签订

1. 合同文件内容　建设工程合同文件构成：合同协议书；工程量及价格单；合同条件（由合同一般条件和合同特殊条件两部分构成）；投标人须知；合同技术条件（附投标图纸）；发包人授标通知；双方代表共同签署的合同补遗（有时也以合同谈判会议纪要形式表示）；中标人投标时所递交的主要技术和商务文件（包括原投标书的图纸，承包人提交的技术建议书和投标文件的附图）；其他双方认为应该作为合同的一部分的文件，如投标阶段发包人发出的变动和补遗，发包人要求投标人澄清问题的函件和承包人所做的文字答复，双方往来函件，以及投标时的降价信等。

对所有在招标投标及谈判前后各方发出的文件、文字说明、解释性资料进行清理。对凡是与上述合同构成相矛盾的文件，应宣布作废，可以在双方签署的合同补遗中，对此做出排除性质的声明。

2. 关于合同协议的补遗　在合同谈判阶段双方谈判的结果一般以合同补遗的形式，有时也可以以合同谈判纪要形式，形成书面文件。这一文件将成为合同文件中极为重要的组成部分，因为它最终确认了合同签订人之间的意志，所以它在合同解释中优先于其他文件。为此不仅承包人对它重视，发包人也极为重视，一般由发包人或其监理工程师起草。

因为合同补遗或合同谈判纪要会涉及合同的技术、经济、法律等所有方面，作为承包人主要是核实其是否忠实于合同谈判过程中双方达成的一致意见及其文字的准确性。对于经过谈判更改了招标文件中条款的部分，应说明已就某某条款进行修正，合同实施按照合同补遗某某条款执行。

同时应该注意的是，建设工程承包合同必须遵守法律。对于违反法律的条款，即使由合同双方达成协议并签了字，也不受法律保护。因此，为了确保协议的合法性，应由律师核实，才可对外确认。

3. 签订合同　发包人或监理工程师在合同谈判结束后，应按上述内容和形式完成一个完整的合同文本草案，并经承包人授权代表认可后正式形成文件，承包人代表应认真审核合同草案的全部内容。当双方认为满意并核对无误后，由双方代表草签。至此合同谈判阶段即告结束。此时，承包人应及时准备和递交履约保函，准备正式签署承包合同。

5.4.3　工程合同的类型及主要内容

5.4.3.1　工程合同的类型

1. 按照工程建设阶段分类　建设工程的建设过程大体上经过勘察、设计、施工三个阶段，围绕不同阶段订立相应合同。

1）建设工程勘察是指根据建设工程的要求，查明、分析、评价建设场地的地质地理环境特征和岩土工程条件，编制建设工程勘察文件的活动。

2）建设工程设计是指根据建设工程的要求，对建设工程所需的技术、经济、资源、环境等条件进行综合分析、论证，编制建设工程设计文件的活动。

3）建设工程施工是指根据建设工程设计文件的要求，对建设工程进行新建、扩建、改建的活动。

2. 按照承发包方式分类

1）勘察、设计或施工总承包合同。

2）单位工程施工承包合同。

3）工程项目总承包合同。

4）BOT 合同（又称特许权协议书）。

3. 按合同计价方式分类

1）总价合同。总价合同一般要求投标人按照招标文件要求报一个总价，在这个价格下完成合同规定的全部项目。总价合同还可以分为固定总价合同、调价总价合同等。

2）单价合同。这种合同指根据发包人提供的资料，双方在合同中确定每一单项工程单价，结算则按实际完成工程量乘以每项工程单价计算。单价合同还可以分为估计工程量单价合同、纯单价合同、单价与包干混合式合同等。

3）成本加酬金合同。这种合同是指成本费按承包人的实际支出由发包人支付，发包人同时另外向承包人支付一定数额或百分比的管理费和商定的利润。

4. 与建设工程有关的其他合同

1）建设工程委托监理合同。

2）建设工程物资采购合同。

3）建设工程保险合同。

4）建设工程担保合同。

5.4.3.2　建设工程合同的主要内容

1. 建设工程总承包合同的主要内容

（1）建设工程总承包合同的主要条款

1）词语含义及合同文件。建设工程总承包合同双方当事人应对合同中常用的或容易引起歧义的词语进行解释，赋予它们明确的含义。对合同文件的组成、顺序、合同使用的标准，也应作出明确的规定。

2）总承包的内容。建设工程总承包合同双方当事人应对总承包的内容作出明确规定，一般包括从工程立项到交付使用的工程建设全过程。具体应包括勘察设计、设备采购、施工管理、试车考核（或交付使用）等内容。具体的承包内容由当事人约定，如约定设计—施工的总承包、投资—设计—施工的总承包等。

3）双方当事人的权利义务。发包人一般应当承担以下义务：按照约定向承包人支付工程款；向承包人提供现场；协助承包人申请有关许可、执照和批准等。承包人一般应当承担以下义务：完成满足发包人要求的工程以及相关的工作；提供履约保证；负责工程的协调与组织实施；按照发包人的要求终止合同。

4）合同履行期限。合同应当明确规定交工的时间，同时也应对各阶段的工作期限作出明确规定。

5) 合同价款。这一部分内容应规定合同价款的计算方式、结算方式，以及价款的支付期限等。

6) 工程质量与验收。合同应当明确规定对工程质量的要求，对工程质量的验收方法、验收时间及确认方式。工程质量检验的重点应当是竣工验收，通过竣工验收后发包人可以接收工程。

7) 合同的变更。工程建设的特点决定了建设工程总承包合同在履行中往往会出现一些事先没有估计到的情况。一般在合同期限内的任何时间，发包人代表可以通过发布指示或者要求承包人以递交建议书的方式提出变更。如果承包人认为这种变更是有价值的，也可以在任何时候向发包人代表提交此类建议书。当然，最后的批准权在发包人。

8) 风险、责任和保险。承包人应当保障和保护发包人、发包人代表以及雇员免遭由工程导致的一切索赔、损害和开支。应由发包人承担的风险也应作明确的规定。合同对保险的办理、保险事故的处理等都应作明确的规定。

9) 工程保修。合同应按国家的规定写明保修项目、内容、范围、期限及保修金额和支付办法。

10) 对设计、分包人的规定。承包人进行并负责工程的设计，设计应当由合格的设计人员进行。承包人还应当编制足够详细的施工文件，编制和提交竣工图、操作和维修手册。承包人应对所有分包方遵守合同的全部规定负责。任何分包方、分包方的代理人或者雇员的行为违约，完全视为承包人自己的行为违约，并负全部责任。

11) 索赔和争议的处理。合同应明确索赔的程序和争议的处理方式。对争议的处理，一般应以仲裁作为解决的最终方式。

12) 违约责任。合同应明确双方的违约责任。包括发包人不按时支付合同价款的责任、超越合同规定干预承包人工作的责任等；也包括承包人不能按合同约定的期限和质量完成工作的责任等。

(2) 建设工程总承包合同的订立和履行

1) 建设工程总承包合同的订立。建设工程总承包合同通过招标投标方式订立。承包人一般应当根据发包人对项目的要求编制投标文件，包括设计方案、施工方案、设备采购方案、报价等。双方在合同上签字盖章后合同即告成立。

2) 建设工程总承包合同的履行。建设工程总承包合同订立后，双方都应按合同的规定严格履行。总承包单位可以按合同规定对工程项目进行分包，但不得倒手转包。总承包单位可以将承包工程中的部分工程发包给具有相应资质条件的分包单位；但是，除总承包合同中约定的工程分包外，必须经发包人认可。

2. 施工总承包合同的主要内容

原建设部和国家工商行政管理总局于 1999 年发布了《建设工程施工合同（示范文本）》（GF—1999—0201）（以下简称《示范文本》），这是一种主要适用于施工总承包的合同。该《示范文本》由协议书、通用条款和专用条款三部分组成。

(1) 协议书内容

1) 工程概况，包括工程名称、工程地点、工程内容、工程立项批准文号、资金来源。

2) 工程承包范围，即承包人承包的工作范围和内容。

3）合同工期，包括开工日期、竣工日期、合同工期总日历天数。

4）质量标准，工程质量必须达到国家标准规定的合格标准，双方也可以约定达到国家标准规定的优良标准。

5）合同价款，合同价款应填写双方确定的合同金额。

6）组成合同的文件。合同文件应能相互解释，互为说明。组成合同的文件包括本合同协议书、中标通知书、投标书及其附件、本合同专用条款、本合同通用条款、标准、规范及有关技术文件、图纸、工程量清单、工程报价单或预算书。

7）本协议书中有关词语含义与本合同第二部分通用条款中分别赋予它们的定义相同；

8）承包人向发包人承诺按照合同约定进行施工、竣工并在质量保修期内承担工程质量保修责任。

9）发包人向承包人承诺按照合同约定的期限和方式支付合同价款及其他应当支付的款项。

10）合同的生效。

（2）通用条款内容

1）词语定义及合同文件。

2）双方一般权利和义务。

3）施工组织设计和工期。

4）质量与检验。

5）安全施工。

6）合同价款与支付。

7）材料设备供应。

8）工程变更。

9）竣工验收与结算。

10）违约、索赔和争议。

11）其他。

（3）专用条款内容

1）词语定义及合同文件。

2）双方一般权利和义务。

3）施工组织设计和工期。

4）质量与检验。

5）安全施工。

6）合同价款与支付。

7）材料设备供应。

8）工程变更。

9）竣工验收与结算。

10）违约、索赔和争议。

11）其他

专用条款与通用条款是相对应的，专用条款具体内容由发包人与承包人协商将工程的具体要求填写在合同文本中。建设工程合同专用条款的解释优于通用条款。

5.4.4 工程合同实施的管理

5.4.4.1 建设工程合同分析

1. 合同分析的必要性 进行合同分析是基于以下原因：

1）合同条文繁杂，内涵意义深刻，法律语言不容易理解。

2）同在一个工程中，往往几份、十几份甚至几十份合同交织在一起，相互之间有十分复杂的关系。

3）合同文件和工程活动的具体要求（如工期、质量、费用等）的衔接处理。

4）工程小组、项目管理职能人员等所涉及的活动和问题不是合同文件的全部，而仅为合同的部分内容，如何全面理解合同对合同的实施将会产生重大影响。

5）合同中存在问题和风险，包括合同审查时已经发现的风险和还可能隐藏着的尚未发现的风险。

6）合同条款的具体落实。

7）在合同实施过程中，合同双方将会产生的争议。

2. 建设工程合同分析的内容 合同分析在不同的时期，为了不同的目的，有不同的内容。

（1）合同的法律基础。分析订立合同所依据的法律、法规，通过分析，承包人了解适用于合同的法律的基本情况（范围、特点等），用以指导整个合同实施和索赔工作。对合同中明示的法律应重点分析。

（2）承包人的主要任务

1）明确承包人的总任务，即合同标的。承包人在设计、采购、生产、试验、运输、土建、安装、验收、试生产、缺陷责任期维修等方面的主要责任，施工现场的管理，给发包人的管理人员提供生活和工作条件等责任。

2）明确合同中的工程量清单、图纸、工程说明、技术规范的定义。工程范围的界限应很清楚，否则会影响工程变更和索赔，特别是对固定总价合同。

3）在合同实施中，如果工程师指令的工程变更属于合同规定的工程范围，则承包人必须无条件执行；如果工程变更超出承包人应承担的风险范围，则可向发包人提出工程变更的补偿要求。

4）明确工程变更的补偿范围，通常以合同金额一定的百分比表示。通常这个百分比越大，承包人的风险越大。

5）明确工程变更的索赔有效期，由合同具体规定，一般为 28 天，也有 14 天的。一般这个时间越短，对承包人管理水平的要求越高，对承包人越不利。

（3）发包人的责任

1）发包人雇用工程师并委托他全权履行发包人的合同责任。

2）发包人和工程师有责任对平行的各承包人和供应商之间的责任界限做出划分，对这方面的争执做出裁决，对他们的工作进行协调，并承担管理和协调失误造成的损失。

3）及时做出承包人履行合同所必需的决策，如下达指令、履行各种批准手续、做出认可、答复请示、完成各种检查和验收手续等。

4）提供施工条件，如及时提供设计资料、图样、施工场地、道路等。

5）按合同规定及时支付工程款，及时接收已完工程等。

（4）合同价格分析

1）合同所采用的计价方法及合同价格所包括的范围。

2）工程计量程序，工程款结算（包括进度付款、竣工结算、最终结算）方法和程序。

3）合同价格的调整，即费用索赔的条件、价格调整方法、计价依据、索赔有效期规定等。

4）拖欠工程款的合同责任。

（5）施工工期。在实际工程中，工期拖延极为常见和频繁，而且对合同实施和索赔的影响很大，所以要特别重视。

（6）违约责任。如果合同一方未遵守合同规定，造成对方损失，应受到相应的合同处罚。

1）承包人不能按合同规定工期完成工程的违约金或承担发包人损失的条款。

2）由于管理上的疏忽造成对方人员和财产损失的赔偿条款。

3）由于预谋或故意行为造成对方损失的处罚和赔偿条款等。

4）由于承包人不履行或不能正确地履行合同责任，或出现严重违约时的处理规定。

5）由于发包人不履行或不能正确地履行合同责任，或出现严重违约时的处理规定，特别是对发包人不及时支付工程款的处理规定。

（7）验收、移交和保修。验收包括许多内容，如材料和机械设备的现场验收、隐蔽工程验收、单项工程验收、全部工程竣工验收等。

在合同分析中，应对重要的验收要求、时间、程序以及验收所带来的法律后果特别说明。竣工验收合格即办理移交。移交作为一个重要的合同事件，同时又是一个重要的法律概念，它表示：

1）发包人认可并接收工程，承包人工程施工任务完结。

2）工程所有权的转让。

3）承包人工程照管责任的结束和发包人工程照管责任的开始。

4）保修责任的开始。

5）合同规定的工程款支付条款有效。

（8）索赔程序和争执的解决。它决定着索赔的解决方法，要分析索赔的程序、争执的解决方式和程序、仲裁条款（包括仲裁所依据的法律、仲裁地点、方式和程序、仲裁结果的约束力等）。

5.4.4.2　建设工程合同交底

合同和合同分析的资料是工程实施管理的依据。合同分析后，应由合同管理人员向各层次管理者进行合同交底，把合同责任具体地落实到各责任人和合同实施的具体工作上。

1）合同管理人员向项目管理人员和企业各部门相关人员进行合同交底，组织大家学习合同和合同总体分析结果，对合同的主要内容做出解释和说明。

2）将各种合同事件的责任分解落实到各工程小组或分包人。

3）在合同实施前与其他相关的各方面，如发包人、监理工程师、承包人沟通，召开协调会议，落实各种安排。

4）在合同实施过程中还必须进行经常性的检查、监督，对合同作解释。

5）合同责任的完成必须通过其他经济手段来保证。对分包商，主要通过分包合同确定双方的责权利关系，保证分包商能及时地按质按量地完成合同责任。

5.4.4.3 建设工程合同实施的控制

1. 合同控制的作用　通过合同实施情况分析，找出偏离，以便及时采取措施，调整合同实施过程，达到合同总目标。

在整个工程过程中，通过合同控制能使项目管理人员一直清楚地了解合同实施情况，对合同实施现状、趋向和结果有一个清晰的认识。

2. 合同控制的依据

1）合同和合同分析的结果，如各种计划、方案、洽商变更文件等，它们是比较的基础，是合同实施的目标和方向。

2）各种实际的工程文件，如原始记录，各种工程报表、报告、验收结果等。

3）工程管理人员每天对现场情况的直观了解，如对施工现场的巡视、召集小组开会、检查工程质量等。

3. 合同控制的措施

（1）合同诊断。合同诊断包括分析合同执行差异的原因、分析合同差异的责任、问题的处理。

（2）实施措施。对工程问题的措施有技术措施、组织和管理措施、经济措施、合同措施。

5.4.4.4 建设工程合同档案管理

1. 合同资料种类　在实际工程中与合同相关的资料面广量大，形式多样。

1）合同资料，如各种合同文本、招标文件、投标文件、图纸、技术规范等。

2）合同分析资料，如合同总体分析、网络图、横道图等。

3）工程实施中产生的各种资料，如发包人的各种工作指令、签证、信函、会议纪要和其他协议，各种变更指令、申请、变更记录，各种检查验收报告、鉴定报告。

4）工程实施中的各种记录，施工日志等，官方的各种文件、批件，反映工程实施情况的各种报表、报告、图片等。

2. 合同资料文档管理的内容

（1）合同资料的收集。合同包括许多资料、文件；合同分析又产生许多分析文件；在合同实施中每天又产生许多资料，如记工单、领料单、图纸、报告、指令、信件等。

（2）资料整理。原始资料必须经过信息加工才能成为可供决策的信息，成为工程报表或报告文件。

（3）资料的归档。所有合同管理中涉及的资料必须保存，直到合同结束。为了查找和使用方便，必须建立资料的文档系统。

（4）资料的使用。合同管理人员有责任向项目经理、向发包人作工程实施情况报告，向各职能部门人员和各工程小组、分包商提供资料，为工程的各种验收、为索赔和反索赔提供资料和证据。

🔘 单元小结

1. 施工企业为了追求最大的经济效益，必须严格进行成本控制，对成本的组成、影响成本的因素进行认真的分析，在施工全过程中采取有效控制成本的方法和措施，以达到预期的成本目标。

（1）施工成本管理的任务包括施工成本的预测、计划、控制、核算、分析、考核。

（2）施工成本管理的措施有组织措施、技术措施、经济措施和合同措施。

（3）施工成本的控制依据有合同文件、施工成本计划、进度报告、工程变更与索赔资料。

（4）施工成本控制的步骤包括比较、分析、预测、纠偏、检查。

（5）施工成本分析的依据有会计核算、业务核算、统计核算。

（6）施工成本分析的基本方法有比较法、因素分析法、差额计算法、比率法。

2. 合同是约束当事人行为的准则。合同的签订，有利于明确双方的权利和义务，有利于保护合同当事人双方的合法权益。严格执行合同条款是企业诚信的基本要求。合同文本必须按法律法规的要求制定，做到内容完整，责、权、利明确。

（1）合同谈判的主要内容包括工程内容和范围的确认、技术要求、技术规范和施工技术方案、合同价格条款、价格调整条款、合同款支付方式的条款、工期和保修期、完善合同条件等。

（2）建设工程总承包合同的主要条款包括词语含义及合同文件、总承包的内容、双方当事人的权利义务、合同履行期限、合同价款、工程质量与验收、合同的变更、风险、责任和保险、工程保修、对设计及分包人的规定、索赔和争议的处理、违约责任。

（3）建设工程合同分析的内容包括合同的法律基础、承包人的主要任务、发包人的责任、合同价格分析、施工工期、违约责任、验收、移交和保修、索赔程序和争执的解决。

 能力训练

能力训练1

1. 内容　编制施工成本控制计划。

2. 目的　熟悉本单元所学知识在技术标中的应用。

3. 能力及标准要求　根据所学理论知识，针对工程实例，编制工程成本控制计划，提出具体控制措施。

4. 准备

（1）提供类似工程成本情况，成本控制的方案，指出可取之处。

（2）针对本工程列出主要分项工程的预算成本。

（3）列出本工程可能选择施工方法的单价对照表。

（4）编制任务书及指导书。

5. 步骤

（1）先由指导教师对招标文件进行介绍，分析可能影响成本的因素。

（2）详细讲解任务书及指导书，使学生明确其具体的任务。

（3）编制施工成本控制计划，提出具体控制措施。

6. 注意事项

（1）注意编写格式，力求格式规范、统一。

（2）注意与前面各单元所编写标书内容的联系和统一，降低成本措施具有科学性和可能性。

（3）可以在分组讨论达成共识的基础上，独立思考完成，防止互相抄袭或者照搬参考标书的内容。

（4）编制工作完成后，可以分组讨论在编制过程中遇到的问题、应注意的事项，以及解决的方法，达到共同进步。

能力训练 2

1. 内容　安装工程合同的签订。

2. 目的　培养学生能正确签订工程合同，降低合同的风险性。

3. 能力及标准要求

（1）根据所学理论知识，针对工程实例，选择正确的合同文本范本。

（2）正确编写合同，明确合同各方的责、权、利，不留合同活口，避免合同风险。

4. 准备

（1）住建部和国家工商行政管理总局发布的各种施工合同范本。

（2）提供类似工程实际合同等可供参考的文本。

（3）本工程招标文件、投标文件（可根据工程概况列出一些承诺）。

（4）编制任务书及指导书。

5. 步骤

（1）先由指导教师对招标文件进行介绍，选择合同范本。

（2）针对本工程分析可能发生的工程变更、索赔存在的因素、风险因素等。

（3）分析有关类似工程合同的合理性和欠缺性。

（4）将学生分组（每组成员由合同各方代表组成），签订工程实例的施工合同。

6. 注意事项

（1）注意编写格式，力求格式规范、统一。

（2）注意与前面各单元所编写标书内容的联系和统一，合同文本的严谨性。

（3）可以在分组讨论达成共识的基础上，独立思考完成，防止互相抄袭或者照搬类似工程合同的内容。

（4）签订工作完成后，可以分组讨论在签订过程中遇到的问题、应注意的事项，以及解决的方法，达到共同进步。

复习思考题

1. 施工项目成本控制的意义是什么？

2. 施工成本控制的任务包括哪些？

3. 施工成本管理的措施包括哪些？

4. 施工成本控制的依据、方法、步骤有哪些？

5. 施工成本分析的依据包括哪些核算？

6. 施工成本分析的基本方法有哪些？

7. 合同的主要条款有哪些？

8. 合同订立的方式有哪些？

9. 合同谈判的主要内容有哪些？

10. 工程合同的类型有哪些？

11. 建设工程总承包合同的主要内容有哪些？

12. 建设工程合同分析的内容有哪些？

13. 建设工程合同资料有哪些？

单元6

工程施工安全管理

【内容概述】 本单元主要介绍安全管理概述、安全的组织管理、施工现场安全管理及工程安全事故的处理。

【学习目标】 通过本单元的学习和训练，应了解工程安全管理的重要意义，熟悉建设工程安全管理的要素，掌握施工现场管理采取的安全措施、安全检查内容和安全事故的处理程序。

课题1　工程施工安全管理概述

6.1.1　安全管理概述

建筑安装施工企业是以施工生产经营为主业的经济实体。全部生产经营活动是在特定空间进行人、财、物动态组合的过程，并通过这一过程向社会交付有商品性的建筑安装产品。在完成建筑安装产品过程中，人员流动频繁、生产周期长和产品的一次性，是其显著的生产特点。这些特点决定了组织安全生产的特殊性。

安全生产是施工项目重要的控制目标之一，也是衡量施工项目管理水平的重要指标。因此，施工项目必须把安全生产当作组织施工活动的重要任务。

6.1.1.1　安全管理的范围

安全管理的中心问题，是保护生产活动中人的安全与健康，保证生产顺利进行。宏观的安全管理包括劳动保护、安全技术和工业卫生，这是相互联系又相互独立的三个方面。

劳动保护方面侧重于以政策、规程、条例、制度等形式，规范操作或管理行为，从而使劳动者的劳动安全与身体健康，得到应有的法律保障。

安全技术方面侧重于对劳动手段和劳动对象的管理，包括预防伤亡事故的工程技术和安全技术规范、技术规定、标准、条例等，以规范物的状态，减轻或消除对人的危害。

工业卫生方面侧重于工业生产中高温、粉尘、振动、噪声、毒物的管理。通过防护、医疗、保健等措施，防止劳动者的安全与健康受到有害因素的危害。

从生产管理的角度，安全管理概括为：在进行生产管理的同时，通过采用计划、组织、技术等手段，依据并适应生产中人、物、环境因素的运动规律，充分发挥积极因素，而有利于控制事故发生的一切管理活动。如在生产管理过程中实行标准化，组织安全检查，安全、合理地进行作业现场布置，推行安全操作资格确认制度，建立与完善安全生产管理制度等。

针对生产中人、物或环境因素的状态，有侧重地采取控制人的具体不安全行为或物和环境的具体不安全状态的措施，往往会收到较好的效果。这种具体的安全控制措施，是实现安全管理的有力保障。

6.1.1.2　安全管理模式的构成要素

建设工程安全生产管理是系统性、综合性很强的管理，其管理内容涉及建筑生产的各个环节。建设工程安全生产管理的基本原理主要包括五个要素，其相互关系如图6-1所示。

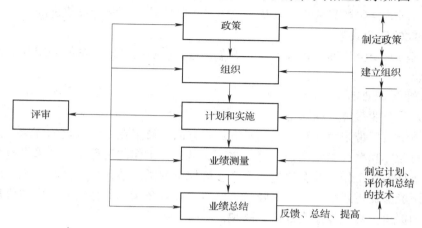

图 6-1　建筑企业安全生产管理的基本原理

1. 政策　任何一个施工单位要想成功地进行安全管理，都必须有明确的安全政策。这种政策不仅要满足法律的规定和道义上的责任，而且要最大限度地满足业主、雇员和社会的要求。施工单位的安全政策必须有效，并有明确的目标。政策的目标应保证现有的人力、物力资源的有效利用，并且减少发生经济损失和承担责任的风险。安全政策能够影响施工单位很多决定和行为，包括资源和信息的选择、产品的设计和施工以及现场废弃物的处理等。

2. 组织　施工单位的安全管理应包括一定的组织结构和系统，以确保安全目标的顺利实现。建立积极的安全文化，将施工单位中各个阶层的人员都融入到安全管理中，有助于施工单位组织系统的运转。施工单位应注意有效的沟通交流和员工能力的培养，使全体员工为施工单位安全生产管理做出贡献。施工单位的最高管理者应用实际行动营造一个安全管理的文化氛围，目标不应该仅仅是避免事故，还应该是激励和授权员工安全的工作。领导的意识、价值观和信念将影响施工单位的所有员工。

3. 计划和实施　成功的施工单位能够有计划地、系统地落实所制定的安全政策。计划和实施的目标是最大限度地减少施工过程中的事故损失。计划和实施的重点是使用风险管理的方法确定消除危险和规避风险的目标以及应该采取的步骤和先后顺序，建立有关标准以规范各种操作。对于必须采取的预防事故和规避风险的措施应该预先加以计划。要尽可能通过对设备的精心选择和设计或通过使用物理控制措施来减少或消除风险。如果上述措施仍不能满足要求，就必须使用相应的工作设备和个人保护装备来控制风险。

4. 业绩测量　施工单位的安全业绩，即施工单位对安全生产管理的成功与否，应该以事先订立的评价标准进行测量，发现何时何地需要改进哪方面的工作。施工单位应采用涉及一系列方法的自我监控技术，用于评价控制风险的措施成功与否，包括对硬件（设备、材料）和软件（人员、程序和系统），也包括对个人行为进行评价，也可通过对事故及可能造成损失的事件的调查和分析，识别安全控制失败的原因。但不管是主动的评价还是对事故的调查，其目的都不仅仅是评价各种标准中所规定的行为本身，更重要的是找出存在于安全管理系统的设计和实施过程中存在的问题，以避免事故和损失。

5. 业绩总结　施工单位应总结经验和教训，要对过去的资料和数据进行系统的分析总结，并用于今后工作的参考，这是安全生产管理的重要工作环节。安全业绩良好的施工单位能通过企业内部的自我规范和约束以及与竞争对手的比较，不断持续改进。

6.1.1.3　有效的安全政策

以下是成功的安全管理政策都具有的观念，它们反映出这些政策的制定和实施者的价值观和安全理念。

1. 员工对于企业的重要性

观念：人是企业最宝贵的财富。

工作能够给员工带来负面和正面的影响：一方面，员工在一些危险的环境中工作时，有可能使他们的身体和精神受到伤害；另一方面，员工在工作的过程中，如果没有风险发生而又比较专注所从事的工作，就会通过工作产生愉悦感和满足感，促进身心健康。施工单位的安全政策应该能够促进风险控制并保障员工健康。安全政策和其他的人力资源管理制度结合在一起能够确保员工对工作的责任心、兴趣。

安全生产管理最终的目标是杜绝伤害事故，使施工单位的工作能够为员工提供精神上的成就感和身心健康，这是施工单位从道义和责任的角度应该具备的。

2. 避免损失的全面损失管理

观念：对人力和资源的保护是降低损失的重要途径。

伤害和疾病仅仅是为施工单位带来计划外损失的一种因素。施工单位财产、设备或者产品的意外损坏同样会导致经济损失。

在全面损失管理中，事故的定义就不仅仅是那些导致人员伤亡的事件，还包括一切导致财产、设备或者产品损坏以及生产力降低、责任增加的事件。全面损失管理的方法是基于事故致因理论的。该理论认为：在生产过程中发生的事件和事故隐患比直接导致人员伤害和财产损失的事故要多得多。通过对这些事件和未然事故的分析和研究，能够极大限度地避免未来伤害事故的发生。

因此，全面损失管理强调通过对事故和事件总结经验以获得有效的控制方法。不仅仅需要从企业内部的事故和事件中总结经验教训，还要从其他企业的事故中获得启示。最终目标是在发现导致事故伤害和损失的潜在风险后，采取措施避免事故的发生。

安全需要投资，安全也具有成本。用于安全方面投资的直接效益是减少了不必要的损失，尤其是当行业竞争非常激烈的时候，这方面的投资带来的效益往往比直接用于市场和销售方面的投资更好。

3. 缺乏有效的管理和控制会导致事故

观念：大部分的事故和事件不是由"粗心的工人"造成的，而是由于控制不当（无论是组织内部的还是具体工作中的）导致的，这些都属于管理者的责任。

尽管导致事故的原因经常不止一个，但事故、职业疾病和事件基本上都是能够避免的。事故通常是由于缺乏控制造成的，虽然引起事故的直接原因经常是人为因素或者机械的故障，其根本原因还是由于组织管理的失误，而这应该是管理者的责任。成功的安全管理政策一般都会强调对人和技术的有效控制，着眼于通过组织结构和工作系统的设计模式开发人力资源，减少个人能力限制和不可靠性造成的影响。

4. 组织因素的重要性

观念：对于管理者而言，安全同生产率和质量有着同样的重要性。有效的安全管理应建立在如何通过良好的管理控制风险的基础上。

建立有效的安全管理制度是成功的风险管理和减少伤害、职业病和损失的核心工作，这套制度应该能够发挥各个层次的个人和班组的力量。为此，必须建立积极的安全文化，使安全如同其他管理目标一样，得到广泛的认同。而这只有通过最高管理者的自身行为和管理实践以及对安全理念的有效传达才能实现。安全是最高管理者的职责之一，应该由最高管理者中的一员专门负责职业健康安全管理体系的建立和保持这方面的工作。整个企业都应该和管理层一样，重视安全，并且努力实现组织内部建立的安全政策目标。

5. 有效的安全政策对经营思想的影响

观念：有效的安全政策会对施工企业各个方面产生积极的影响。

（1）企业战略和社会责任方面：包括经营目标、哲学和道德标准、企业在社会的形象、环境政策以及管理人员的职业道德等。

（2）财政方面：包括控制损失和减少成本的策略、（非投机）风险管理、减小损失、风险保留或转移以及保险方面的决策、投资决策、财务计划和预算控制等。

（3）人力资源方面：包括员工的招聘、选用、替换、调换、培训和学习，营造安全文化氛围和促进员工广泛参与的组织结构、健康推动计划、沟通和交流等。

（4）市场、设计和责任方面：包括国内和国际的相关法律规定。

（5）生产环节方面：包括对各种设备、装置和材料的设计、选择、建造、维护等问题，在施工组织设计及其实施的过程中消除、减少和控制风险。

（6）信息管理和信息系统方面：包括识别对安全有关键作用的信息、选择适当的业绩评审指标、在收集和分析重要数据的过程中应用信息技术等。

6. 安全和质量

观念：安全和质量是密不可分的。

有效的安全管理和质量管理在方法上有许多相似之处。但直接套用质量管理的方法未必在所有的领域都能获得良好的安全业绩。然而，良好的安全管理制度与质量管理制度的原则仍是相同的。

越来越多的人认识到，质量管理的成功往往是由于组织全面管理的成功，而不仅仅是某一方面的成绩。其重点在于"对质量的管理"而不是"对废品的检查"。同样，安全管理的重点也应该是"对安全的管理"而不是"对事故的调查"。采用这一方法，将其应用于安全管理并且将安全作为全面质量管理目标的一部分的承包商和项目部，常常能够达到很高的安全水平。

质量管理的成功需要发展相应的组织文化。全面质量管理的理念强调所有员工在质量控制过程中的全面参与。在安全管理方面，成功的施工企业也需要付出同样的努力，在同样的基础上建立积极的安全文化。

6.1.2　安全的组织管理

安全的组织管理是设计并建立一种责任和权力机制以形成安全的工作环境的过程。在安全的工作环境中能形成一种企业安全文化。而企业文化又会反作用于工作的各个方面，包括影响个人和企业的行为、安全项目的计划和实施。组织管理需要从良好的安全文化中汲取营养，而安全文化的培养也需要组织行为的推动。

因此，促进安全的企业文化对于政策的正确实施和持续发展具有关键作用，这样的文化需要时间来孕育。每一个企业都有其内部独特的安全文化，这种文化为企业成员公认，也能够引导企业成员对安全问题进行共同思考并且形成良好的工作方式。所以，企业应该着眼于建立一种积极的安全文化。

6.1.2.1　安全组织管理的措施

安全组织管理包括企业内部的控制方法，保证安全员、班组和个人顺利合作的方式，企业内部交流的方式，员工能力的培养。

上述四个因素互相联系并互相依赖，为控制、合作、交流和能力培养所采取的行动都与管理层的意愿和理念有关。通过上述每一个方面的不懈努力，方可建立积极的安全文化并实现安全目标，而积极的安全文化是安全的组织管理成功的基础。

1. 控制　控制是有效的安全文化的基础。为了在企业内部获得安全管理的成功，需要统一所有员工对安全的认识。管理者必须对有可能导致伤害事故、职业病和损失的所有相关因素负全部责任，管理者应该发布明确的指示并且对有可能发生事故的工作环境负责。这样就建立了一个积极的、鼓励创造性和学习的文化氛围，这样的氛围提倡在事故发生前通过共同努力发展和维持控制系统，而不是事后互相责备。成功的安全管理有三个方面的重要功能。

1）建立并完善企业的安全管理政策和组织结构，包括制定主要的安全方针、目标以及评价管理成效。

2）计划、测量、总结和评审安全工作，以满足法律要求并且最大限度地降低各种风险。

3）保证计划的有效实施并且报告安全业绩。

2. 合作　管理人员认可并参与安全管理工作非常重要，这不仅仅是为了承担法律上的义务，还为了实现有效的风险控制。共享安全知识和经验是风险控制中的关键所在，广泛地参与之所以能够促进风险控制，是因为各个阶层员工的参与能够使他们形成"主人翁"的态度，也可在企业中达成共识，在企业中工作的员工都能够从良好的安全业绩中获益。这样，安全就真正成为"每一个人的事情"。

施工单位应设立一个专门的机构，负责有关各部门共同合作的计划、协调和决策等工作，以促进安全生产工作的全面展开。

在取得成功的安全管理的企业中，所有阶层的员工也都参与到建立体系、制定标准、控制风险以及监控和评价工作行为的过程中。在某些情况下，还可以成立专门的问题解决小组，以协调企业内各方的力量，帮助解决具体的问题，包括由于事故、职业病或者事件引起的有关问题。所有这些机构的工作都应该得到管理层的支持。

3. 交流　有效的信息交流与沟通，包括信息流入企业，经过企业处理后流出企业等过程。信息交流是非常重要的。

（1）企业的信息输入对于制定政策和计划、制定标准、评价和总结工作业绩尤为重要。施工企业应对必须遵守的相关法律的发展、风险控制相关的技术发展，以及安全管理方法方面的进展保持积极的关注。

（2）信息在施工企业内部的流动。要使安全政策得到理解并有效实施，需要有效的内部交流和沟通，因此，建立交流关键信息的系统是非常必要的。交流的信息包括以下内容：

1）政策的意义和目的。

2）政策蕴含的价值观和信念。

3）最高管理者对政策实施的责任。

4）与政策执行和业绩评价相关的计划、标准、程序和系统。

5）能够保证员工广泛参与并且承担责任的具体信息。

6）对于个人和班组工作改进的评价和意见。

7）业绩报告。

（3）信息的输出。包括事故报告；阶段总结；安全动态。

（4）安全的信息还需要在企业外部交流。例如，根据法律规定，向执法机构提供事故、职业病和事件的报告；与规划部门、急救部门和当地的居民进行沟通。在这些情况下，信息必须是公开的，且必须以适当的方式表达，使其简明易懂。还应该听取有关专家的建议，以更好地表达信息，使其能够被公众接受和理解。在紧急情况下保证联络的畅通也非常重要，因此，必须建立专门的应急通信方式。

一套综合的信息交流与沟通系统是由各种正式的和非正式的沟通方式构成的，这些沟通方式能够保证企业的信息流入、处理和流出。企业在安全管理方面的成功通常需要充分利用三种方式：经理和其他人员的示范行为、书面交流、面对面的讨论。这三种方式需要共同使用并互相配合以强调重要的观点。还可采用开放信息的政策，例如向所有员工提供有关安全信息。

4. 能力 高层管理者应当具有了解相关的法律以及管理安全工作的能力。要使员工在安全工作中全力以赴，就需要做出适当的安排，使他们具备胜任这些工作的能力。此外，检查分包单位的安全能力也十分必要。一个安全业绩良好的施工单位通常具备以下能力：

1）合理的人才招聘或者更换机制，使所有员工都能够胜任所承担的工作，或者通过培训获得必要的能力，必要时还需要通过医疗检查，评价个人的健康状况。

2）能够根据人员情况以及机械、材料、工序、工具或者技术的改变确认所需安全培训的系统。该系统还应能够通过培训保持或者促进员工的工作能力，尤其是针对新入场员工和分包单位员工的培训。

3）能够提供有关培训的效果信息，以确保培训质量。

4）建立和完善定期健康检查制度，包括员工日常体检、受伤以后的复工体检等，以保证员工的健康和工作能力。

6.1.2.2 计划和实施

成功的安全管理的结果往往表现为一系列积极的成果，如没有伤害、疾病、事故或损失。然而，因为事故是否会造成伤害或损失有着很大的不确定性，所以在对危险源的辨识、风险的评价、减少和控制的整个过程中，有效的计划至关重要。同时，有效的安全计划必须考虑到所有可能造成伤害、疾病或损失的情况。

安全计划制定的目的是明确进行有效的风险控制所必需的资源，包括以下两个方面：①确定达到这个目的的具体目标，并为它们设定指标。②制定用来测量和评估以下工作所需各项资源的标准：发展、维护和改善能对控制风险有帮助的企业文化；保持对由企业自身行为所引起的风险的直接控制。

1. 确定目标　确定一个企业的安全目标取决于其现实的情况和标准，并且第一步必须是对这些情况和标准进行评估。

1) 确定、发展和完善安全政策。

2) 发展和完善企业的组织结构。

3) 发展和完善标准和控制系统。

2. 标准的制定　在对公司的需要和现存的以及将来可能的风险进行了彻底详尽的分析之后，应该逐步建立各方面的标准。标准应该包括企业的各项工作以及对特定风险的控制。需要确定标准的主要领域主要有 3 个阶段。

(1) 输入控制阶段。目标是减少和最小化输入企业的风险。这一阶段的标准应当包括物质资源、人力资源和信息。

(2) 工作控制阶段。风险产生于人员及其工作任务之间的相互作用，这个阶段的目标就是减少和最小化企业内部产生的风险。要重点考虑与建设一个积极的安全文化相关的四要素，即控制、交流、合作和能力培养；与风险相关的四要素，即场地、机械和材料、方法及人的控制方法。

(3) 输出控制阶段。目标是减少施工过程或者产品对外部人员的风险。

3. 组织管理标准

(1) 建立组织管理标准的目标

1) 计划和标准的实现。

2) 公司对安全重要性认识的有效沟通以及建立积极的安全文化。

3) 对风险更加深入的理解和控制。

(2) 组织管理标准

1) 控制标准。控制标准应该确保管理系统的有效运作以及在发展和完善积极的安全文化的过程中不断改善对风险的控制。

2) 合作标准。合作标准必须明确相关各项的内容和频率，例如安全委员会会议和其他正式的咨询会议、安全委员会和其他类似会议的备忘录的准备等。

3) 交流与沟通标准。交流与沟通标准应当确定相关各项的内容和频率，例如从外界收集信息、高级管理层介入安全咨询和安全视察等工作、信息处理系统等。

4) 能力培养标准。用来确保雇员能力的标准应当包括招聘和替换的程序、提供信息和培训、检查实际工作经验、在员工缺席的情况下有可替换的人员、健康促进与监控等。

4. 灾害与风险控制标准　在上面提到的各个方面中，应当有避免各种工作产生风险或灾害的标准。它们应当控制施工的整个过程，从设计、招投标、材料和信息的选择，到工作系统的设计与操作。对风险的控制应当满足相关的安全法律规定。制定标准时应包括以下四个阶段。

1) 风险识别阶段。确认那些有可能造成伤害的因素。

2) 风险评估阶段。对可能产生的风险进行评估。

3) 风险控制阶段。通过适当的手段来减少或控制风险。

4) 实施和完善控制措施阶段。制定标准，并确保其有效。

以上四个阶段构成了安全管理以及风险控制决策的基本原则。这些原则已经逐渐融入到为改善安全管理而制定的有关法律中。

6.1.2.3 安全业绩的测量

长时间保持低事故率并不能一定表明风险已得到有效的控制，也不能确保危险不会发生。在这种情况下，历史上有记载的事故发生率对安全工作的指导是不可靠的。为了保证一个企业的政策和计划能够有效地执行，必须对发展安全文化和控制风险所采取的措施进行评估。为了提高和完善管理水平和措施，在安全方面取得成功的组织也应当根据预先制定的计划和标准来测量、评估和监测工作成果以及执行情况。在一般情况下，评估检查也表明管理对于安全目标所起的作用，它是发展积极的安全文化的一个基本组成部分。检查是管理层的一项责任，也是一种测量安全业绩的重要手段，它应该包括已经制定的安全标准中的所有部分。这里需要两种方法，主动测量：检查目标的完成情况和遵守有关法律法规和标准的程度；被动测量：检查事故、职业病、事件以及不完善的安全情况，如风险报告。上述两种方法都必须对造成不良表现的原因进行充分的调查。

6.1.2.4 安全业绩的评审和总结

安全管理工作的评审和总结是安全管理控制上一循环的最后一个环节，也是下一循环的开始，这是使企业保持和发展其风险管理能力的反馈环节，为了确保安全管理体系产生持续的效果，评审是绝对必要的。

1. 评审 控制系统会随着时间的推移或者由于环境和条件的改变而降低或失去效用，这就要求定期对系统进行评审。安全评审使安全计划和控制这一过程更加完善，它在概念上与财务审计或质量评审类似。通过向管理者提供计划和标准的执行情况和效果方面的信息，也提供了对可靠性、效率以及决策、组织、计划、实施、测量和总结等管理的反馈制度。评审需要全面、长期地进行，并应包含前几节列出的所有安全监控系统的要素。为了达到这个目标，可以采取很多评审方式。这些方式可以归纳为两类不同的但互为补充的方法。

（1）纵向评审。对识别出的每个要素的一个特定方面进行评审。例如，可以对眼睛保护、消防或者应急措施进行评审。其包括评估措施相对于风险是否充分以及组织、计划、测量和总结过程在多大程度上能保障其实施等内容。

（2）横向评审。对安全管理系统的一个要素进行详细的评审。例如，可以对整个的计划过程进行深入的评审，可以评估计划的相关性、表达方式以及它们是否足够详细和实用，以便随时实施和量测。以同样的方式，这种方法也可以用于对标准的评审，评审它们是如何制定的，是否被修改过，它们与组织需求的关系以及它们的充分性。

为了提供一个安全管理系统如何进行有效的风险控制的全景，在实践中需要结合使用纵向和横向两种评审方法。既可以采用单次的评审，也可以实施一个滚动计划，对不同的方面和部门轮流进行评审。它可能涉及一个或者很多人。为了扩大参与合作，也可以采用包括管理者、安全员和员工等人员在内共同评审的办法。

为了使评审过程的效益最大化，评审应当由独立于被评审事务的有能力的人来执行。组织既可以使用他们自己开发的评审系统，也可以借用外部的力量，或者两者兼用。为了评估一个评审系统的适用性，必须切记：由于组织的可变性，任何一种系统都不可能完全地适用于一个企业。通常要对系统进行修改，以适应企业的特殊需要。

2. 有效的安全评审系统 安全评审系统的特征为评审由独立于被评审事务的有能力的人来执行，它可以包括管理者、专家和不参与管理的员工或者外聘顾问。为了保证其评审质量，负责评审的人通常需要进行培训。评审系统用于评估下列安全管理的关键要素：

（1）政策、目标、范围和有效性。

（2）组织管理

1）管理者对安全的责任以及对安全监控的保障。

2）保证所有员工参与安全工作。

3）保证政策及相关信息的交流。

4）保证所有员工具备相应的能力。

（3）计划和政策的执行

1）全面控制并指导安全计划的实施。

2）标准的设置应具有充分性和相关性。

3）执行标准的资源分配。

4）标准的遵守程度以及标准在风险控制上的效果。

5）现场安全状况的不断改善。

（4）测量系统应具有充分性和相关性。

（5）评估系统和企业总结经验与改善状况的能力。

评审计划还应能够完善其他的安全管理活动。应当设计一个标准以计划和实施评审活动，而且这些标准自身也应当受到监督。一些企业把安全评审的责任分配给内部评审部门，尝试把安全管理和现行的机构充分地结合起来。所有的评审活动，仅在员工使用它们时才有用。评审系统有可能被错误地使用，为了防止这一点，需要在不同层次上建立对总结阶段尤为重要的审核和均衡评审结果的制度。

3. 总结　总结是对安全业绩做出评价和判断，以及决定为了弥补缺陷必须采取行动的措施和时机的过程。总结过程的目的在于保障：维持和发展安全政策；维持和发展一个有着积极的安全文化的组织；维持和发展一个用于控制安全以及特殊风险的标准和报告系统。

总结要依靠来自于测量（包括主动的和被动的监控）和对整个安全管理系统做出独立评估的评审活动中得到的信息。

总结评审的结果是一个企业内部不同层次承担的持续性过程，包括以下内容：

1）管理者补救或解决在他们日常工作中发现的问题以满足标准的要求。

2）补救被动监控评审出来的不合格行为。

3）补救主动监控评审出来的不合格行为。

4）个人、部门、现场、团队或项目乃至企业各层次对计划和目标做出的评估。

在前两种情况下进行的总结是随机发生的，不能进行计划。然而，在这些情况下应用统一的总结程序更加重要。在后两种情况下的总结应当来自计划内的监控活动，而且也应当由适当的标准来控制，如包括每月对主管个人或者项目的总结、每三个月对部门的总结、每年对工地现场或者项目整体的总结。

企业必须决定在每个层次上总结的频率，而且总结计划的设计必须根据讨论过的测量活动进行修改。同样，需要决定如何总结评审数据并把它纳入整个的总结程序。好的企业以很多反映总体表现以及管理改善的关键指标作为其在最高层次上进行总结的基础。尽管每个组织都需要发展自己的指标，但它们必须包含下列四个因素：评估遵守标准的程度；识别标准欠缺或不够充分的地方；评估特定目标完成的情况；事故、疾病及事件信息，以及对直接和根本原因、趋势和共同特征等的分析。

课题 2　施工现场安全管理

施工现场应是符合职业安全与健康标准的工作场所。以往工程管理强调对投资、进度、质量三大目标的控制，现在将安全视为与以上三大目标同等重要，甚至更为重要的目标。因此，提高安全生产工作和文明施工的管理水平，预防伤亡事故的发生，确保职工的安全和健康，实现安全管理工作的标准化和规范化是一项十分重要和艰巨的工作。

6.2.1　现场安全生产保证体系

管理不善是造成伤亡事故的主要原因之一，对伤亡事故分析表明，事故中有 89% 都不是技术解决不了造成的，而是因违章所致。其中大部分伤亡事故是由于没有安全技术措施、缺乏安全技术知识、不做安全技术交底、安全生产责任制不落实、违章指挥、违章作业造成的。因此施工现场应建立安全生产保证体系，实行目标管理；制定总的安全目标，例如伤亡事故控制目标、安全达标目标、文明施工目标等；制定年度、月度达标计划，将目标分解到人，责任落实到人，考核到人。施工现场安全生产保证体系是施工企业和现场整个管理体系的重要组成部分，包括为制订、实施、审核和保持"安全第一、预防为主"方针和安全管理目标所需的组织结构、计划实施、职责、程序、过程和资源。

1. **安全生产保证体系的建立**　建立实施施工现场安全生产保证体系一般分为三个阶段：策划准备阶段、文件化阶段和运行阶段。安全生产保证体系的文件包括：安全生产保证体系的程序文件；施工现场安全、文明施工各项管理制度；安全生产责任制；支持性文件；内部安全生产保证体系审核记录。

2. **安全生产责任制的建立**　工程施工前，必须明确安全生产责任目标，建立安全生产责任制，签订安全生产协议书，使每个人都明确自己在安全生产工作中所应承担的责任。施工项目经理对施工过程中的安全生产负全面领导责任，负责领导编制安全生产保证计划。安全生产保证计划的编制，应根据工程项目的规模、结构、环境和施工风险程度等因素，进行安全策划，制订切实可行的安全技术措施。

1）临时用电施工组织设计。

2）大型机械的装拆方案。

3）劳动保护技术措施要求、计划。

4）危险部位和施工过程，特别是施工风险程度较大的项目应进行技术论证，采取相应的安全技术措施。

5）对特殊工艺、设备、设施、材料的使用，应有针对性的专项安全措施要求和操作规定。

6）施工现场防火重点部位划分及防火要求、消防器材和设施的配置、动火审批、防火检查、义务消防队员的活动等，都必须制订相应的制度和措施。

上述各类技术措施及规定要求，在安全生产保证计划中，应从组织到人员资源加以落实，确保各项安全技术措施的实施。

3. **安全教育制度的建立**　安全教育工作是整个安全工作中的一个重要环节，通过各种形式的安全教育，使全体职工及操作工人增长安全知识，提高安全意识，调动他们的积极性，促进安全工作的全面开展。

（1）安全教育时间的选择

1）新进施工现场的各类施工人员，必须进行进场安全教育。

2）变换工种时，要进行新工种的安全技术教育。

3）进行定期和季节性的安全技术教育。

4）加强对全体施工人员节前和节后的安全教育。

5）坚持班前安全活动、周讲评制度。

（2）安全教育的内容

1）现场规章制度和遵章守纪教育。

2）本工种岗位安全操作及班组安全制度、纪律教育。

3）新工人安全生产须知。

4）建筑安装工人安全技术操作规程。

5）安全生产六大纪律：

① 进入现场必须戴好安全帽，系好帽带，并正确使用个人劳动防护用品。

② 2m 以上的高处、悬空作业无安全设施的，必须戴好安全带、扣好保险钩。

③ 高处作业时，不准往下或向上乱抛材料和工具等物件。

④ 各种电动机械设备必须有可靠有效的安全接地和防雷装置，方能开动使用。

⑤ 不懂电气和机械的人员，严禁使用和玩弄机电设备。

⑥ 吊装区域非操作人员严禁入内，吊装机械必须完好，把杆垂直下方不准站人。

6）十项安全技术措施：

① 按规定使用安全"三宝"。

② 机械设备防护装置一定要齐全有效。

③ 塔吊等起重设备必须有限位保险装置，不准"带病"运转，不准超负荷作业，不准在运转中维修保养。

④ 架设电线线路必须符合当地电力局的规定，电气设备必须全部接零接地。

⑤ 电动机械和手持电动工具要设置漏电掉闸装置。

⑥ 脚手架材料及脚手架的搭设必须符合规程要求。

⑦ 各种缆风绳及其设置必须符合规程要求。

⑧ 在建工程的楼梯口、电梯口、预留洞口、通道口，必须有防护设施。

⑨ 严禁赤脚或穿高跟鞋、拖鞋进入施工现场，高空作业不准穿硬底和带钉易滑的鞋靴。

⑩ 施工现场的悬崖、陡坎等危险地区应设警戒标志，夜间要设红灯示警。

7）起重吊装"十不吊"规定：

① 起重臂和吊起的重物下面有人停留或行走不准吊。

② 起重指挥应由技术培训合格的专职人员担任，无指挥或信号不清不准吊。

③ 钢筋、型钢、管材等细长和多根物件必须捆扎牢靠，多点起吊。单头"千斤"或捆扎不牢不准吊。

④ 多孔板、积灰斗、手推翻斗车不用四点吊或大模板外挂板不用卸甲不准吊。预制钢筋混凝土楼板不准双拼吊。

⑤ 吊砌块必须使用安全可靠的砌块夹具，吊砖必须使用砖笼，并堆放整齐。木砖、预埋件等零星物件要用盛器堆放稳妥，叠放不齐不准吊。

⑥ 楼板、大梁等吊物上站人不准吊。

⑦ 埋入地面的板桩、井点管等以及粘连、附着的物件不准吊；

⑧ 多机作业，应保证所吊重物距离不小于3m，在同一轨道上多机作业，无安全措施不准吊。

⑨ 6级以上强风区不准吊。

⑩ 斜拉重物或超过机械允许荷载不准吊。

8）气割、电焊"十不烧"规定：

① 焊工必须持证上岗，无特种作业人员安全操作证的人员，不准焊、割。

② 凡属一、二、三级动火范围的焊、割作业，未经办理动火审批手续，不准进行焊、割。

③ 焊工不了解焊、割现场周围情况，不得进行焊、割。

④ 焊工不了解焊件内部是否安全时，不得进行焊、割。

⑤ 各种装过可燃气体、易燃液体和有毒物质的容器，未经彻底清洗，排除危险性之前不准进行焊、割。

⑥ 用可燃材料作保温层、冷却层、隔热设备的部位，或火星能飞溅到的地方，在未采取切实可靠的安全措施之前，不准焊、割。

⑦ 有压力或密闭的管道、容器，不准焊、割。

⑧ 焊、割部位附近有易燃易爆物品，在未作清理或未采取有效的安全措施之前，不准焊、割。

⑨ 附近有与明火作业相抵触的工种在作业时，不准焊、割。

⑩ 与外单位相连的部位，在没有弄清有无险情，或明知存在危险而未采取有效的措施之前，不准焊、割。

4. 安全检查制度的建立

1）安全检查类型包括：定期安全检查，专项安全检查，季节性、节假日前后等各类安全检查。对检查结果应及时收集整理和记录。

2）施工现场的安全检查，要严格按照强制性标准《建筑施工安全检查标准》执行。

3）在各类检查过程中，针对现场存在的重大事故隐患，要在立即整改的同时，下达重大事故隐患通知书，并限期进行整改。隐患整改单位在接到事故隐患通知书后在整改期限内及时反馈隐患整改信息。

4）在日常的安全检查工作中，施工单位要虚心听取甲方和监理人员的意见和建议，必要时可以与甲方和监理人员联合组织安全检查工作。

5）要督促整改，对复查时没有按要求整改的要采取必要的处罚措施。

安全管理检查评分表见表6-1。

表6-1　安全管理检查评分表

序号	检查项目		扣分标准	应得分数	扣减分数	实得分数
1	保证项目	安生生产责任制	未建立安全生产责任制，扣10分 各级各部门未执行责任，扣4~6分 经济承包中无安全生产指标，扣10分 未制定各工种安全技术操作规程，扣10分 未按规定配备专（兼）职安全员，扣5分 管理人员责任制考核不合格，扣5分	10		

（续）

序号	检查项目		扣分标准	应得分数	扣减分数	实得分数
2		目标管理	未制定安全管理目标（伤亡控制指标和安全目标、文明施工目标），扣10分 未进行安全责任目标分解，扣10分 无责任目标考核规定，扣8分 考核办法未落实或落实不好，扣5分	10		
3		施工组织设计	施工组织设计中无安全措施，扣10分 施工组织设计未经审批，扣10分 专业性较强的项目，未单独编制专项安全施工组织设计，扣8分 安全措施不全面，扣2~4分 安全措施无针对性，扣6~8分 安全措施未落实，扣8分	10		
4		分部（分项）工程安全技术交底	无书面安全技术交底，扣10分 交底针对性不强，扣4~6分 交底不全面，扣4分 交底未履行签字手续，扣2~4分	10		
5	保证项目	安全检查	无定期安全检查制度，扣5分 安全检查无记录，扣5分 检查出事故隐患，整改未做到定人、定时间、定措施，扣2~6分 对重大事故隐患整改通知书所列项目未如期完成，扣5分	10		
6		安全教育	无安全教育制度，扣5分 新入场工人未进行三级安全教育，扣10分 无具体安全教育内容，扣6~8分 变换工种时未进行安全教育，扣10分 每有一个不懂本工种安全技术操作规程的，扣2分 施工管理人员未按规定进行年度培训，扣5分 专职安全员未按规定进行年度培训考核或考核不合格，扣5分	10		
7		班前安全活动	未建立班前活动制度，扣10分 班前安全活动无记录，扣2分	10		
8		特种作业持证上岗	一人未经培训从事特种作业的，扣4分 一人未持操作证上岗的，扣2分	10		
9		工伤事故处理	工伤事故未按规定报告，扣3~5分 工伤事故未按事故调查分析规定处理，扣10分 未建立工伤事故档案，扣4分	10		
10		安全标志	无现场安全标志布置总平面图，扣5分 现场未按安全标志总平面图设置安全标志，扣5分	10		
检查项目合计				100		

6.2.2　安全设施及其管理

1. **脚手架**　脚手架是建筑施工的主要设施，从脚手架上坠落的事故占高处坠落事故的

50%。造成脚手架事故主要有两方面的原因，即脚手架倒塌和脚手架上缺少防护设施。脚手架严禁钢木混用和钢竹混用。严格控制脚手架上的荷载，结构架为 3000N/m²，装修架为 2000N/m²，工具式脚手架为 1000N/m²。脚手架的形式不同，检查的内容也不同。

（1）落地式脚手架

1）一般搭设高度在 25m 以下应有搭设方案，绘制架体与建筑物拉结作法详图。

2）搭设高度超过 25m 时，不允许使用木脚手架。使用钢管脚手架应采用双立杆及缩小间距等加强措施，并绘制搭设图纸及说明脚手架基础作法。

3）搭设高度超过 50m 时，应有设计计算书及卸荷方法详图，并说明脚手架基础施工方法。

（2）悬挑式脚手架

1）外挑脚手架应有搭设方案，标明立杆与建筑结构的连接方法，不能将外挑立杆与建筑结构以外的不稳定的物体连接。

2）须满足间距要求，按规定设置大横杆以增加立杆的刚度。

3）高层建筑施工分段搭设的悬挑脚手架必须有设计计算书，并经上级审批。

（3）门型脚手架

1）脚手架按规定设置连接件，并应用大横杆和剪刀撑加强整片脚手架的稳定性。

2）脚手架应有搭设方案，一般搭设高度在 45m 以下，搭设时要及时装设连墙杆与建筑结构扣牢防止架体变形。

3）严格控制首层门型架的垂直偏差和水平偏差。

（4）挂脚手架

1）脚手架的跨度不能大于 2m，使用中对埋件的设计制作与埋设应确保牢固，对钢架进行认真检查和荷载试验。

2）应特别注意脚手板的选材、固定，并严格控制施工荷载。

（5）吊篮脚手架

1）吊篮方案必须有挑梁的设计及挑梁的固定方法。

2）在使用前应做荷载试验，使用中必须有 2 根直径为 12.5mm 的钢丝绳做保险绳，葫芦必须有保险卡。

3）严禁在保险绳不起作用的情况下提升或下降。

2. 基坑支护

1）在基坑施工前，必须进行勘察，制定施工方案。

2）对于较深的沟坑，必须进行专项设计和支护。

3）对于边坡和支护应随时检查，发现问题及时采取措施消除隐患。

4）不得在坑槽周边堆放物料和施工机械，如需要堆放时，应采取加固措施。

3. 模板工程

1）在模板施工前，要进行模板支撑设计、编制施工方案，并经上一级技术部门批准。

2）模板设计要有计算书和细部构造大样图，详细注明材料规格尺寸、接头方法、间距及剪刀撑设置等。

3）模板方案应包括模板的制作、安装及拆除等施工程序、方法及安全措施。

4）模板工程安装完后必须由技术部门按照设计要求检查验收后，方可浇筑混凝土。

5）模板支撑的拆除须待混凝土的强度达到设计要求时经申报批准后方可进行，且要注意拆除模板的顺序。

4. "三宝"及"四口"

"三宝"指安全帽、安全带、安全网；"四口"指楼梯口、电梯井口、预留洞口（坑、井）、通道口。由于"三宝"利用不好发生的事故较为普遍，应强调按规定使用"三宝"。"四口"的防护必须做到定型化、工具化，并按施工方案进行验收。

6.2.3 施工用电管理

1）施工现场临时用电必须按《施工现场临时用电安全技术规范》要求做施工组织设计，健全安全用电管理的内业资料。

2）施工现场临时用电工程必须采用 TN-S 系统，设置专用的保护零线。

3）临时配电线路必须按规范架设整齐。施工机具、车辆及人员应与内、外电线路保持安全距离和采用可靠的防护措施。

4）配电系统采用"三级配电两级保护"，开关箱必须装设漏电保护器，实行"一机一闸"，每台设备有各自专用的开关箱的规定，箱内电器必须可靠完好，其选型、定值要符合规定，开关箱外观应完整、牢固，防雨、防尘，箱门上锁。

5）现场各种高大设施，如塔吊、井字架、龙门架等，必须按规定装设避雷装置。

6）临时用电必须设专人管理，责任到人，非电工人员严禁乱拉乱接电源线和动用各类电器设备。专业电工每天进行巡视检查，发现问题及时处理。

7）健全现场临时用电管理技术资料。

6.2.4 机械施工安全管理

机械施工安全管理包括物料提升机（龙门架、井字架）、外用电梯（人货两用电梯）、塔吊和起重吊装的安全管理。

1. 物料提升机

1）物料提升机必须经过设计和计算，设计和计算要经上级审批；专用厂家生产的产品必须有建筑安全监督管理部门的准用证。

2）限位保险装置必须可靠，缆风绳应选用钢丝绳，与地面夹角为 45~60 度，与建筑物连接必须符合要求，使用中保证架体不晃动、不失稳。

3）楼层卸料平台两侧要有防护栏杆，平台要设定型化、工具化的防护门，地面进料口要设防护棚，吊篮要设安全门。

4）安装完后技术负责人要负责验收，并办理验收手续。

2. 外用电梯

1）每班使用前按规定检查制动、各限位装置、梯笼门和围护门等处的电器联锁装置是否灵敏可靠；司机要经过专门培训，持证上岗，交接班办理交接手续。

2）地面吊笼出入口要设防护棚，每层卸料口要设防护门。

3）装拆要制订方案，且由取得资格证书的队伍施工。

4）电梯安装完毕后组织验收签证，合格后挂上额定荷载（载人数）牌和验收合格牌、操作人员牌（上岗证）方可使用。

　3. 塔吊

　　1）按规定装设安全限位装置，如力矩、超高、边幅、行走限位装置，吊钩保险装置和卷筒保险装置，并保持灵敏。

　　2）按规定装设附墙装置与夹轨钳。

　　3）安装与拆卸要制定施工方案，且作业队伍须取得资格证书，安装完毕要组织验收且有验收资料和责任人签字。

　　4）驾驶员、指挥人员持有效证件操作，做到定机、定人、定指挥，挂牌上岗，准确、及时、如实地做好班前例保记录和班后运转记录。

　4. 起重吊装

　　1）编制有针对性的作业方案，方案要经上级审批。

　　2）对起重机械和扒杆进行检查和试吊，吊钩须有保险装置，起重机安装完毕后要经验收，并取得准用证。

　　3）选用合适的钢丝绳，检查钢丝绳是否磨损或断丝，滑轮和地锚埋设要符合设计要求。

　　4）司机、起重工和指挥人员要经过专门的培训，持有效证件上岗。

6.2.5　中小机具安全管理

　　施工现场常用的和发生事故较多的中小机具有十多种，包括平刨、圆盘锯、手持电动工具、钢筋机械、电焊机、搅拌机、气瓶、翻斗车、潜水泵和打桩机械等。虽然这些机具设备与大型设备相比其危险性较小，但由于数量多，使用广泛，所以发生事故的几率大，又因其设备小，在管理上往往被忽视。又因此，中小机具进入现场时，要求与大型设备一样进行安全检查和验收，确认符合要求时，发给准用证。操作严格按规定进行。

　　有关部门利用数理统计的方法，对近五年来发生的职工因工死亡的 810 起事故的类别、原因、发生的部位进行了统计，分析表明，高处坠落事故占 44.8%，触电事故占 16.6%，物体打击事故占 12%，机械伤害事故占 7.2%，坍塌事故占 6%，以上五类事故占总数的 86.6%。《建筑施工安全检查标准》，把这些事故集中在安全管理、文明施工、脚手架、基坑支护与模板工程、"三宝"利用及"四口"防护、施工用电、物料提升机与外用电梯、塔吊、起重吊装和施工机具十个方面，列为 17 张表作为标准的安全检查评分内容，以检查表的形式用定量的方法，为安全评价提供了直观数字和综合评价标准。利用这些表格进行施工现场的安全管理及检查，将进一步加强施工现场的安全、文明管理工作，全面提高施工现场的标准化管理水平。

6.2.6　工程安全事故的处理

　　事故是违背人们意愿的，一旦发生事故，应对事故的发生有正确认识，并用严肃、认真、科学、积极的态度，处理好已发生的事故，尽量减少损失，采取有效措施，避免同类事故的重复发生。

6.2.6.1　安全事故处理的原则

　1）事故原因不清楚不放过。

　2）事故责任者和员工没有受到教育不放过。

3）事故责任者没有处理不放过。

4）没有制定防范措施不放过。

6.2.6.2 安全事故处理程序

1）报告安全事故。

2）处理安全事故。抢救伤员，排除险情，防止事故蔓延扩大，做好标识，保护好现场等。

3）安全事故调查。

4）对事故责任者进行处理。

5）编写调查报告并上报。

6.2.6.3 安全事故统计规定

1）企业职工伤亡事故统计实行以地区考核为主的制度，各级隶属关系企业和企业主管单位要按当地安全生产行政主管部门规定的时间报送报表。

2）安全生产行政主管部门对各部门的企业职工伤亡事故情况实行分级考核。企业报送主管部门的数字要与报送当地安全生产行政和主管部门的数字一致，各级主管部门应如实向同级安全生产行政主管部门报送。

3）省级安全生产行政主管部门和国务院各有关部门及计划单列的企业集团的职工伤亡事故统计月报表、年报表应按时报到国家安全生产行政主管部门。

6.2.6.4 伤亡事故处理规定

1）事故调查组提出的事故处理意见和防范措施建议，由发生事故的企业及其主管部门负责处理。

2）因忽视安全生产、违章指挥、违章作业、玩忽职守或者发现事故隐患、危害情况而不采取有效措施以致造成伤亡事故的，由企业主管部门或者企业按照国家有关规定，对企业负责人和直接责任人员给予行政处分；构成犯罪的，由司法机关依法追究刑事责任。

3）在伤亡事故发生后隐瞒不报、谎报、故意迟延不报、故意破坏事故现场，或者以不正当理由，拒绝接受调查以及拒绝提供有关情况和资料的，由有关部门按照国家有关规定，对有关单位负责人给予行政处分；构成犯罪的，由司法机关依法追究刑事责任。

4）伤亡事故处理工作应当在 90 日内结案，特殊情况不得超过 180 日。伤亡事故处理结案后，应当公开宣布处理结果。

 **单元小结**

1. 安全生产关系到企业利益、企业职工的安全保障和身体健康，是施工项目重要的控制目标之一，也是衡量施工项目管理水平的重要标志。在建设工程管理过程中，如何提高安全生产工作和文明施工的管理水平，实现安全生产的标准化、规范化，预防伤亡事故的发生，确保职工的安全与身体健康，是每个施工企业，特别是项目第一负责人（项目经理）日常管理中的重要任务。

（1）安全管理的范围包括：劳动保护方面、安全技术方面、工业卫生方面。

（2）安全管理模式的构成要素：政策、组织、计划和实施、业绩测量、业绩总结。

（3）成功的安全管理政策应具有的观念包括：员工对于企业的重要性、避免损失的全面损失管理、缺乏有效的管理和控制会导致事故、组织因素的重要性、有效的安全政策对经营思想的影响、安全和质量是密不可分的。

（4）安全组织管理包括：企业内部的控制方法，保证安全员、班组和个人顺利合作的方式，企业内部交流的方式，员工能力的培养。

2. 安全管理是一个示范性、综合性的管理，其管理内容涉及建筑生产的各个环节。要研究施工现场事故发生的规律，采取行之有效的安全管理措施，使生产因素不安全的行为和状态减少或消除，使施工效益目标得到实现。

（1）现场安全生产保证体系包括：安全生产保证体系的建立、安全生产责任制的建立、安全教育制度的建立、安全检查制度的建立。

（2）安全设施及其管理包括：脚手架、基坑支护、模板工程、"三宝"及"四口"。

（3）机械施工安全管理包括：物料提升机、外用电梯、塔吊和起重吊装。

（4）安全事故处理的原则：事故原因不清楚不放过、事故责任者和员工没有受到教育不放过、事故责任者没有处理不放过、没有制定防范措施不放过。

（5）安全事故处理的程序：报告安全事故、处理安全事故、安全事故调查、对事故责任者进行处理、编写调查报告并上报。

能力训练

1. 内容　编制职业健康安全保证措施。

2. 目的　掌握安全生产管理的任务、措施等。

3. 能力及标准要求　能根据工程实际情况组织安全生产管理，制定安全管理方案和制度，能正确进行安全管理。

4. 准备

（1）提供类似工程的职业健康安全保证措施，指出可取之处。

（2）针对本工程列出可能的安全隐患，提出参考措施。

（3）编制任务书及指导书。

5. 步骤

（1）先由指导教师对招标文件进行介绍，分析可能出现安全事故的环节。

（2）详细讲解任务书及指导书，使学生明确其具体的任务。

（3）提示确保安全的方案、措施，给学生参考。

（4）编制职业健康安全保证措施。

6. 注意事项

（1）注意编写格式，力求格式规范、统一。

（2）注意与前面各单元所编写标书内容的联系和统一，减少安全事故的措施具有科学性和可能性。

（3）学生可以在分组讨论达成共识的基础上，独立思考完成，防止互相抄袭或者照搬参考标书的内容。

（4）编制工作完成后，可以分组讨论在编制过程中遇到的问题、应注意的事项，以及解决的方法，达到共同进步。

复习思考题

1. 安全管理的范围包括哪三个方面？各自侧重的内容有哪些？
2. 建设工程安全管理的要素有哪几种？
3. 安全组织管理的措施有哪些？
4. 安全业绩的测量有哪些方法？
5. 安全业绩的评审方法有哪些？如何使评审过程效益最大化？
6. 施工现场安全生产保证体系包括哪些内容？
7. 安全教育的内容有哪些？
8. 安全检查的类型有哪几种？
9. 我国的安全生产方针是什么？
10. 安装工程作业中如何保证安全生产？
11. 安全管理中什么叫"三宝"、"四口"？
12. 安全生产中用电安全有哪些措施？
13. 安全事故处理的原则是什么？
14. 安全事故处理的程序有哪些？
15. 安全工作与生产进度发生矛盾时，应如何正确处理？

附 录

某工程技术标书

目 录

1　工程概述

1.1　工程概况

1. **工程名称**　某钢铁集团有限公司单身公寓大楼建筑安装工程。
2. **建设地点**　某市钢城大道与峨嵋路交叉处。
3. **工程建设规模**　地上十六层，地下一层，总建筑面积为 26806.90m²。
4. **招标代理机构**　省建设工程招标代理有限责任公司。
5. **设计单位**　××工程有限责任公司。
6. **招标文件要求工期**　15 个月，从 2011 年 4 月 1 日起至 2012 年 6 月 30 日完工，共计 457 天（日历天）。
7. **招标文件要求质量标准**　确保优良工程。
8. **工程质量保修要求**　按《房屋建筑工程质量保修办法》（建设部 80 号令）保修。
9. **招标范围及承包方式**　除二次装修及在招标文件中说明不列入此次招标范围内的图纸以外所有土建及安装工程；包工包料。

1.2　工程设计简况

1. **基本数据**　本工程位于钢城大道与峨嵋路交叉处，建筑平面由两个圆弧组成，呈"S"形布局。本工程为框剪结构，主楼为地下一层，地上 16 层，最大设计标高为 63.750m，室内 ±0.000 绝对标高为 43.900m，±0.000 地面与室外相差最大高度为 1.700m。本工程东西长为 108.740m（弧线长），南北宽为 27.540m，占地面积为 2184m²，总建筑面积为 26806.90m²。

2. **设备和设施介绍**　本工程为高层建筑，建筑工程等级为一级，耐久年限为二级，设计合理使用年限为 50 年；防火分类为一类，耐火等级为一级。地下室按平面划分为四个防火区，变配电室及水泵房划分为一个防火区，两个电梯间及其附属用房、设备用房各为一个防火区，平战结合的人防地下室为一个防火区；地上一层按功能划分为四个防火区，以上每层划分为一个防火区，每层均配有自动喷淋灭火系统和自动报警系统等，地上一层设置了一个消防控制中心；每个防火区之间分别用防火门及防火卷帘进行分隔，玻璃幕墙与每层楼板、隔墙处的缝隙及楼面变形缝内填充材料采用不燃性建筑材料，所有管道穿过防火墙时，应用不燃性建筑材料将缝隙紧密填实，管道井等管线安装完毕后，在各层楼板处用不燃性建筑材料将楼板间隙封隔填实；设在防火墙上的甲级防火门应装置能自行关闭的自动平开门控制器。

建筑物内部设有三座疏散楼梯（一层至二层另设一座弧形楼梯）及四台客梯（其中两台兼消防电梯）。

2　施工组织管理方案

2.1　组织管理模式

1. **组织机构**　本工程实行项目法管理，设项目经理一人，由项目经理、项目副经理、项目技术负责人组成项目经理部领导层，项目经理部下设劳资预算科、材料设备科、工程施工科、财务科、技术资料科、测量试验科、给水排水及电气施工科、弱电施工科、质检科、安全文明科及办公室；各部门各负其责，相互配合，在项目经理的统一指挥下确保本工程各项施工目标的实现。

2. 项目经理部组织机构　项目经理部组织机构如附图 1-1 所示。

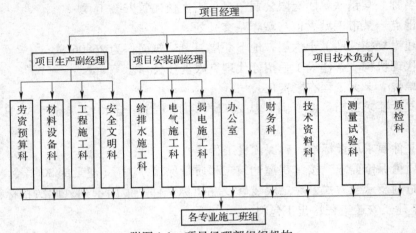

附图 1-1　项目经理部组织机构

2.2　施工组织管理目标

1. 质量目标　确保工程质量达到《建筑工程施工质量验收统一标准》（GB 50300—2001）要求，争创省优质工程奖。

2. 工期目标　根据本工程招标书以及招标答疑要求，确定本工程工期为 457 天（日历天），严格按施工进度计划实施，确保工期目标的实现。

3. 安全目标　施工现场安全设施合格率达到 100%，确保施工现场无任何机械、消防及人员伤亡事故。

4. 文明目标　自觉遵守环保部门的有关规定，维护周边环境及施工区域内环境，施工期间，控制好排污、噪声，实行标准化管理，并对施工过程和现场进行电视监控，确保文明施工样板工地。

5. 环境保护　施工期间按照国家有关环保要求，采取相应的技术措施，保护好施工区域内及周边的花草树木，减少施工噪声和灰尘对环境的污染，施工生活污水经处理后集中排放。

2.3　编制施工准备计划

施工准备计划按附表 1-1 实施。

附表 1-1　施工准备计划

序　号	准备内容	实施部门
1	建立与业主、设计、监理等单位的联系渠道，保持联系畅通	项目经理部
2	图纸自审和会审，收集各项技术资料，准备好各种施工规范	技术资料科

（续）

序　号	准备内容	实施部门
3	编制实施性的施工组织设计和项目质量保证计划，并送有关部门审批	技术资料科
4	制定各项工程技术措施，组织技术、安全、文明施工交底	技术资料科
5	预算员做好施工预算及分部工程工料分析	劳资预算科
6	主要材料和构配件需求计划，提出加工定货数量规格和需用日期	材料设备、技术资料科
7	落实施工现场平面布置，做好施工前的各项准备工作	项目经理部
8	利用原有道路，按平面布置作好场内外的接口道路，材料堆放场地进行级配砂石压实或混凝土硬化	工程施工科
9	通过现场详细勘察和计算，确定用电、用水计划，按平面布置作好水、电线路的敷设，建立施工排污系统	给排水施工科、电气施工科
10	按照平面布置，搭设好加工、设备及材料仓储临建棚仓、搅拌站等	材料设备科、工程施工科
11	施工设备基础，有计划逐步安装机械设备，调试运行	材料设备科、技术资料科、工程施工科、安全文明科
12	制定测量方案，会同建设单位、监理单位和规划部门共同检验与确认红线桩和标准水准点，放线建立轴线控制网和基准点	技术资料科、测量试验科
13	编制主要劳动力需求计划，组织劳动力分批进场，签定劳动合同，进行上岗前培训	技术资料科、劳资预算科
14	编制机具设备需求计划，组织、调运机械设备进场	材料设备科、技术资料科

3 施工组织技术方案

3.1 施工顺序

1）遵循"先结构后围护，先主体后装饰，先土建后安装，安装预留、预埋与土建施工同步进行"的总施工原则。

2）以混凝土结构子分部工程施工为主导，安装、预留预埋配合协调，各分项工程在时间和空间上达到紧密配合、复式滚动推进的目的，确保各阶段形象进度完成及工程整体进度的实现。

3）外装饰采用从上至下的施工顺序，室内粗装饰采用先地面后墙面的顺序，精装饰采用先墙面后地面的顺序。

4）整体施工顺序安排如下：施工准备和测量放线（包括设备安装预留和预埋）、复核→主体结构施工（水电管线与设备基础的预埋件与预留）→屋面防水工程施工及屋面设备安装→内外装饰施工→设备安装→交工验收。

3.2 分部分项工程施工方案

3.2.1 施工准备

1. 技术准备

1）组织各专业技术人员认真学习设计图样，领会设计意图，做好图样会审。

2）针对本工程特点进行质量策划，编制工程质量计划，制定特殊工序、关键工序、重点工序质量控制措施。

3）编制实施性施工组织设计报上级审批后组织实施，依据施工组织设计，编制分部、分项工程施工方案。

4）认真做好工程测量方案的编制，做好测量仪器的校验工作，做好原有控制桩的交接核验工作。

2. 劳动力及物资、设备准备

1）组织施工力量，做好施工队伍的编制及其分工，做好进场三级教育和教育培训。

2）落实各组室人员，制定相应的管理制度。

3）根据材料供应计划，编制施工使用计划，落实主要材料，并根据施工进度控制计划安排，制定主要材料、半成品及设备进场时间计划。

4）组织施工机械进场、安装、调试，做好开工前准备工作。

3. 施工现场及管理准备

1）施工总平面布置（土建、水、电）报有关部门审批。按现场平面布置要求，做好施工场地围护墙和施工三类用房的施工，做好水、电、消防器材的布置和安装。

2）按要求做好场区施工道路的路面硬化工作。

3）抓紧与地方政府各有关部门接洽，办理开工前各项手续，保证施工顺利进行。

4）完成合同签约，组织有关人员熟悉合同内容，按合同条款要求组织实施。

3.2.2 施工测量

1. 轴线控制 电梯井轴线依据建筑平面控制轴线进行测量，电梯井模板依据轴线位置进行安装，为了减少垂直度的累计误差，电梯井每施工三层，采用铅直仪对电梯井的垂直度进行测量，减少电梯井垂直度的累计误差。

2. 标高控制

1）依据甲方提供的水准点，在施工现场设 3 个半永久性水准点，在建筑物外墙混凝土柱上设 +0.500 基准标高，为避免累计误差，每次用 50m 钢卷尺从基准点引测至施工层。结构施工期间，检查每层标高，层高偏差控制在规范允许范围以内。

2）装饰前，将 $H+0.5m$ 的标高控制点引测到每个框架柱上，楼梯间内不少于一点，作为地面和水电安装找平的依据。

3.2.3 地基与基础施工（略）

3.2.4 主体结构施工（略）

3.2.5 设备安装施工

1. 给排水管道安装及电气管道预埋预留工程 工程水、电穿墙套管和孔洞预留量较大，电气穿线管预埋都要在主体施工时一次性配合施工完成，首先要求土建与安装专业工种密切配合协调工作，在时间、空间上作出周密的考虑和安排，以便及时地、准确地配合土建作好预留、预埋工作。施工前由技术主管分楼层向施工班组作主要施工技术内容交底，施工中和施工后，技术、质检、工长、班组一起进行技术复核，做到准确无误。预埋预留的铁件或钢管，预埋预留前均须满涂防锈漆或沥青漆一道，做防腐处理。

2. 管道安装工艺流程

（1）管道安装工艺流程如附图1-2所示。

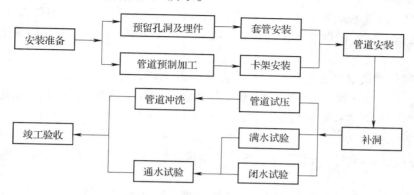

附图1-2　管道安装工艺流程图

（2）管道预制加工。根据图样要求并结合实际情况，按预留口位置测量尺寸，绘制加工草图。根据草图量好管道尺寸，先行预制加工。

（3）卡架安装。不直埋的立管，应在底部安装能承受全部荷载的支承座，其他各层至少一个支架，扎箍定位；排水横管支架应形成坡度，每2m设一个。

（4）管道安装。按100%比例抽取阀门作水压强度试验和密封性试验，连接镀锌管套规整，带锥度，连接时涂料盖做加工面，填料充实，卡箍连接宜选正公差管材，滚槽到位。

（5）补洞及闭水试验。直埋管道安装完毕后，及时清洗楼板孔洞壁，用微膨胀水泥砂浆封堵孔洞，固化后，局部闭水试验，板下应无渗漏痕迹。

（6）管道试压。试验压力为1.5倍工作压力，10min内压降不大于0.05MPa，降至工作压力，稳压足够时间，若接口均无渗漏为合格。

（7）满水试验。室内暗设埋地排水管道，装好后封堵出水口，向管内充水，满水后15min后再灌满延续5min，液面不下降为合格。

（8）管道冲洗。以足够的压力、流量冲洗管道直至出口水色和入口水色一致。

3. 洁具安装

（1）安装准备。准备材料、工具存放库房，检查管道、土建完成情况及质检记录，防止上水甩口不准、下水口预留过高而影响洁具安装。检验整体浴室尺寸是否适合设计要求。

（2）卫生洁具及配件检验。洁具型号、规格必须符合设计要求，有出厂合格证、外观规矩、造型周正、表面光滑、美观、无裂纹、边缘平滑、色泽一致；配件规格标准、质量可靠、外表光滑、电镀均匀、螺纹清晰、螺母松紧适度、无砂眼、裂纹等缺陷。

（3）卫生洁具安装。蹲便器在土建做完防水层及保护层后进行安装，配合土建砌台安装牢固，防止土建贴面砖时移动安好的蹲便器。其余座便器、小便斗可在室内装修基本完成后进行，采用电锤在面砖上打孔时，应缓慢钻入，避免损坏面砖。

（4）卫生洁具与墙地缝处理。洁具安装好后均应做到与墙面、地面、台面紧贴吻合，缝隙处嵌入白水泥勾缝抹光。

（5）卫生洁具外观检查。首先核对坐标、标高、水平，有无损坏，再检查卫生洁具的排水出水口与排水管承插口连接处是否严密不漏，供水通水能力是否正常，产品检验后进行防护。

4. 电气安装

（1）电气安装工程应重视电气穿线管的预留预埋。施工前，施工班组及工长应认真熟悉施工图样。施工时，确保水泥浆不进入穿线管内。施工完后，认真核对确保预埋准确、无遗漏。

（2）为确保建筑电器安装的标高、平整度准确无误，墙上的开关、插座、配电箱等所有出线的箱、盒，在砌墙时，宜采用木盒或预留洞，待装修时再安设正式的箱盒。

（3）电源入户处应作重复接地，要求接地电阻 $R \leqslant 4\Omega$。

（4）暗敷钢管

1）先进行钢管内部除锈和防腐，按照图示尺寸进行下料，再进行加工，钢管弯曲采用弯管器进行。

2）钢管与盒（箱）连接采用焊接连接或用锁紧螺母连接，管口高出盒（箱）3～5mm，且焊后应补防腐漆。初步连接时，钢管与箱体不宜直接焊在一起，应用作为跨接接地线的圆钢连接，待箱体完全定位后，再与其焊接。钢管与钢管采用套筒连接。

3）为使管路系统接地良好、可靠，可用跨接接地线连接，使整个管路连成一个整体，以防止导线绝缘损伤而使钢管带电造成事故。

4）当配管管路通过变形缝时，要在其两侧埋设接线盒做补偿装置，接线盒相邻面穿一短钢管，短管一端与盒（箱）固定，一端能活动自如，此端盒上开孔不应小于管外径的2倍。

5）暗敷钢管时应与土建方施工密切配合，防止钢筋将预埋管抬起或压下。预埋完后，要及时请各方进行检查，并做好隐蔽验收记录。

（5）管内穿线和导线连接

1）穿线前先对钢管进行清扫或吹洗，保证管内无杂物，穿线畅通。再对接线盒位置进行复核，对不符合位置要求的接线盒进行调整。

2）穿引线钢丝，穿钢丝时，如遇管接头部位连接不佳或弯头较多时，可用手转动钢丝，使引线头部在管内转动，钢丝即可前进。

3）管内穿线。为保持三相平衡，减少磁滞损耗，同一交流回路的导线必须穿于同一钢管内；为了防止短路故障发生和抗干扰，不同回路、不同电压和交流与直流的导线，不能穿入同一管内；同类照明的几个回路可以穿入同一管内，但管内导线的总数应不多于8根；为了利于检查和维修，穿入管内的导线不应有接头，导线的绝缘层不得损坏，导线也不得扭结。

4）剪断导线。导线穿好后，应按要求和不同部位适当留出余量便于以后接线。

5）导线在接线盒内的固定。为防止垂直敷设在管路内的导线因自重而承受较大应力，防止导线损伤，当导线超过一定长度时，就进入接线盒内固定。

6）火灾自动报警系统导线等安装要按规定要求分色接线，穿管放线时采用放线架，顺着导线缠绕方向放线，以防打结扭绞，放线过程中要检查导线是否存在曲结、绝缘层破损、断裂等缺陷。

7）线管内导线不允许有接头，如发现长度不够要及时更换良好的长度足够的绝缘导线。

8）火灾探测器安装完后，应用专用的保护罩保护，待投入运行后再解除，并对每个探测器进行模拟检查，判断探测器的动作情况。

（6）灯具及线路安装

1）严格按设计要求和建设方要求选用灯具的型号和种类，从材料上确保照明的质量。

2）灯头线不得有接头，按顺时针方向弯钩，将灯具螺钉拧紧。

3）灯具安装完后，进行调试和照明安全试运行试验，要求不间断照明 24 小时无故障。

（7）开关、插座安装

1）电线安装好后，即可进行开关、插座安装。开关、插座面板的安装不应倾斜，面板四周应紧贴建筑物表面且无缝隙、孔洞。

2）插座面板应在绝缘测试和确认导线连接正确，盒内无潮气后才能固定。

3）安装完后，应注意成品保护和防止偷盗。

（8）配电箱、盘、板安装

1）整个配电箱安装应统一颜色，并做好接零接地工作。

2）配电箱内线路应保证清晰，互不影响，各配电元器件应保持相应的灵敏度。

3）盘柜安装完后，要进行高压试验和二次回路试验调整，调整合格后，即可进行验收。

（9）电气系统全部形成后，整个系统必须进行联动试验，在测试过程中要对每次的调试结果作详细记录，选出最佳点，确定调试效果，最后整理出调试报告。

5. 防雷接地安装

（1）配合基础工程，利用地梁内主筋将各桩基筋可靠焊接，最底层底板筋焊成网格状与之焊接构成接地网。

（2）利用柱内主筋作接地引下线，各连接处及桩基筋必须有足够的焊接长度。

（3）各需安接地端子处，如变配电房、消防控制中心、电缆竖井等从同高程的引下线上就近焊出 40 镀锌扁钢二处。

（4）均压带可利用外侧圈梁内主筋或另敷 40 扁钢构成，但应与各引下线可靠焊接，且自身连接处有足够焊接长度。

（5）屋顶接闪带应平直，若明装，支撑必须牢固且与被支撑的接闪带有一定长度纵向焊缝。若暗敷，则应设在抹灰层内并在抹灰前与引下线可靠焊接，现浇屋面的底筋应焊成网格状与引下线焊通，屋顶金属管道、结构件均应可靠接地。

（6）基础覆土后防雷接地绝缘摇测必须符合设计要求，接地电阻不大于 1 欧。

（7）防雷接地的所有金属配件均应镀锌，所有连接均应焊接，焊缝处均应补涂石油沥青防腐。

（8）出屋面防雷引下线应用油漆作接地标志。

6. 消防器材安装

（1）消防器材必须使用经检验合格的产品，并经消防部门备案登记。

（2）消防器材安装好，要经当地消防安全主管部门检测合格后才能投入使用。

（3）防烟排烟系统，安装风管及部件时，风管及部件连接法兰间的垫料应采用石棉绳或密封胶条，不得使用可燃材料作垫料。防火排烟轴流风机要设置角钢支架固定。

7. 电梯安装

（1）清理井道、井道验收、搭脚手架。由建设单位向安装单位提交的电梯井道及机房土建施工技术资料包括混凝土强度报告、测量定位记录、几何尺寸实测值、质量评定表、测量定位基准点等。根据电梯的土建总体布置图复核井道内净尺寸，层站、顶层高度，地坑深度是否相符，如果有不符合图样要求需进行修正者，应及时通知有关部门进行修正。

安装电梯属于高空作业，为了便于安装人员在井道内进行施工作业，一般需在井道内搭脚手架。对于层站多、提升高度大的电梯，在安装时也可用卷扬机作动力，驱动轿厢架和轿厢底盘上下缓慢运行，进行施工作业；也可以把曳引机安装好，由曳引机驱动轿厢架和轿底来进行施工作业。

搭脚手架之前必须先清理井道，清除井壁或机房楼板下土建施工时留下的露出表面的异物，特别是底坑内的积水、杂物，必须清理干净。在井道中按附图1-3所示搭设脚手架。

脚手架杆用 φ48×4 钢管或杉木搭设。脚手架的层高（横梁的间隔）一般为 1.2m 左右。脚手架横梁上应铺放两块以上厚度 50mm、宽 200～300mm、长 2m 的脚手板，并与横梁捆扎牢固。厅门口处的脚手架应符合附图 1-4 的要求。

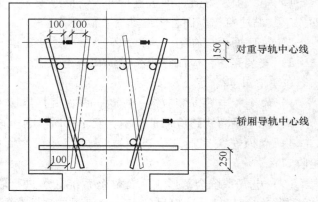

附图1-3　脚手架搭设形式

随着脚手架搭设，设置工作电压不高于 36V 的低压照明灯，并备有能满足施工作业需要的供电电源。

（2）开箱点件。根据装箱单开箱清点，核对电梯的零部件和安装材料。开厢点件要由建设单位和施工单位共同进行。清理、核对过的零部件要合理放置和保管，避免压坏或使楼板的局部承受过大载荷。根据部件的安装位置和安装作业的要求就近堆放。可将导轨、对重铁块及对重架堆放在底层的电梯厅门附近，各层站的厅门、门框、踏板堆放在各层站的厅门附近。轿厢架、轿底、轿顶、轿壁等堆放在上端站的厅门附近。曳引机、控制柜、限速装置等搬运到机房，各种安装材料搬进安装工作间妥善保管，防止损坏和丢失。

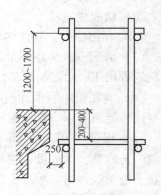

附图1-4　厅门口处的脚手架

（3）安装样板架、放线。样板架是电梯安装放线的基础。制作样板架和在样板架上悬挂下放铅垂线，必须以电梯安装平面布置图中给定的尺寸参数为依据。由样板架悬挂下放的铅垂线是确定轿厢导轨和导轨架、对重导轨和对重导轨架、轿厢、对重装置、厅门门口等位置，以及相互之间的距离与关系的依据。样板架采用 100mm×100mm 无节、干燥的红白松木制成，方木必须光滑平直、不易变形、四面刨平、互成直角。

在样板架上，将轿厢中心、对重中心以及各放线点找出。用直径 1mm 的琴钢线和 25kg

重线坠放线至坑底，并用两台激光准直仪校正。

（4）轨道安装

1）设置 8 个 2.5kg 线坠，选用 1mm 的琴钢线。

2）按照安装图对导轨支架坐标精确放线。

3）首先在井道壁上安装导轨支架底座。底座的数量应保证间距不大于 2.5m，且每根导轨至少有两个。

4）在支架底座上安装导轨支架，支架背衬的坐标和整个井道内同侧的全部支架中心线，要与导轨底面中心线重合后临时固定。

5）松开压板安装导轨。

6）主导轨两侧都用压板临时固定后，即可固定支架。

7）按附表 1-2 导轨安装要求精确调整导轨后固定压板。

附表 1-2 导轨安装要求表

项 目		允差/mm	检查方法
导轨垂直度		0.7/5m，全长≤1	线坠和游标尺
导轨接头	局部间隙	0.5	塞尺
	台阶	0.05	钢板尺和塞尺
	允许修光长度	≥200	
顶端导轨和导轨顶允距		≤500	
导轨顶与顶板		50～300	

8）主导轨间距 1680mm，对重导轨间距 820mm，其允差均为 +2mm。

9）导轨安装前要对其直线度及两端接口处进行尺寸校正。

（5）轿厢组装

1）拆除末站中的脚手架，然后用两根道木（300mm×200mm×3000mm）由厅门口伸入设置支承梁。道木一端搭在厅门地面上。一端插入厅门对面的井道壁顶预留孔中。

2）在支承梁上放置轿厢下梁，并将其调正找平。

3）在支承梁周围搭设脚手板组成安装组对平台。

4）在井道顶通过轿厢中心的曳引绳孔借用楼板上承重架用手拉葫芦悬挂轿厢架，组装轿厢架。

5）安全钳安装。电梯安全钳为预先组装的 GK1 型，安装时必须恰当地装配于紧固托架的下底。

6）下梁与轿底安装。将轿底安放在导轨之间的支承梁上，用水平尺检测其水平度。调节导轨与安全钳楔块滑动面之间的间隙，调节导靴与导轨之间的间隙。

7）轿壁安装。轿壁安装前对后壁、前壁和侧壁分别进行测量复验，控制尺寸。装配顺序为：后壁、侧壁、前壁、扶手。

8）轿顶安装。当轿壁安装完后，安装轿顶，并将轿厢照明固定在轿顶上。然后在轿顶上盖上保护顶板（木板）。最后安装轿顶固定装置和附件。

9）检查验收轿厢。

（6）机房设备安装

1）承重梁安装。承重梁是承载曳引机、轿厢和额定载荷、对重装置等重量的机件。承重梁一端必须牢固地埋入墙内，埋入深度应超过墙厚中心 20mm，且不小于 75mm。另一端稳固在混凝土承重梁上。

2）曳引机安装。承重梁经安装、稳固和检查符合要求后，安装曳引机。曳引机底座与承重梁之间由橡胶板作弹性减震，安装时按说明书要求布置。曳引机纵向和横向水平度均不应超过 1/1000。曳引轮的安装位置取决于轿厢和导向轮。曳引轮在轿厢空载时垂直度偏差必须≤0.5mm，曳引轮端面对于导向轮端面的平行度偏差不大于 1mm。制动器应按要求调整，制动时闸瓦应紧密地贴合于制动轮工作面上，接触面大于 70%，松闸时两侧闸瓦应同时离开制动轮表面，其间隙应均匀，且不大于 0.5mm。

3）限速器导向轮安装。限速器绳轮、导向轮安装必须牢固，其垂直度偏差不大于 0.5mm。限速器绳轮上悬挂下放铅垂线，使铅垂线穿过楼板预留孔至轿厢架，并对准安全钳绳头拉手中心孔。

（7）缓冲器和对重装置安装。缓冲器和对重装置的安装都在井道底坑内进行。缓冲器安装在底坑槽钢或底坑地面上。对重在底坑里的对重导轨内距底坑地面 700～1000mm 处组装。安装时用手动葫芦将对重架吊起就位于对重导轨中，下面用方木顶住垫牢，把对重导靴装好，再将每一对重铁块放平、塞实，并用压板固定。

（8）曳引绳安装。当曳引机和曳引轮安装完毕，且轿厢、对重组对完毕后，则可进行曳引绳安装。

1）曳引绳的长度经测量和计算后，可把成卷的曳引绳放开拉直，按根测量截取。

2）挂绳时注意消除钢绳的内应力。

3）将曳引绳由机房绕过曳引轮导向轮悬垂至对重，用夹绳装置把钢丝绳固定在曳引轮上。把连接轿厢端的钢丝绳末端展开悬垂直至轿厢。

4）复测核对曳引绳的长度是否合适，内应力是否消除，认定符合要求后做绳头。

5）电梯要求绳头用巴氏合金浇注而成。先把钢丝绳末端用汽油清洗干净，然后再抽回绳套的锥形孔内。把绳套锥体部分用喷灯加热。熔化巴氏合金，将其一次灌入锥体。灌入时使锥体下的钢丝绳 1m 长部分保持垂直。灌后的合金要高出绳套锥口 10～15mm。

6）曳引绳挂好，绳头制作浇灌好后，可借助手动葫芦把轿厢吊起，再拆除支撑轿厢的方木，放下轿厢并使全部曳引绳受力一致。

7）厅门安装。安装厅门应控制地槛水平度、万门导轨与门套框架的垂直度和横梁的水平度及有关联动装置等的间隙值。

（9）电气装置安装

1）施工临时用电

① 在 1 层和机房各设一个电源分闸箱，每个闸箱的漏电保护开关容量不小于 60A；用电末端的漏电保护开关，其漏电动作电流不得超过 30mA。

② 梯井内焊接作业，采用在井内放两根 50mm² 的塑料铜线，再用软地线与井外电焊机连接，哪里用哪里开口，用后将破口包好。坚决杜绝借用钢结构和梯井管架作为地线进行焊接。

③ 井内照明采用一台 5kW 低压变压器，36V 供电，保证井内有足够的照明。

2）安装控制柜和井道中间接线箱。控制柜跟随曳引机，一般位于井道上端的机房内。控制柜除按施工图要求安装外，还应符合下列要求：

① 安装位置尽量远离门窗，其最小距离不得小于600mm，屏柜的维护侧与墙壁的最小距离不得小于700mm，屏柜的密封侧不得小于500mm。

② 屏柜应尽量远离曳引机等设备，其距离不得小于500mm。

③ 双机同室，双排排列，排间距离不小于5m。

④ 机房内屏柜的垂直度允差为1.5/1000；机房内套管、槽的水平、垂直度允差均为2/1000。

⑤ 井道中间接线箱安装在井道1/2高度往上1m左右处。确定接线箱的位置时必须便于电线管或电线槽的敷设，使跟随轿厢上、下运行的软电缆在上、下移动过程中不至于发生碰撞现象。

3）安装分接线箱和敷设电线槽或电线管。根据随机技术文件中电气安装管路和接线图的要求，控制柜至极限开关、曳引机、制动器、楼层指示器或选层器、限位开关、井道中间接线箱、井道内各层站分接线箱、各层站召唤箱、指层灯箱、厅门电联锁等均需敷设电线管或电线槽。

① 按电线槽或电线管的敷设位置（一般在厅门两侧井道壁各敷设一路干线），在机房楼板下离墙25mm处放下一根铅垂线，并在底坑内稳固，以便校正线槽的位置。

② 用膨胀螺栓将分线箱和线槽固定妥当，注意处理好分线箱与线槽的接口处，以保护导线的绝缘层。

③ 在线槽侧壁对应召唤箱、指层灯箱、厅门电联锁、限位开关等水平位置处，根据引线的数量选择适当的开孔刀开口，以便安装金属软管。

④ 敷设电线管时，对于竖线管每隔2~2.5m，横线管不大于1.5m，金属软管小于1m的长度内需设一个支撑架，且每根电线管应不少于两个支撑架。

⑤ 全部线槽或线管敷设完后，需用电焊机把全部槽、管和箱连成一体，然后进行可靠的接地处理。

⑥ 电梯导线选用额定电压500V的铜芯导线。

⑦ 井道内的线管、线槽和分接线箱，为避免与运行中的轿箱、对重、钢丝绳、电缆等相互刮碰，其间距不得小于20mm。

⑧ 电梯的电源线使用独立电源，并且单机单开关。每台电梯的动力和照明，动力和控制均要分别敷设。

4）电缆敷设

① 井道电缆在安装时应使电梯电缆避免与限速器、钢丝绳、限位开关等处于同一垂直交叉引起刮碰的位置上。

② 轿厢底电缆架的安装方向要与井道电缆一致，并保证电梯电缆随轿厢运行至井道底部时，能避开缓冲器并保持一定距离。井道电缆架用螺栓稳固在井道中间接线箱下0.5m处的井道墙壁上。

③ 电缆敷设时应预先放松，安装后不应有打结、扭曲现象。多根电缆的长度应一致。非移动部分用卡子固定牢固。

（10）试运转

1）电梯在试运转前应达到的条件

① 机械和电气两大系统已安装完毕，并经质量检查评定合格。

② 转动和液压部分的润滑油和液压油已按规定加注完毕。

③ 自控部分已作模拟试验，且准确可靠。

④ 脚手架已拆除，机房、井道已清扫干净。

2）试运转步骤

① 手动盘车在导轨全程上检查有无卡阻现象。

② 绝缘电阻复测和接地接零保护复测。

③ 静载试验。将轿厢置于最低层，平稳加入荷载。加入额定荷载的 1.5 倍，时间 10min，各承重构件应无损坏或变形，曳引绳在导向轮槽内无滑移，且各绳受力均匀，制动器可靠。

④ 运行。轿厢分别以空载、额定起重量 50% 荷载、额定起重量 100% 荷载，在通电持续率 40% 情况下往复升降各自历时 1.5h。电梯在起动、运行、停止时，轿厢内应无剧烈振动和冲击，端站限位开关或选层定向应准确可靠。

⑤ 超载试验。轿厢荷载达到额定起重量的 110% 和通电持续率 40% 的情况下，历时 30min，电梯应能安全起动和运行，制动器作用应可靠，曳引机工作应正常。

⑥ 安全钳检查。在空载情况下，以检修速度下降时，在一、二层试验，安全钳动作应可靠无误。

⑦ 油压缓冲器查验。复位试验，空载运行，缓冲器回复原状所需时间应少于 90s；负载试验，缓冲器应平稳，零件无损伤或明显变形。

⑧ 平层准确度允许偏差为 ±7mm。

3.2.6 装修施工（略）

3.2.7 屋面施工（略）

4 施工平面布置

4.1 现场平面布置

1. 布置原则 根据现场踏勘情况，该工程位于钢城大道与峨嵋路的交叉路口处，上下班时车辆及人流较为集中，现场施工场地比较狭窄，本着充分利用场地，既方便施工又确保现场畅通、安全的原则，合理布置。

2. 生产区域生活区的布置 按分离的原则进行布置：根据现场实际情况，生产区设 2 座混凝土搅拌站，设置在拟建建筑物北侧；主入口处设置保卫室、钢筋车间、木作车间、仓库等。材料垂直运输采用 2 台 QT80A 型塔吊，2 台人货两用施工电梯辅助运送。为了保证工期目标，施工现场配置钢筋加工设备 2 套，木作加工设备 2 套，装饰阶段利用钢筋车间作装饰材料仓库，各施工阶段现场平面布置附图。生活设施现场内布置一部分，不足部分于现场附近另外租房。

3. 围墙的布置 采用标准化围墙，采取封闭式施工，围墙抹混合砂浆，刷白色乳胶漆，写宣传标语。出入口处设"五牌二图"及门卫室。

4. 现场出入口 为了保证施工现场内交通组织顺畅，在施工现场围墙的西向、北向各设一个出入口，出入口处设置 4.5m 宽的大门。

5. 道路、地坪 大门入口处和场内修筑临时道路，道路宽 4.5m，道路路基夯实后铺砂石垫层，路面浇筑 C20 混凝土。施工现场的办公区及混凝土搅拌区地坪采用混凝土硬化地坪。

6. 绿化 工程施工现场布置标准化，门楼两侧布置砖砌花坛和可移动花盆。道路两侧设常青类绿化带，围墙周边绿化按照永久和临时结合的原则设置绿化区，尽量保护好场内已有的树木和绿化带，确保现场美观舒适。做到布置合理、现场文明，做整洁花园式工地。

4.2 临时设施的搭设与处理

1. 办公室 施工现场应设置办公室，办公室内布局应合理，文件资料宜归类存放，并应保持室内清洁卫生。

2. 职工宿舍

1）宿舍应当选择在通风、干燥的位置，防止雨水、污水流入。

2）不得在尚未竣工的建筑物内设置员工集体宿舍。

3）宿舍必须设置可开启式窗户，设置外开门。

4）宿舍内应保证有必要的生活空间，室内净高不得小于 2.4m，通道宽度不得小于 0.9m，每间宿舍居住人员不应超过 16 人。

5）宿舍内的单人铺不得超过 2 层，严禁使用通铺，床铺应高于地面 0.3m，人均床铺面积不得小于 1.9m×0.9m，床铺间距不得小于 0.3m。

6）宿舍内应设置生活用品专柜，有条件的宿舍宜设置生活用品储藏室，宿舍内严禁存放施工材料、施工机具和其他杂物。

7）宿舍周围应当搞好环境卫生，应设置垃圾桶、鞋柜或鞋架，生活区内应为作业人员提供晾晒衣物的场地，房屋外应道路平整，晚间有充足的照明。

8）寒冷地区冬季宿舍应有保暖措施、防煤气中毒措施，火炉应当统一设置、管理，炎热季节应有消暑和防蚊虫叮咬措施。

9）应当制定宿舍管理使用责任制，轮流负责打扫卫生和使用管理，或安排专人管理。

3. 食堂

1）食堂应当选择在通风、干燥的位置，防止雨水、污水流入，应当保持环境卫生，远离厕所、垃圾站、有毒有害场所等污染源，装修材料必须符合环保、消防要求。

2）食堂应设置独立的制作间、储藏间。

3）食堂应配备必要的排风设施和冷藏设施，安装纱门、纱窗，室内不得有蚊蝇，门下方应设不低于 0.2m 的防鼠挡板。

4）食堂的燃气罐应单独设置存放间，存放间应通风良好并严禁存放其他物品。

5）食堂制作间灶台及其周边应贴瓷砖，瓷砖的高度不宜低于 1.5m；地面应做硬化和防滑处理，按规定设置污水排放设施。

6）食堂制作间的刀、盆、案板等炊具必须生熟分开，食品必须有遮盖，遮盖物品应有正反面标识，炊具宜存放在封闭的橱柜内。

7）食堂内应有存放各种佐料和副食的密闭器皿，并应有标识，粮食存放台距墙和地面应大于 0.2m。

8）食堂外应设置密闭式泔水桶，并应及时清运，保持清洁。

9）应当制定并在食堂张挂食堂卫生责任制，责任落实到人，加强管理。

4. 厕所

1）厕所大小应根据施工现场作业人员的数量设置。

2）高层建筑施工超过 8 层以后，每隔四层宜设置临时厕所。

3）施工现场应设置水冲式或移动式厕所，厕所地面应硬化，门窗齐全。蹲坑间宜设置隔板，隔板高度不宜低于 0.9m。

4）厕所应设专人负责，定时进行清扫、冲刷、消毒，防止蚊蝇孳生，化粪池应及时清掏。

5. 防护棚　施工现场的防护棚较多，如加工站厂棚、机械操作棚、通道防护棚等。大型站厂棚可用砖混、砖木结构，应当进行结构计算，保证结构安全。小型防护棚一般用钢管扣件脚手架搭设，应当严格按照《建筑施工扣件式钢管脚手架安全技术规范》要求搭设。

防护棚顶应当满足承重、防雨要求，在施工坠落半径之内的，棚顶应当具有抗砸能力。可采用多层结构，最上层材料强度应能承受 10kPa 的均布静荷载，也可采用 50mm 厚木板架设或采用两层竹笆，上下竹笆层间距应不小于 600mm。

6. 搅拌站

1）搅拌站应有后上料场地，应当综合考虑砂石堆场、水泥库的设置位置，既要相互靠近，又要便于材料的运输和装卸。

2）搅拌站应当尽可能设置在垂直运输机械附近，在塔式起重机吊运半径内，尽可能减少混凝土、砂浆水平运输距离。采用塔式起重机吊运时，应当留有起吊空间，使吊斗能方便地从出料口直接挂钩起吊和放下；采用小车、翻斗车运输时，应当设置在大路旁，以方便运输。

3）搅拌站场地四周应当设置沉淀池、排水沟。

① 避免清洗机械时，造成场地积水。

② 废水沉淀后循环使用，节约用水。

③ 避免将未沉淀的污水直接排入城市排水设施和河流。

4）搅拌站应当搭设搅拌棚，挂设搅拌安全操作规程和相应的警示标志、混凝土配合比牌，采取防止扬尘措施，冬期施工还应考虑保温、供热等。

7. 仓库

1）仓库的面积应通过计算确定，根据各个施工阶段的需要进行布置。

2）水泥仓库应当选择地势较高、排水方便、靠近搅拌机的地方。

3）易燃易爆品仓库的布置应当符合防火、防爆安全距离要求。

4）仓库内各种工具器件应分类集中放置，设置标牌，标明规格型号。

5）易燃、易爆和剧毒物品不得与其他物品混放，并建立严格的进出库制度，由专人负责。

4.3　消防设施

1. 消防水池　在搅拌机棚旁边的空地上设置消防储水池，每个施工段设一个，储水池采用页岩砖、水泥砂浆砌筑，池内刷水泥砂浆，储水池大小为 5m×5m，深 1.6m。本工程用水采用自来水，根据有关资料显示，其水压只能达到七层，为了保证施工用水和混凝土结构养护用水，每个储水池内配置一台多级加压水泵，消防水池平时兼作混凝土结构养护用水。

2. 消防栓　本工程施工场地内利用给水主管作消防用水管，在木工棚、钢筋车间等位置设消防栓，现场配备足够的消防水带。

　　3. 灭火器　在施工现场醒目处配备泡沫灭火器和干粉灭火器，以应付不同类型的火灾事故。

4.4　通信、电视监控

　　1. 通信　现场办公室及后勤部各设程控电话 1 台，现场施工人员均配备对讲机、手机，在主体和装饰过程中管理人员使用对讲机或手机联系。

　　2. 电视监控　现场配备 SP-986 型电视监控装置一套，电视监控室设综合办公室，现场生产区设监控器。对施工区的实际施工情况在办公室能直接进行监控，对施工过程实行动态管理，为保证工程进度、质量、安全、文明施工提供条件。

4.5　施工用水及用电

　　1. 施工用水　从业主选定的水源接入，用水量按 15L/s 计，现场用水配备多级加压泵二台。

　　本工程现场临时用水主要是施工生产用水、生活用水及消防用水。根据用水计算，管网中水流速度取 15L/s。故取主干管管径为 $DN80$，其中生产用水主管管径为 $DN32$，消防用水主管管径为 $DN32$，生活用水支管管径为 $DN20$。

　　2. 施工用电　从业主选定的电源接入，施工用电经计算为 370kW，采用三相五线制 TN-S 系统配线，三级配电，二级漏电保护。

　　本工程占地面积大，施工机械设备多，按《施工现场临时用电安全技术规范》（JGJ 46—2005）进行设计。

　　（1）施工用电负荷，根据经验，本工程施工用电高峰发生在主体施工阶段。根据用电量计算，安装变压器容量应不小于 370kVA。

　　（2）临时用电安全措施

　　1）本工程供电系统采用 TN-S 接零保护系统，总配电箱应设重复接地，其接地电阻值均不大于 10 欧姆，配电线路均采用橡皮绝缘电缆，干线埋地暗敷，支线架空敷设。通过脚手架、孔洞时采取防护措施。

　　2）由总配电箱引出的线路，均采用漏电开关保护。所有用电设备除保护接零外，必须在设备负荷线首端设置漏电开关。

　　3）总承包单位应安排值班电工对临电工程进行安装、检修、巡视检查，并做好记录。值班电工要按规定穿戴绝缘防护用品。

　　4）电器操作人员，必须经过培训，掌握安全操作要领。特种机械机具操作要经考试合格，发专业操作证，持证上岗。

　　5）临时用电工程的安装和拆除，必须按专项施工方案进行，不得随意更改和增减。必须改变时，需提出申请，经原方案审批部门批准后，方可进行变更。

4.6　施工现场平面布置图

　　施工现场平面布置如附图 1-5 所示。

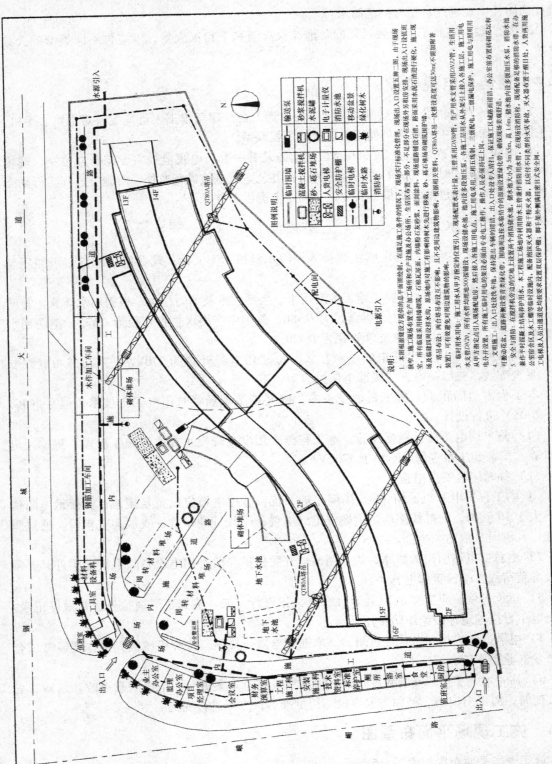

附图 1-5 施工现场平面布置图

5 施工进度计划及保证措施

5.1 施工工期计划

5.1.1 工期目标

根据本工程招标书及招标答疑的要求，确定本工程工期为 15 个月，即从 2011 年 4 月 1 日起至 2012 年 6 月 30 日完工，共计 457 天（日历天）。

5.1.2 工期目标控制点

1. **基桩工程验收日期** 2011 年 6 月 20 日
2. **基础工程验收日期** 2011 年 8 月 18 日
3. **主体结构验收日期** 2012 年 1 月 11 日
4. **完成招标文件内容交工验收日期** 2012 年 6 月 30 日

5.1.3 工期目标控制方法

1. 最早结束工期 本工程进度计划结合招标书及我公司以往施工同类型工程的实际经验，以及参与施工的实力，利用统筹原理，将关键线路进行优化，并坚持立体交叉分段施工原则的组合，决定工期及关键点进行整体控制。本进度计划安排坚持的原则是以最早结束工期为原则，施工时必须坚持本原则，确保按时完工。

2. 充分利用有效工期 为确保本工程于 2012 年 6 月 30 日前顺利完工，考虑到主体结构的特殊性，本进度计划安排在雨季来临之前完成主体工程。本工程进度计划不考虑农忙、双抢及国家法定节假日，并按照工程具体情况适当安排加班，在此期间，我公司将按照国家有关政策规定给予工人一定的经济补贴。

5.2 确保工期管理措施

5.2.1 选用优秀项目经理

由公司选派善抓生产、抢进度，且会管理并具有丰富类似工程施工经验的项目经理担任该工程项目经理。由项目经理进行人力、物力、资金设备的统一调度，确保本工程各项施工目标的实现。

5.2.2 实行工期目标责任制

项目经理是工期目标的总负责人。项目生产副经理是工期目标的直接责任人，主要负责现场各项管理控制工作。各作业班组与项目部签订责任书，各作业班组与操作工人签订责任书，明确工期奖罚办法，在各自的责任范围内按质量、进度与工资挂钩，实行重奖、重罚，充分调动施工人员的积极性，发挥主人翁责任感，挖掘劳动力潜力。

5.2.3 及时沟通

组织业主、监理、设计各方代表定期召开例会，及时解决施工中的各类问题，避免误工、窝工，加快工程进度，确保工期目标的实现。

5.2.4 平行施工

为了减少模板、钢管等周转材料的投入量，降低工程成本，加快工程进度，本工程在主体施工阶段以变形缝为界分为两个施工段，每个施工段分别配备各专业施工队，各专业施工队在相关职能部门负责人的领导下负责本施工段的生产、进度、质量、安全，主体、装饰施工阶段组织平行流水施工。

5.2.5 交叉施工

为了加快施工进度，主楼结构部分施工时按以下方法分段验收：地下室混凝土结构、一至四层结构（七层结构完工）、五至十层结构（十三层结构完工）、十层以上结构。主楼结构每段结构拆模、砌体后马上进行中间验收，以便后续粗装饰及时插入施工。土建施工过程中应与给排水、电气安装等专业工程的施工协调配合。

5.2.6 分段施工

为确保工期目标的实现，同时便于施工管理，根据本工程特点，施工现场划分为两个施工段，两个施工段相互独立，彼此合作，以"纵向到底，横向到边"、"包、保、核"的原则进行目标分解。坚持"以日保周、周保月、月保总任务"的原则，坚持例会制度，搞好现场协调工作。

5.2.7 目标奖惩激励

为了加强项目部的责任，落实"项目经济承包责任制"，项目部人员分工明确，各尽其责，项目部与作业班组同样签订承包合同，实行横向承包到边、纵向承包到底、责任到人的承包形式，做到责、权、利相结合，充分调动所有参建人员的积极性，以确保现场施工组织及时到位。

5.2.8 总进度网络计划指导

工程开工前编制施工总进度网络计划并报业主和监理批准，作为指导整个工程进度的纲领性文件。利用进度计划软件，在施工过程中进行施工进度监控，在总进度计划的指导下，超前计划，在此基础上再编制月、周作业计划，具体指导施工，确保工期目标的实现。

1. 确定工作关系 依据为工序、工艺流程、工作面的要求，劳动力和周转材料的安排，使工作关系简捷和有最大限度的可操作性，即使施工出现非正常情况，工作关系也基本不必调整且计划网络也不会断链。

2. 合理安排时间 从计划编制上保证工序时间安排上的科学性、合理性，保障施工流畅开展。

3. 充分利用工作面 保证施工的节奏和合理性，有目的地使各工种劳动力在工作面上相对独立地操作。

4. 平衡劳力　在施工过程中要及时合理调配各工种的人员，注意各工序的衔接，保证劳动力的平衡，避免窝工。

5.2.9　协调配合

（1）密切处理与业主、监理、设计之间的关系，减少人为因素对施工的影响，做到不相互影响，不相互扯皮，并正确处理质量与进度、质量与效益、安全与效益、文明与效益的关系，在保证质量、安全和文明施工的前提下追求进度和效益。

（2）在公司范围内进行人、财、物的统一调配，确保该工程人力、物力和资金的配备供应。做好工人的医疗卫生检查，保障生产工人的人身健康，积极做好各种应对措施，以保证整个工程的顺利进行。

（3）为优质高效地在合同规定期内完成本工程的施工任务，安排素质高，业绩好的专业施工队伍。

（4）实行施工日志制度，每个作业班组每天都要写施工日志。记录当天的气候、参加人员、完成任务、机械设备、材料质量检查、安全检查等情况，以便发现问题、分析原因、研究解决的办法和措施。

（5）实行工地会议制度，每周项目经理部召开一次由项目经理部成员、工长和质检员参加的工地会议。会议邀请业主、设计、监理各方参加，会议主要研究施工中有关进度、质量、安全问题，检查工程质量和进度计划完成情况。通过会议强化质量意识，调整进度计划，研究加快工程进度和保证质量的措施，消除安全隐患。

5.3　保证工期技术措施

（1）接到业主的中标通知后，立即进行本项目所需人员、设备、材料的进场准备工作，按照业主要求尽快组织进场和开工准备，抓住工程开工前的"时间差"。

（2）加强季节性期间、农忙、春节等施工管理，对于此期间加班按照国家有关政策规定给予经济补偿，确保施工不延误关键工序的工期，提高工作效率。

（3）为了抢进度，施工一般都要工作到晚上，因此，要特别注意夜间有足够的照明，安全措施完善，保养维护好机械设备。

（4）现场配备两台180kW发电机组，作为施工现场停电时备用。

（5）抓好关键工序的施工，关键工序施工是影响整个项目工程质量与工期的决定因素，因此，控制好关键工程质量与工期是保证整个工程顺利完成的关键，确保关键工序上的工作不延误。

（6）加强现场调度，若出现单项工程施工进度滞后于总计划进度的情况，则由项目经理部调整人力、物力，在确保质量并获得监理工程师批准的条件下突击，以达到工期的预定目标。

（7）在施工过程中，若实际进度与计划进度出现差异，由技术负责人会同有关人员一起分析原因，及时调整进度计划。

（8）狠抓工程质量，杜绝施工质量事故及隐患，以确保工期目标的实现。利用不利天气进行备料和工程设备维修保养，确保施工期间的材料供应和机具设备的正常运转。

（9）利用雨天和施工间歇，组织项目员工进行生产技术和技能学习，提高全员技术水平和生产劳动效率。

（10）对施工关键设备重点维护、检修，配备修理人员跟班作业，出现故障及时抢修，保证工程设备处于最佳运行状态。

（11）搞好安全生产和质量控制，避免由于发生安全质量事故而影响施工进度。

5.4 抢工措施

由于天气及其他一些不可预见的因素，将有可能导致本工程进度滞后，届时我公司将采取如下措施，将滞后的进度抢回来。

（1）将实际进度情况与计划进度相比较，算出滞后的进度，分析原因，进行调整，采取优化工期的计算方法，重新调整施工布局，以达到原定工期的目标要求。

（2）增开工作面，增加施工队伍，加大机械、设备的投入。

（3）每天的工程任务都以指令性文件提前一天下达到各施工班组，并设立专职的现场进度监督员，督促各施工班组完成当天的工程任务，关键工序采用三班倒，连续作业，做到换人不停机。

5.5 施工进度计划横道图和施工进度计划网络图

施工进度计划横道图和施工进度计划网络图如附图 1-6、附图 1-7 所示。工程施工过程中，电梯安装的施工进度安排如附图 1-8 所示。

6 质量保证措施

6.1 质量管理体系

6.1.1 质量方针与目标

1. 质量方针 按照"科学规范的管理、优质高效的生产、持续发展的追求"的理念，以"精益求精、顾客满意、创造精品"的质量方针，建立有效的工作体系。

（1）"质量第一、信誉至上、争创一流"的工作宗旨。

（2）"团结、务实、精诚、奉献、开拓、进取"的企业精神。

（3）员工培训考核合格、持证上岗的准入制度。

2. 质量目标

（1）创优目标。按国家有关施工验收规范和《建筑工程施工质量验收统一标准》（GB 50300—2001），确保市优质，争创省优质工程。

（2）分项工程合格率达到100%，其中优良率在85%以上，且主要项目均达到优良。

（3）重大质量事故为零。

（4）工程外观质量达到优良。

（5）工程质量保修按照《房屋建筑工程质量保修办法》（建设部第 80 号令）执行。

序号	任务名称	工期/天	开始时间	结束时间
1	某国铁集团有限公司知识大楼建安工程	457	2011年4月1日	2012年6月30日
2	开工	0	2011年4月1日	2011年4月1日
3	施工准备及测量放线	5	2011年4月1日	2011年4月5日
4	土方开挖（机械开挖）	15	2011年4月6日	2011年4月20日
5	人工挖孔灌注桩施工	40	2011年4月21日	2011年5月30日
6	桩头清理及试验	20	2011年5月31日	2011年6月19日
7	垫层混凝土及底板防水施工	20	2011年6月20日	2011年7月9日
8	地下室底板、承台及基础底板施工	15	2011年7月10日	2011年7月24日
9	地下室墙柱及顶板施工	25	2011年7月25日	2011年8月18日
10	地下室外墙防水施工	20	2011年9月3日	2011年9月22日
11	土方回填	40	2011年9月23日	2011年11月1日
12	脚手架及垂直运输设施搭设标	330	2011年7月10日	2012年6月4日
13	一至二层混凝土结构施工	20	2011年8月19日	2011年9月7日
14	养护、拆模、砌体	36	2011年8月22日	2011年9月27日
15	三至十三层混凝土结构施工	88	2011年9月8日	2011年12月4日
16	养护、拆模、砌体	105	2011年9月12日	2011年12月23日
17	十四至十六层混凝土结构施工	18	2011年12月5日	2011年12月22日
18	养护、拆模、砌体	35	2011年12月8日	2012年1月11日
19	十六层以上混凝土结构施工	20	2011年12月23日	2012年1月11日
20	主体验收	1	2012年1月12日	2012年1月12日
21	屋面防水施工	40	2012年1月12日	2012年3月6日
22	外墙装饰施工	140	2012年1月12日	2012年5月10日
23	室外零星工程及地下水池施工	60	2012年4月27日	2012年6月15日
24	楼地面除面层外及卫生间防水施工	155	2012年1月12日	2012年6月15日
25	室内抹灰	116	2012年10月15日	2012年2月6日
26	门窗工程制安施工	109	2012年1月12日	2012年4月30日
27	室内精装饰（含玻璃、油漆）	166	2012年1月12日	2012年6月26日
28	室外零星工程预留、预埋	181	2012年7月15日	2012年1月11日
29	建筑安装工程安装、调试	166	2012年1月12日	2012年6月26日
30	扫尾交工	5	2012年6月26日	2012年6月30日
31	完成招标文件内容及工程交工验收	0	2012年6月30日	2012年6月30日

附图1-6　施工进度计划横道图

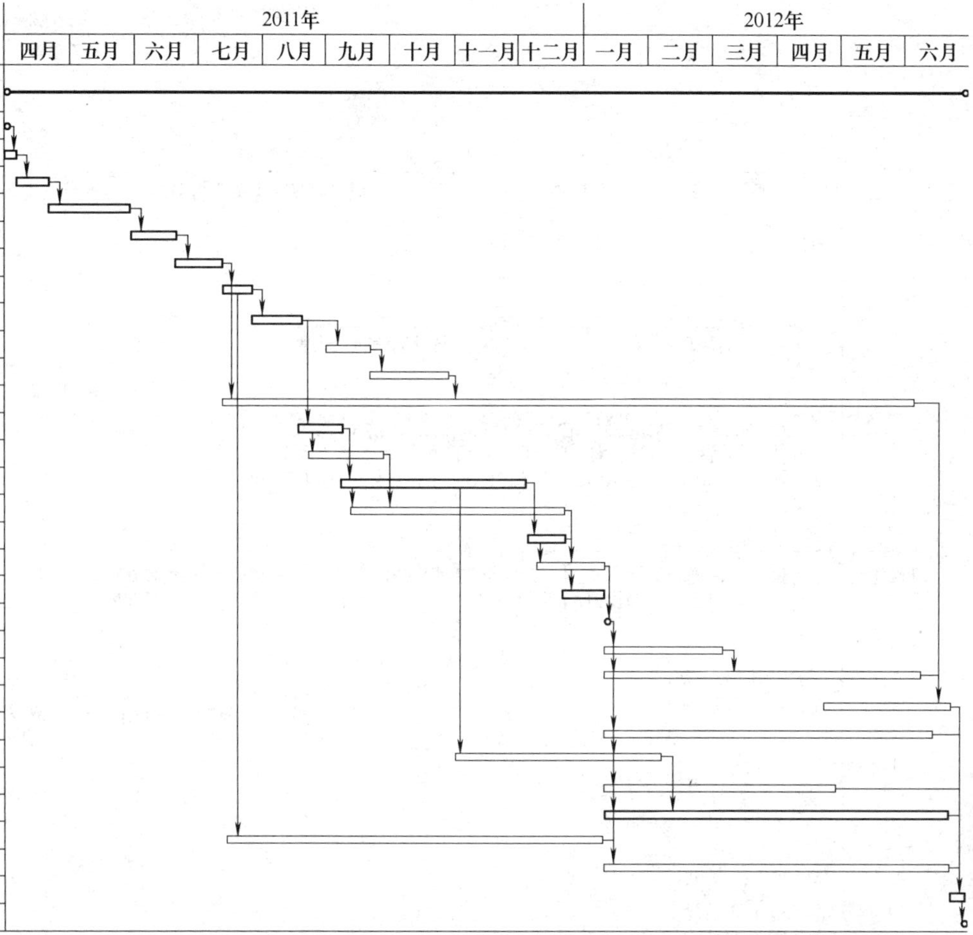

说明：1. 本工程计划开工时间为2011年4月1日，竣工日期为2012年6月30日，总工期为457天（日历天）。本工作安排七层以下及十三层主体混凝土结构施工完成后，请各相关单位进行一次中间验收，以利后续室内粗装饰进行施工，加快施工进度。以变形缝为界划分为两个施工段，施工机械由项目部统一配置，两个施工段相互配合，组织平行流水施工。

2. 图例：任务：━━━　关键任务：━━━　里程碑 ○　摘要 ▬▬

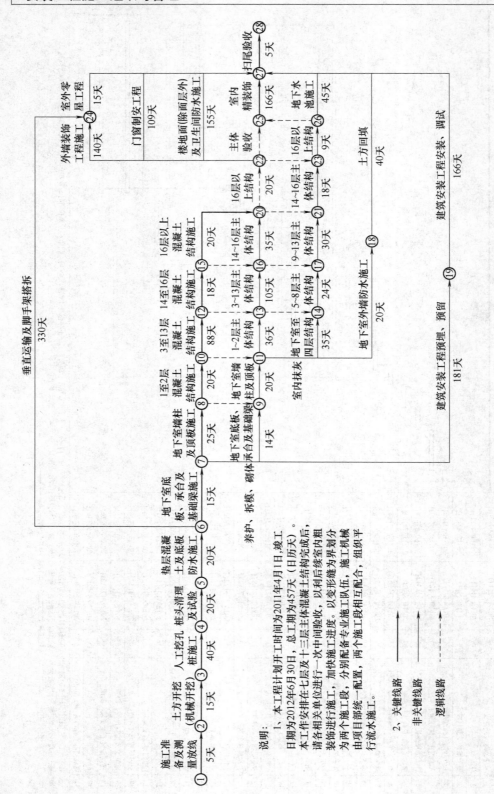

附图 1-7　施工进度计划网络图

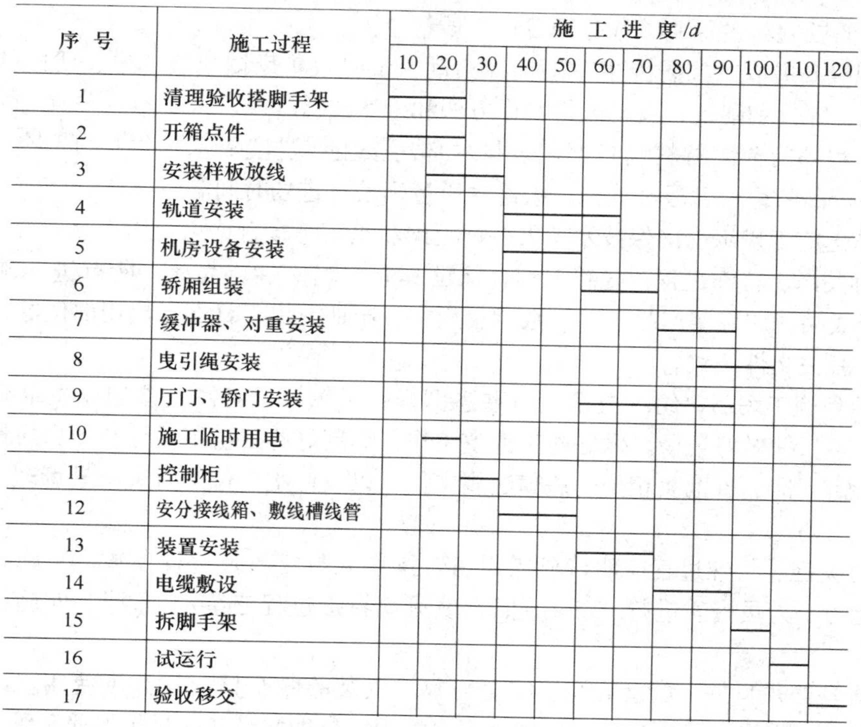

序号	施工过程	施工进度 /d											
		10	20	30	40	50	60	70	80	90	100	110	120
1	清理验收搭脚手架	▬											
2	开箱点件	▬											
3	安装样板放线				▬								
4	轨道安装					▬							
5	机房设备安装						▬						
6	轿厢组装								▬				
7	缓冲器、对重安装									▬			
8	曳引绳安装									▬			
9	厅门、轿门安装										▬		
10	施工临时用电			▬									
11	控制柜							▬					
12	安分接线箱、敷线槽线管						▬						
13	装置安装								▬				
14	电缆敷设									▬			
15	拆脚手架										▬		
16	试运行											▬	
17	验收移交												▬

附图 1-8　电梯安装的施工进度计划横道图

6.1.2 质量保证体系

（1）按照质量方针，精心组织施工，以严格认真、一丝不苟的工作态度，实行全过程、全方位的质量控制管理，通过不断提高工作质量来保证和提高工程质量，确保工程质量目标的实现。

（2）建立项目质量保证体系，编制项目质量计划。项目建立以项目经理为首，项目副经理和技术负责人具体负责的项目全员参与的质量管理体系。技术负责人负责项目质量计划的编制及审核，工长负责各分部分项工程的工序质量控制，专职质检员负责质量跟踪检查，各班组组成多个质量管理（QC）小组，开展 QC 活动，把贯彻 ISO9000 标准与全面质量管理（TQC）有机地结合起来，形成项目全员参与的质量保证体系。

（3）成立以项目经理任组长，项目技术负责人任副组长，项目质检员及工长任组员的全面质量管理领导小组（TQC 小组），建立多个质量管理（QC）小组，运用质量改进的基本方法——PDCA 循环，不断总结经验，克服缺点，提高工程质量。

（4）项目建立以项目经理为首，由副经理和技术负责人具体负责的项目质量管理机构，并形成公司及项目经理部定期检查、考核机制。

6.2 质量管理组织措施

（1）严格"三检"与"六把关"制度。

（2）开展"质量是企业生命"的保证教育，严格质量责任制，坚持"谁砸公司的牌子，公司就砸谁的饭碗"的原则，强化项目员工质量意识。

（3）积极开展以"预防为主"的预控活动，及时收集反馈建设单位、质监部门对工程质量的意见、评价和建议，及时改进操作方法和操作技巧。

（4）工程部门会同材料设备部门、技术部门按生产进度需求提供物资设备备料计划，其内容包括产品名称、型号、规格、数量、质量标准、进场时间等。

（5）精选施工班组，确保技术工人持证上岗和员工考核合格后上岗。

（6）对关键、特殊过程及隐蔽工程，保证具有可追溯性。为此，所有进入施工现场的原材料、半成品，应标明产品名称、数量、规格、产地、出厂日期、使用部位等，标识要与原始凭证、有关文件一致。

（7）接到施工图后，组织技术人员熟悉图样，了解设计意图，参加业主组织的设计交底和图样会审，并做好记录。做好施工准备工作，编制好施工组织设计和项目质量计划。配备本工程所需标准、规范及相关的法律法规文件，以及业主单位的有关质量管理文件和管理办法等。

（8）对关键、特殊过程应明确所需设备、操作人员资质及过程参数，实施前对施工方法、设备能力、人员资质进行"三鉴定"，填写"特殊过程三鉴定记录"，实施中进行连续监控。

（9）设备必须良好、配套齐全、安全可靠，安装验收合格后，方可使用。设备使用做到定人、定机、定岗，严禁无证操作和一人多机现象。做好设备的日常保养和维修，如实填报有关记录。

（10）把好检验和试验关，材料员应检查随货同行的材质证明、产品合格证等必要的质量合格证明文件是否齐全，随同材料试验委托单移交的原材料、半成品和工序都必须进行状态标识。标识分已检、待检、合格、不合格四种状态。保证规定的检测项目不漏检，不迟检，保证未经检验和经检验不合格的原材料、半成品和工序不使用、不转序。

（11）设置专职质检员严格"自检、互检、专检"的三级检查验收制度，专职质检员检查面必须达到90%，尤其是工序检查，应具体到各个环节，并做好工序交接成品保护记录，坚决按照"谁施工谁负责"的质量原则进行检查验收，以确保工程质量。

（12）坚持"质量一票否决权"，严格质量奖罚制度，严格班组之间的工序交接验收手续，克服上道工序缺陷对下道工序以致产品最终质量的影响。

（13）当发现不合格品时，按有关控制程序由项目质检负责人签发不合格品通知单，并对其进行标识、记录、组织评审和处置，提出处置方案，并对处置结果予以验证。保证不合格品不用于工程，不合格的工序不转序。

（14）建立项目质量记录总目录清单和各部门质量记录目录清单。质量记录包括质量体系运行记录和产品质量记录，由项目各职能部门按规定要求填写，做到准确、及时、完整、与工程进度同步。工程完工后，由工程技术部门统一收集归档。

6.3　工程质量控制

6.3.1　施工测量保证措施（略）

6.3.2　土方回填（略）

6.3.3　混凝土结构子分部工程（略）

6.3.4　砌体工程（略）

6.3.5　屋面防水工程施工（略）

6.3.6　装修工程（略）

6.3.7　楼地面施工（略）

6.3.8　门窗质量保证措施（略）

6.3.9　安装工程

派专人负责预留预埋工作与土建同步进行，在粉刷工程和隐蔽工程施工前，由项目工程师牵头组织水电队及有关人员进行水电隐蔽验收检查。在项目自行检查确认按设计要求预留预埋无误后，再请业主方组织有关人员进行复核检查。在业主确认可以隐蔽后，进行与水电安装有关部位的隐蔽施工。

严格把好材料产品质量关，不合格的材料产品不准进入施工现场，所有进场的材料产品必须有生产厂家的资质证明和产品出厂合格证，否则不准进入施工现场。进场材料验收由项目工程师主持，水电施工队把关。所有资质证明以及材料产品相关资料，应及时交资料员归档。

给水排水主管、支管安装期间应及时将管口封堵，避免杂物掉入管内而堵塞管道。电气管道、接线盒预埋时应用水泥纸将管口、接线盒塞满以免水泥砂浆进入而堵塞。水电安装工程施工完毕后，应自行进行给排水管试压、电器线路的摇测和防雷接地摇测等测试工作，并做详细记录，找出隐患，及时整改。如此反复到完全符合设计及规范要求后，再请质监部门进行复核测试，由质监部门出示合格证明。

6.4　施工准备阶段的质量控制（略）

6.5　施工过程质量控制（略）

6.6　质量管理要素（略）

6.7　隐蔽工程质量保证措施（略）

6.8　质量创优设计（略）

7　项目成本控制管理

7.1　项目经济承包形式

（1）施工项目经济承包形式，采用经济风险负责承包，项目承包人交纳工程造价 3% ~ 5% 的风险抵押金，与企业法人代表（或委托人）签订承包合同后，按组织形式或自行招聘人员组成项目经理部，实施"项目经理经济承包项目工程责任合同"。施工项目经理部的所有管理人员，根据聘用合同对项目经理负有工作职责范围内的工作责任。

（2）项目竣工后，公司有关职能部门与项目经理部及时办理工程决算，在两个月内办理好工程决算并审计完毕，兑现项目经济承包合同，奖优罚劣。

（3）项目经理及项目经理部管理人员全面完成承包合同，按合同规定的条款予以奖励，对作出突出贡献的项目班子或个人，给予重奖。

7.2　工程资金管理

7.2.1　资金、成本控制的组织措施

（1）在施工前确定本工程的成本目标，在工程施工过程中定期进行成本实际值与目标值的比较，发现偏差，分析原因，采取有效措施加以控制，以保证工程成本目标的实现。

（2）项目经理部在银行设立专门账号，工程款存入本账号，专款专用。

（3）财务科按月根据各部门提出的资金计划，统一编制资金使用计划，经项目经理批准后执行。

7.2.2　资金、成本控制的经济措施

（1）编制资金使用计划，确定、分解成本控制目标。

（2）进行工程量计算，复核工程施工过程中各种支付账单。

（3）在施工过程中对工程成本进行动态跟踪控制，定期比较、发现、分析偏差，采取纠偏措施，做好成本的分析与预测。

（4）财务部门须参与合同的签订、修改、补充工作，着重考虑它对成本控制的影响。

7.2.3　降低成本的措施

（1）加强质量管理，各处材料做到合理利用，按预算配料，不超计划进料，杜绝材料积压现象，实行限额领料制度，贯彻"节约有奖，浪费罚款"的原则。

（2）钢筋集中下料，合理利用钢筋，从而达到节约的目的。

（3）各种材料按计划进场，分类堆放，减少二次转运，材料和配件进场应由工地材料员按单核实，保质保量。

（4）建立领发料制度，领用材料由施工员签发品种、规格、用途、数量后，仓库方可发料，并做好记录。

（5）土方挖填合理调配，减少土方运输费用。

（6）严格按图施工，科学安排劳动力，在保证质量的前提下，加快施工进度。

（7）安全生产是最大的节约，应特别加强各种安全防护，确保不发生安全事故。

（8）合理使用新技术、新工艺，大力推行机械化施工，以达到降低成本的目的。

8　职业健康安全保证措施

8.1　职业健康安全目标

坚持"安全第一，预防为主"的方针，实现施工现场安全合格率100%，加强现场安全管理与安全防护，制定相关的安全保证体系，确保无任何机械、消防及人员伤害事故，确保本工程为安全优良工程。

8.2　安全生产遵循的主要法律规范

1）《建筑法》、《劳动法》。

2）《工程建设标准强制性条文》（安全部分）。

3）《建筑施工安全检查标准》。

4）《建筑机械使用安全技术规程》。

5）《施工现场临时用电安全技术规程》。

6）《建筑安装工程安全技术规程》。

7）其他相关规范、标准及规程。

8.3　安全组织机构

1. 建立安全保证体系　成立以项目经理为组长，项目生产副经理为副组长，安全员为常务组员，相关职能部门负责人为组员的项目安全领导小组。加强安全管理，形成项目定期检查、考核机制。安全保证体系如附图1-9所示。

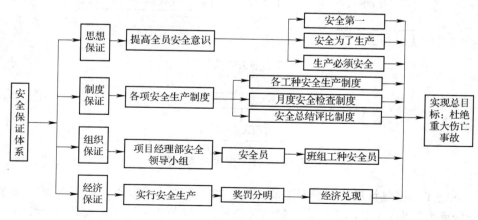

附图1-9　安全保证体系

2. 明确责任　项目经理对本项目安全施工全面负责，项目经理是项目的第一安全责任人。项目生产副经理主管项目日常安全工作，项目生产副经理是安全生产的直接责任人。项目安全员负责安全日常巡回检查工作并督促各项安全措施的落实，技术负责人负责组织制定安全技术措施并审定，各职能部门负责人负责管理本部门人员及工作范围内的安全，各施工班组长负责管理本班组人员的安全。

8.4 保证安全管理措施

（1）为了加强领导，明确职责，由下至上一级对一级负责，层层抓落实，并相互监督和提醒，做到人人讲安全，人人注意安全，人人都是兼职的文明安全员，发现安全隐患及时报告，及时消除，真正做到安全工作"责任重于泰山，防范在于严、细、实"。

（2）施工现场每个施工人员对各自的职责范围内的安全施工负责。坚持"管生产必须管安全"、"谁施工谁负责安全"的原则。

（3）项目设专职安全员 2 名对施工现场进行安全监督，项目质安部门每周组织一次全面检查，公司每月组织一次检查。检查方法采用"目测、实测及动作试验"，每发现一起安全隐患，罚项目有关责任人及责任班组 500 ~ 1000 元，并限期整改，坚持"谁检查、谁签字，谁负责、谁整改"及事故追究制的原则。项目安全管理体系如附图 1-10 所示。

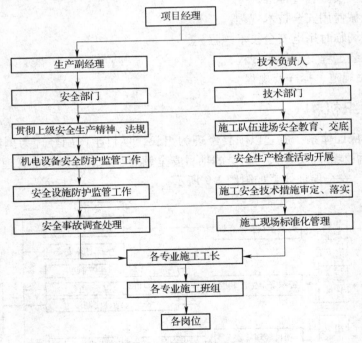

附图 1-10　项目安全管理体系

（4）在施工合同签订后，项目开工前，把好如下 8 关，即操作人员年龄关（18 岁至 55 岁，以身份证为依据）、身体健康关（凭医院证明）、技术素质关（凭入场应会考核）、持证上岗关（凭有关部门颁发的有效证件）、安全技术交底关（以文字交底为准）、接受安全教育签字关（接受安全教育者本人签字）、各种相关资料真实可信关（有效合法资料）、有关方案（含修改方案）审核关（由上一级技术负责人审核并签字）。

（5）项目主要工种配有相应的操作技术规程，同时，将安全操作技术规程列为日常安全活动和安全教育的主要内容，并悬挂在操作岗位前。

（6）加强宣传工作，通过黑板报、广播、放录相带等形式宣传教育，提高所有施工人员的安全意识，使全体施工人员意识到"安全生产，人人有责"，并在各生产区间开展安全评比竞赛活动，奖优罚劣。

（7）严格把住进场人员安全关，下列人员不准进入现场：与本项目无关的人员；酗酒的人员及携带易燃易爆物品的人员；无"四证"的职工；携带凶器的人员；精神不正常或患有严重心脏病的人员；不懂施工安全常识及未正确佩戴好个人防护用品的人员。

（8）对于违章作业、违章指挥的行为，任何人都有权制止，检举揭发，并视情节轻重给予当事人以 50~500 元罚款，屡教不改或已造成严重后果的要加倍罚款并辞退，触犯法律的送当地司法部门追究其责任。

（9）现场主要施工部位和危险部位在醒目处悬挂警告牌提示，各项安全设施（包括机械设备、施工用电等）经检查验收合格并挂牌后才能正式投入使用，且应加强班前检查，严禁机械设备带病超载作业。

（10）实行安全、保卫、消防联合巡查制度，发现违章和存在事故隐患要及时查处。现场用火实行用火许可证制度。

（11）定期召开安全生产工作例会，研究解决重大的安全技术问题，保证安全生产和劳动条件的不断改善，坚持日常工作与安全工作"五同时"，即安全工作与生产、计划、检查、总结、评比同时布置。

（12）为了规避安全风险，项目部为施工现场作业人员办理意外伤害保险。

8.5 保证安全技术措施

1. 营造安全操作环境

（1）施工主要入口设安全警示器。

（2）凡临边洞口必须防护，为防止随意性、任意性和临时性拆除防护设施，采取工具化或定型的防护设施。

（3）施工出入口及人行通道处搭设安全防护棚，棚顶采用双层架板，中间夹彩条布。

（4）上下交叉作业，要设安全防护棚隔离，棚顶采用双层架板，中间夹彩条布。

（5）周转材料及建筑垃圾下卸采用垂直运输机械，严禁抛扔。

（6）脚手架拆除时设警戒围栏，并派专人监视。

（7）材料按规定位置堆放，堆码高度不超过规定要求，且距坑顶边缘不小于 1.5m。

2. 确保施工设备安全

（1）物料提升机的附墙架必须与建筑相连，安全装置、避雷装置、高空警示灯等完整有效，基础牢固，每层有安全门。

（2）圆锯、平刨机等明露的机械传动部位应安装牢固适用的防护罩。

（3）塔吊的附着装置及"四限位"、"二保险"装置和重复接地、接零保护要齐全、有效、安全可靠。在施工中吊运时用对讲机指挥。

（4）所有施工机械设备在进场前检修，换掉磨损的零件并经安全测试确认合格后方可使用。

（5）起重臂下严禁站人，五级以上大风及雷雨天气时，塔吊停止作业。高耸设备设可靠避雷装置，接地电阻不大于4Ω。

（6）所有施工机械设备由专业人员操作，且要班前检查，班后清洗保养。

3. 确保施工用电安全

（1）施工用电网按施工平面布置架设。

（2）电线、开关、保险等均要符合设计要求并到正规厂家进货。

（3）线路采用"三相五线"制及五芯电缆，按三级配电，二级漏电保护设置，保证"一机一闸、一箱（标准开关箱）一锁"，做好重复接地及保护接零。同时，并将动力线和照明分别设置。

（4）移动式电器使用的电缆在班前要检查是否有破皮现象，如有破皮现象必须更换。使用时要理顺电缆并尽量减少拖地长度。

（5）严禁乱挂、乱接、乱绑电线及电器开关等。操作电工必须持证上岗。

4. 消防安全措施

（1）现场成立以项目经理为首的由项目生产副经理、项目技术负责人及安全员共同参与的消防领导小组，制定本工程消防方案和消防检查制度，定期研究消防工作中所涉及的问题，确定各级防火安全责任人。同时成立义务消防队，配备适用的消防器材，随时做好灭火准备。

（2）消防领导小组负责消防管理工作，开展消防安全活动和消防安全知识宣传教育、指导和培训，坚持安全消防检查，对安全检查中发现的消防安全问题和隐患，要限期整改，防止事故发生。现场实行安全员和义务消防员相结合的消防管理方法。

（3）工程技术人员安全交底同时进行消防安全交底。特别对电器、电焊、氧焊（割）、油漆等易燃危险作业区，要有具体的防火要求。电气焊要集中管理，严格执行用火制度。施工现场严禁流动吸烟。

（4）现场使用明火作业时，必须按消防要求施工，必须向项目经理部申请临时用火证，并配备专人看管。进行电焊作业时，必须在下方采取相应隔离措施，并有专人看管，不得有火种散落，防止火灾事故发生。

（5）凡施工现场易产生火险的地方（如木工车间），施工时不得吸烟、不得带入香烟、火柴、打火机等火种，不准带入其他易燃、易爆物品。操作完毕后必须认真清理现场，杜绝起火的隐患。

（6）搞好消防安全工作，在木工车间、仓库、办公室、易燃品堆放处设消防水池和灭火器，并设立标志。在施工现场生产区设消防栓，配备足够的消防水带，安全员要经常巡视灭火器的使用情况。

（7）普及消防安全知识，做到人人知道防火的基础知识及火灾来临时正确的应急处理方式。

（8）现场配备数名兼职义务消防员，并明确消防责任人，签订责任书。

（9）乙炔瓶与一切明火距离不小于10m，距离氧气瓶不小于5m。乙炔瓶、氧气瓶和焊枪均应分隔开，不得放在一个室内。

（10）严禁易燃品仓库使用碘钨灯和功率超过60W的白炽灯等高温灯具。

（11）建立消防档案，按规定配备消防器材，每处设置2台以上挂式灭火器并按规定期限更换灭火剂，现场配备灭火砂袋及消防水池与消防专用水桶。

（12）采购与易燃易爆有关的材料必须符合设计文件的规定，材料出厂手续齐全，并随货同行，由材料采购员提交存档。

（13）不准在宿舍烧煮饭菜，严禁烧电炉（除工作需要且经批准外）。施工现场实行生火审批制度。

5. 电气防火措施

（1）建立电气防火责任制，经常进行电气防火教育。

（2）合理配置、整理各类保护电器，对设备和输电线路的过载、短路进行可靠的保护，严格防止线路过载和短路引起的火灾。

（3）加强电气设备相间和相与地之间的绝缘保护，防止爬电闪烁。

（4）合理设置防雷装置。

（5）采用TN-S保护系统。采用等电位接地连接，降低施工区内接地故障情况下的接触电压与可导部分之间电位差。

（6）在电器装置相对集中场所配置防电气火灾的灭火器。

（7）在电器装置集中场所和线路周围不准堆放易燃易爆物品。

6. 洞口临边的防护

（1）洞口防护方式可采用盖板或护栏防护。用盖板防护时，盖板可采用竹、木等作盖板，盖住洞口。盖板须能保持四周搁置均衡，并有固定其位置的措施。现浇楼板小于$1m \times 1m$的预留洞口，用钢筋网片防护，待安装施工完毕后拆除；大于$1m \times 1m$的洞口及临边采用钢管、木枋、模板全封闭防护。

（2）对楼板、屋面临边采用护栏防护，防护栏杆由上、下两道横杆及栏杆柱组成，防护栏杆柱间距≤2m，防护栏杆加挂安全立网。

（3）基坑周边设安全防护栏杆及警示灯，防护栏杆高度为1100mm，设两道栏杆，上一道栏杆距地900mm，下一道栏杆距地300mm，栏杆下部设挡脚板，挡脚板采用300mm宽竹架板。

8.6 施工过程安全生产控制

1. 安全纪律

（1）遵守劳动纪律，服从领导和安全检查人员的指挥。上岗作业时思想集中，坚守岗位，未经允许不得随意从事其他工种作业。不得酒后作业，不得在严禁烟火的场所吸烟用火。

（2）严格执行本工程（岗位）安全操作规程，作业人员有权拒绝违章指挥，有责任制止他人违章作业。

（3）按规定正确佩戴好个人劳动防护用品。进入施工现场必须戴好安全帽，严禁穿硬底、高跟鞋进入施工现场。

（4）非操作人员未经允许，不得随意进入警戒区域，对施工现场各种防护装置、防护栏盖板、安全标志等，不得随意拆除和挪动。

2. 安全教育与培训

（1）项目经理部将利用各种会议和宣传工具，对职工进行安全生产教育，提高全员安全素质。

（2）对电工、电焊工、机械工、机动车车辆驾驶员等特殊工种作业人员进行本工种专业安全技术培训。特殊工种需持有特殊作业人员操作证方可上岗。

3. 安全检查

（1）项目经理部每周组织一次全面的安全生产大检查。安全检查由项目经理带头，组织各职能部门负责人及安全技术人员共同进行。安全检查的内容重点以《建筑施工安全检查标准》为准。

（2）对安全检查发现的隐患及时下达安全隐患整改通知单，要求班组及时整改，并认真执行安全检查反馈制度。不能及时整改的事故隐患，有关部门要制定整改计划。若危及职工人身安全的，必须采取可靠防护或停止作业。

4. 班组安全管理

（1）班组必须认真贯彻执行公司和项目经理部制定的各项安全生产规章制度。

（2）班组设一名兼职安全员，协助班组长搞好本班组安全工作。

（3）上班前，班组长或兼职安全员要进行安全交底，要交待清楚当天作业的内容、人员分工、危险因素存在的工序、预防措施等；班中要进行安全巡检；下班后要小结。

（4）班组作业中，各成员要互相关照和监督，做到"三不伤害"。及时维修保养各类机具，确保安全有效。

（5）加强全员的安全知识教育，培训后进行统一考试，试卷存档，以提高全员安全意识，使人人做到"安全在我心中"。

参 考 文 献

［1］ 高文安．安装工程预算与组织管理［M］．北京：中国建筑工业出版社，2003．

［2］ 危道军．建筑施工组织［M］．2版．北京：中国建筑工业出版社，2008．

［3］ 邢玉林．安装工程预算与施工组织管理［M］．北京：机械工业出版社，2005．

［4］ 周直．工程项目管理［M］．北京：人民交通出版社，2006．

［5］ 全国一级建造师执业资格考试用书编写委员会．机电工程管理与实务［M］．2版．北京：中国建筑工业出版社，2010．

［6］ 全国一级建造师执业资格考试用书编写委员会．建设工程项目管理［M］．2版．北京：中国建筑工业出版社，2010．